AF337089

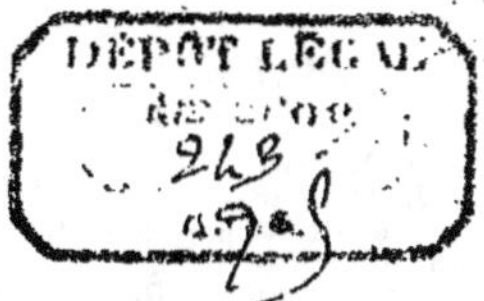

ENCYCLOPÉDIE

DES

TRAVAUX PUBLICS

Fondée par M.-C. LECHALAS, Inspecteur général des Ponts et Chaussées

RECUEIL DE TYPES

DE

PONTS POUR ROUTES

PAR

MAURICE KOECHLIN

ADMINISTRATEUR-DIRECTEUR DE LA SOCIÉTÉ DE CONSTRUCTION DE LEVALLOIS-PERRET

TEXTE

*CHOIX DES TYPES. — INDICATIONS POUR L'USAGE DES TABLEAUX.
FORMULES ET RENSEIGNEMENTS.
PONT MÉTALLIQUE DE 4 MÈTRES D'OUVERTURE A UNE VOIE CHARRETIÈRE.
PONT DE 4 MÈTRES A DEUX VOIES. — PONT DE [illegible] MÈTRES A DEUX VOIES.
PONT DE 10 MÈTRES A UNE VOIE. — PONT DE 15 MÈTRES A DEUX VOIES.
PONT DE 20 MÈTRES A UNE VOIE. — PONT DE 25 MÈTRES A DEUX VOIES.
PONT DE 30 MÈTRES A UNE VOIE.*

PARIS

LIBRAIRIE POLYTECHNIQUE CH. BÉRANGER, ÉDITEUR

Successeur de BAUDRY & Cie

15, RUE DES SAINTS-PÈRES

MAISON A LIÈGE : 21, RUE DE LA RÉGENCE

ENCYCLOPÉDIE INDUSTRIELLE

Vol. grand in-8°, avec de nombreuses figures

Exploitation technique des Chemins de fer, par A. Schœller et A. Fleurquin, 1 vol. de 408 pag. avec 109 fig. . 12 fr.

Calcul infinitésimal à l'usage des Ingénieurs, par E. Rouché et L. Lévy, 2 vol. de 557 et 829 p. Chaq. vol. . . 15 fr.

Cours de géométrie descriptive de l'Ecole centrale, par C. Brisse, prof. de ce cours, et H. Picquet, 478 pag. avec 300 fig . . . . 17 fr. 50

Construction pratique des navires de guerre, par A. Croneau, 2 vol. (996 pag. et 661 figures) et 1 bel atlas double in-4° de 11 pl., dont 2 en 3 coul . . 33 fr.

Verre et verrerie, par Léon Appert, et J. Henrivaux. 460 p. 130 f. et 1 atlas 20 fr.

Blanchiment et apprêts; teinture et impression, matières colorantes, 1 vol. de 674 p., avec 368 fig. et échantillons de tissus imprimés, par Guignet, Dommer et Grandmougin (de Mulhouse) . . 30 fr.

Éléments et organes des machines, par A. Gouilly, 1 vol. de 410 pages, avec 710 figures . . . . 12 fr.

Les associations ouvrières et les associations patronales, par Hubert-Valleroux, avocat. 1 vol. de 361 pages 10 fr.

Traité pratique des ch. de fer (intér. local) et des Tramways, par P. Guédon. 11 fr.

Traité des Industries céramiques, par Emile Bourry, 1 vol. de 755 pages avec 349 fig. ou groupes de fig. et une planche (Cet ouv. a été traduit en angl.) 20 fr.

Le vin et l'eau-de-vie de vin, par Henri de Lapparent, insp. gén. de l'agriculture, 1 vol. de 545 p., 110 fig. et 28 cartes 12 fr.

Métallurgie générale, par Le Verrier : **Procédés de chauffage**, 1 vol. de 370 pages avec 171 figures . . . . 12 fr.

Procédés métallurgiques et étude des métaux, 1 vol. de 403 p. avec 138 fig. et 10 planches . . . . . . 12 fr.

La Betterave agricole et industrielle, par Geschwind et Sellier, 1 vol. avec 129 figures (méd. d'arg. soc. nat. d'agr. et méd. d'or des agric. de France). . 20 fr.

Cours de chemins de fer de l'Ecole des Mines, par Vicaire et Maison, 582 p. avec 493 fig . . . . 20 fr.

Chimie organique appliquée, par A. Joannis, professeur à la Faculté des Sc. de Paris. 1406 p. en 2 vol . . . 35 fr.

Traité des machines à vapeur, à gaz, à pétrole et à air chaud, par Alheilig et Roche. 2 vol., 1176 p., 693 fig. 38 fr.

Chemins de fer. Superstructure, par E. Deharme (Voir: *Encyc. des Travaux publics*).

Chemins de fer : Résistance des trains. Traction par E. Deharme et A. Pulin, ingénieur de la Cie du Nord, 447 p., 95 f. et 1 planche . . . . 15 fr.

Chaudières de locomotives, par les mêmes, 130 fig. et 2 pl. . . . . 15 fr.

Locomotives : *Mécanisme, Châssis, Types de machines*, 1 fort vol. avec un bel atlas de 18 pl. double in-4°, par les mêmes. 25 fr.

Electricité industrielle, 2e éd., v. de 826 p., 404 fig. (C. de M. Monnier à l'Ec. Cent.) 25 fr.

Machines frigorifiques, par Lorenz, professeur à la faculté de Halle ; traduction de Petit et Jaquet, 195 p., 131 fig. 7 fr.

Industries du sulfate d'aluminium, des aluns et des sulfates de fer, par L. Geschwind. 372 p. avec 195 fig. Traduit en anglais . . . . . . 10 fr.

Accidents du travail et assurances contre ces accidents, par G. Féolde (Méd. d'arg. Exp. 1900), 1 vol. de 616 p. 7 fr. 50

Traité des fours à gaz à chaleur régénérée, par Toldt (trad. Dommer), 392 pages, 68 fig. . . . . 11 fr.

Résistance des matériaux et Eléments de la théorie mathématique de l'élasticité, par A. Föppl, trad. de E. Hahn, 489 p., 75 fig . . . . . . 15 fr.

Industries photographiques, par le Professeur Fabre, 662 p., 183 fig. 18 fr.

La Tannerie, par Meunier, Vaney et Vignon (650 p., 98 fig.) . . . . 20 fr.

Ind[illegible]ie des cyanures, par Robine et Le[illegible] . . . . 15 fr.

Traité des essais de matériaux, par A. Martens, traduction de P. Breuil. 1 vol. de texte de 671 pages avec 558 fig. et un atlas de 31 grandes planches. 50 fr.

L'Energie hydraulique et les Récepteurs hydrauliques, par U. Masoni. 1 vol. de 320 p. avec 207 fig . . 10 fr.

Le Bois, par J. Beauverie, 2 fascicules de XI-1402 pages avec 485 figures . 20 fr.

P. C. N.

Chimie élémentaire, un vol. relié, par M. A. Joannis, professeur à la Faculté des Sciences de Paris (P.C.N.) . . . . 10 fr.

Physique élémentaire, par MM. Chevassus et Thovert, préparateurs à la Faculté des sciences de Lyon, Fascicules brochés :

Premier fascicule.— Mécanique et propriétés générales de la matière. Acoustique. 2 fr.

Deuxième fascicule — Chaleur. Optique . . . . 3 fr.

Troisième fascicule.— Magnétisme, Electricité. Radiations. — Météorologie. . 3 fr.

Ensemble : un vol. relié. . . . . 8 fr.

Manipulations de physique générale, par MM. Vaillant et Thovert, chef de travaux et préparateur à la Faculté des sciences de Lyon . . . . 3 fr.

Manipulations d'Electricité industrielle, par les mêmes. . . . . 3 fr.

Sciences naturelles, par MM. Faucheron et Coute, préparateur et chef de travaux à la Faculté des sciences de Lyon :

Botanique, trois fascicules dont deux parus à 2 fr. et 3 fr.

Zoologie, un volume . . . . 5 fr.

LAVAL. — IMPRIMERIE PARISIENNE, L. BARNÉOUD & Cie.

ENCYCLOPÉDIE DES TRAVAUX PUBLICS

Directeur : G. LECHALAS, Ingénieur en chef des Ponts et Chaussées, quai de la Bourse 13, Rouen.

Volumes grand in-8°, avec de nombreuses figures.

Médaille d'or à l'Exposition universelle de 1889
Exposition de 1900 (Voir pages 3 et 4 de la couverture)

OUVRAGES DE PROFESSEURS A L'ÉCOLE DES PONTS ET CHAUSSÉES

M. BECHMANN. *Distributions d'eau et Assainissement.* 2e édit., 2 vol. à 20 fr. . . . 40 fr.

M. BRICKA. *Cours de chemins de fer de l'Ecole des ponts et chaussées.* 2 vol., 1343 pages et 464 figures . . . . 40 fr.

M. COLSON. *Cours d'économie politique* : Tome I, 10 fr. — Tome II . . . . . 10 fr.

M. L. DURAND-CLAYE. *Chimie appliquée à l'art de l'ingénieur*, en collaboration avec *MM. Derôme et Féret*, 2e édit. considérablement augmentée, 15 fr. — *Cours de routes de l'Ecole des ponts et chaussées*, 606 pages et 234 figures, 2e édit., 20 fr. — *Lever des plans et nivellement*, en collaboration avec *MM. Pelletan et Lallemand.* 1 vol., 703 pages et 280 figures (cours des Ecoles des ponts et chaussées et des mines, etc.) . . . . . . 25 fr.

M. FLAMANT. *Mécanique générale (Cours de l'Ecole centrale)*, 1 vol. de 544 pages. avec 203 figures. 20 fr. — *Stabilité des constructions et résistance des matériaux.* 2e édit., 670 pages, avec 270 figures, 25 fr. — *Hydraulique (Cours de l'Ecole des ponts et chaussées)*, 1 vol., 2e éd. considérablement augmentée (Prix Montyon de mécanique) ; XXX, 685 pages avec 130 figures . . . . 25 fr.

M. GARIEL. *Traité de physique.* 2 vol., 448 figures. . . . . 20 fr.

M. HIRSCH. *Cours de machines à vapeur et locomotives.* 1 vol. 510 pages, 314 fig . 18 fr.

M. F. LAROCHE. *Travaux maritimes.* 1 vol. de 490 pages, avec 116 figures et un atlas de 46 grandes planches, 40 fr. — *Ports maritimes.* 2 vol. de 1006 pages, avec 524 figures et 2 atlas de 37 planches, double in-4° (*Cours de l'Ecole des ponts et chaussées*) . . 50 fr.

M. F. B. DE MAS, Inspecteur général des ponts et chaussées. *Rivières à courant libre*, 1 vol. avec 97 figures ou planches, 17 fr. 50. — *Rivières canalisées.* 1 vol. avec 176 figures ou planches, 17 fr. 50. — *Canaux.* 1 vol. avec 190 figures ou planches. . . . 17 fr. 50

M. NIVOIT. Inspecteur général des mines : *Cours de géologie*, 2e édition, 1 vol. avec carte géologique de la France : 615 pages, 429 fig. et un tableau des formations géologiques de 7 pages . . . . 20 fr.

M. M. D'OCAGNE. *Géométrie descriptive et Géométrie infinitésimale* (cours de l'Ecole des ponts et chaussées), 1 vol., 340 fig. . . . . 12 fr.

M. DE PREAUDEAU, Inspect. général des P.-et-Ch., prof. à l'École nat. *Procédés généraux de construction. Travaux d'art.* Tome I. avec 508 fig. 20 fr. Tome II, avec 389 fig. 20 fr.

M. J. RÉSAL. *Traité des Ponts en maçonnerie*, en collaboration avec *M. Degrand.* 2 vol., avec 600 figures, 40 fr. — *Traité des Ponts métalliques* 2 vol., avec 500 figures, 40 fr. — *Constructions métalliques, élasticité et résistance des matériaux : fonte, fer et acier.* 1 vol. de 652 pages, avec 203 figures. 20 fr. — Le 1er volume des *Ponts métalliques* est à sa seconde édition (revue, corrigée et très augmentée) — *Cours de ponts*, professé à l'Ecole des ponts et chaussées, 1 vol. de 410 pages, avec 284 figures (*Études générales et ponts en maçonnerie*), 14 fr. — *Cours de Résistance des matériaux* (Ecole des ponts et chaussées), 120 figures., 16 fr. — *Cours de stabilité des constructions*, 240 figures, 20 fr. — *Poussée des terres et stabilité des murs de soutènement* . . . . 10 fr.

OUVRAGES DE PROFESSEURS A L'ÉCOLE CENTRALE DES ARTS ET MANUFACTURES

M. DEHARME. *Chemins de fer. Superstructure* ; première partie du cours de chemins de fer de l'École centrale. 1 vol. de 696 pages, avec 310 figures et 1 atlas de 73 grandes planches in-4° doubles (voir *Encyclopédie industrielle* pour la suite de ce cours). 50 fr.
On vend séparément : *Texte*, 15 fr.; *Atlas*, 35 fr.

M. DENFER. *Architecture et constructions civiles.* Cours d'architecture de l'École centrale : *Maçonnerie.* 2 vol., avec 794 figures, 40 fr. — *Charpente en bois et menuiserie.* 1 vol., avec 680 figures, 25 fr. — *Couverture des édifices* 1 vol., avec 423 figures, 20 fr. — *Charpenterie métallique, menuiserie en fer et serrurerie.* 2 vol., avec 1.050 figures, 40 fr. — *Fumisterie (Chauffage et ventilation).* 1 vol. de 726 pages, avec 731 figures (numérotées de 1 à 375, l'auteur affectant chaque groupe de figures d'un numéro seulement). 25 fr.
Plomberie : Eau ; Assainissement ; Gaz, 1 vol. de 568 p. avec 391 fig. . . . 20 fr.

M. DORION. *Cours d'Exploitation des mines.* 1 vol. de 692 pages, avec 1.100 figures. 25 fr.

M. MONNIER. *Electricité industrielle*, cours professé à l'École centrale, 2e édition considérablement augmentée, 1 vol. de 826 pages : 404 très belles figures de l'auteur. . 25 fr.

M. Me PELLETIER. *Droit industriel*, cours professé à l'École centrale 1 vol. . . . 15 fr.

MM. E. ROUCHÉ et BRISSE, anciens professeurs de géométrie descriptive à l'École centrale. *Coupe des pierres.* 1 vol. et un grand atlas (avec de nombreux exemples). . . 25 fr.

OUVRAGES D'UN PROFESSEUR AU CONSERVATOIRE DES ARTS ET MÉTIERS

M. E. ROUCHÉ, membre de l'Institut. *Eléments de statique graphique.* 1 vol . . . 12 fr. 50

MM. ROUCHÉ et Lucien LÉVY. *Calcul infinitésimal*, 2 vol. de 557 et 829 p. (*Enc. indust.*) 15 fr.

(*Voir la suite ci-après*)

ENCYCLOPÉDIE DES TRAVAUX PUBLICS

RECUEIL DE TYPES

DE

PONTS POUR ROUTES

ENCYCLOPÉDIE
DES
TRAVAUX PUBLICS
Fondée par M.-C. LECHALAS, Inspecteur général des Ponts et Chaussées

RECUEIL DE TYPES
DE
PONTS POUR ROUTES

PAR

MAURICE KOECHLIN
ADMINISTRATEUR-DIRECTEUR DE LA SOCIÉTÉ DE CONSTRUCTION DE LEVALLOIS-PERRET

TEXTE

*CHOIX DES TYPES. — INDICATIONS POUR L'USAGE DES TABLEAUX.
FORMULES ET RENSEIGNEMENTS.
PONT MÉTALLIQUE DE 4 MÈTRES D'OUVERTURE A UNE VOIE CHARRETIÈRE
PONT DE 4 MÈTRES A DEUX VOIES. — PONT DE 8 MÈTRES A DEUX VOIES.
PONT DE 10 MÈTRES A UNE VOIE. — PONT DE 15 MÈTRES A DEUX VOIES.
PONT DE 20 MÈTRES A UNE VOIE. — PONT DE 25 MÈTRES A DEUX VOIES.
PONT DE 30 MÈTRES A UNE VOIE.*

PARIS
LIBRAIRIE POLYTECHNIQUE CH. BÉRANGER, ÉDITEUR
Successeur de BAUDRY & Cie
15, RUE DES SAINTS-PÈRES
MAISON A LIÈGE : 21, RUE DE LA RÉGENCE

1905

PRÉFACE

Les types de ponts donnés dans ce volume sont ceux qui nous paraissent répondre le mieux aux besoins courants du service des routes et chemins. Ce qui se rapporte à chaque type forme un ensemble complet pouvant se lire séparément, sans consulter les autres parties du volume, et comportant la note des calculs, le métré, et les dessins tels qu'on les établit dans les projets d'exécution.

Les premiers chapitres, très courts, donnent quelques conseils et des considérations générales destinés à guider les ingénieurs et les agents dans l'étude des projets de ponts différant de nos types. Ils développent également un certain nombre des formules les moins usuelles, notamment celles qui se rapportent au cisaillement et à la rivure.

Enfin un certain nombre de tables, publiées par la Compagnie des chemins de fer de l'Est, sont reproduites dans ce volume et permettent de simplifier les calculs des moments d'inertie, des surfaces et des poids.

Les dessins et les notes des calculs ont été établis avec la collaboration de M. Richaud, attaché au bureau des études de la Société de constructions de Levallois-Perret.

Paris, 1905.

CHAPITRE PREMIER

CHOIX DES TYPES

Le type de pont qu'il convient d'adopter dans chaque cas déterminé dépend, cela va sans dire, des conditions qu'il doit remplir.

Une première donnée, dans ces conditions, est celle des charges pour lesquelles le pont doit être calculé ; cet élément est le même dans tous les types que nous présentons, car nous les avons tous calculés d'après la circulaire ministérielle des Travaux Publics du 29 août 1891.

En second lieu vient l'ouverture ou la portée libre. Nous avons choisi les portées de 4 m., 8 m., 10 m., 15 m., 20 m., 25 m., 30 m., qui peuvent être considérées comme courantes Quand il s'agira d'établir un projet de pont d'une ouverture intermédiaire, on choisira dans les types celle des portées qui s'en rapproche le plus.

Vient ensuite la largeur qui se décompose en deux parties : la chaussée et les trottoirs. Quelques types sont à une voie ayant 2 m. 50 de largeur de chaussée, et les autres à double voie ayant 5 mètres de largeur. Quant aux trottoirs, ils ont 0 m. 75 de largeur. Toutefois, nous donnons un type de pont sans trottoirs (pont de 4 m.) et un type avec trottoirs plus larges (pont de 8 m.).

Voici un tableau qui résume les dispositions et les dimensions principales des différents types, tableau que nous faisons suivre d'explications plus détaillées sur ce qui caractérise chacun d'eux.

Ouverture libre	Portée entre les axes des appuis	LARGEUR			CARACTÉRISTIQUE DU TYPE
		Chaussée	Chaque trottoir	Totale	
mèt. 4,00	mèt. 4,50	mèt. 2,50	mèt. 0,75	mèt. 4,00	Entretoises en doubles T.
4,00	4,50	5,00	—	5,52	Sans trottoirs.
8,00	8,60	5,00	1,00	7,00	Poutrelles sous les trottoirs.
10,00	10,70	2,50	0,75	4,00	Trottoirs en encorbellement.
15,00	15,70	5,00	0,75	6,50	Poutres à treillis multiple en plats.
20,00	20,80	2,50	0,75	4,00	Poutres à treillis en croix.
25,00	25,76	5,00	0,75	6,50	Poutres à treillis en croix avec suspension des pièces de pont au croisement des treillis.
30,00	30,80	2,50	0,75	4,00	Poutres à treillis en N avec chaussée sur tôles embouties.

Pont de 4 mètres à une voie. Pl. 1.

Les ponts de faible portée ne se font généralement en métal que lorsque l'on ne dispose que d'une faible hauteur entre le niveau de l'eau et celui de la chaussée. Il est donc intéressant de réduire au minimum l'encombrement de la construction ; c'est ce que nous avons fait en adoptant, pour la hauteur des poutres et des entretoises ou pièces de pont, une hauteur réduite. Les pièces de pont sont constituées par des doubles T. Les poutres de rive sont situées sous les garde-corps, de manière à permettre aux voûtes en briques de la chaussée de régner sur toute la largeur de l'ouvrage. Cette disposition permet de modifier à volonté le rapport entre la largeur des trottoirs et celle de la chaussée, si le besoin s'en fait sentir.

L'axe longitudinal de la chaussée, ainsi que les pierres bordures des trottoirs, sont horizontaux.

L'écoulement des eaux de pluie est obtenu en augmentant le bombement de la chaussée sur les culées (saillies plus grandes des bordures de trottoirs à leurs extrémités).

Pont de 4 mètres à deux voies. Pl. 2.

Ce type diffère du précédent en ce qu'il est à deux voies et que les trottoirs ont été entièrement supprimés. Sur les ponts de faible portée, peu fréquentés par les piétons, la suppression des trottoirs peut être avantageuse.

Pont de 8 mètres à deux voies. Pl. 3.

Ce type a des trottoirs plus larges que les autres, il a une disposition qui convient tout particulièrement aux trottoirs larges. Ceux-ci sont portés par des poutres de rive de faible hauteur, reliées aux poutres principales par de petites entretoises. Cette solution est à la fois plus économique et plus satisfaisante, au point de vue esthétique, que celle qui consisterait à écarter les poutres principales de manière à les amener sous les garde-corps.

L'écoulement des eaux est obtenu, comme dans le pont de 4 mètres, en augmentant le bombement de la chaussée sur les culées.

Il est utile de remarquer que, la poutre de rive des trottoirs ayant une faible hauteur, la flèche qu'elle prend est plus grande que celle des poutres principales ; il est tout indiqué de lui donner une contre-flèche de fabrication de 16 millimètres correspondant à celle que donnent les calculs.

Pont de 10 mètres à une voie. Pl. 4.

Ce type a les trottoirs en encorbellement sur consoles ; il est très courant et fréquemment employé.

L'écoulement des eaux est obtenu par un bombement général du tablier en donnant aux poutres une contre-flèche de fabrication de 0,035. Il pourra être facilité encore par la disposition adoptée dans les types précédents.

Pont de 15 mètres à deux voies. Pl. 5.

Ce type a ses poutres extérieures à treillis.

Le treillis est à petites mailles en fers plats ; c'est un ancien type qui a l'avantage d'éviter l'emploi de garde-corps.

L'écoulement des eaux s'obtient en donnant aux poutres une contre-flèche de 0,05.

Pont de 20 mètres à une voie. Pl. 6.

Les poutres de ce type sont à treillis en cornières formant croix de Saint-André. La saillie des poutres sur le trottoir est de 1 m. 12 ; elle correspond à peu près à la hauteur d'un garde-corps ordinaire ; mais, les vides laissés entre les barres de treillis étant grands, on a disposé entre les montants une cornière horizontale qui complète le garde-corps.

L'écoulement des eaux est obtenu en donnant aux poutres une contre-flèche de fabrication de 0,07.

Pont de 25 mètres à deux voies. Pl. 7.

Les poutres sont du même type que celles du pont de 20 mètres ; mais elles présentent une disposition particulière trouvant son application quand l'espacement des montants, qui croît avec la hauteur des poutres, devient trop grand et exige une pièce de pont intermédiaire. Cette disposition consiste à suspendre les pièces de pont intermédiaires aux croisements des barres de treillis au moyen de demi-montants s'attachant à ces croisements et aux membrures inférieures des poutres.

L'écoulement des eaux se fait, comme dans les types précédents, au moyen d'une contre-flèche qui est ici de 0,08.

Pont de 30 mètres à une voie. Pl. 8.

Ce type est un exemple de pont avec chaussée sur tôles embouties, très usitées pour les grandes portées, parce que leur emploi diminue le poids propre de la construction.

Les poutres sont à treillis en N, sauf dans les panneaux du milieu où l'effort tranchant peut changer de sens et où elles sont à treillis en croix.

L'écoulement des eaux est obtenu au moyen d'une contre-flèche des poutres ayant 0,09 ; il est facilité par des barbacanes en fonte, indiquées sur les dessins.

CHAPITRE II

INDICATIONS POUR L'USAGE DES TABLEAUX

Les tableaux qui suivent ont été établis par le bureau des constructions métalliques de la Compagnie des chemins de fer de l'Est, sous la direction de M. l'ingénieur A. Valat. Ces tableaux permettent de calculer rapidement les moments d'inertie des poutres composées d'âmes, de semelles et de cornières. Ils donnent également les moments d'inertie des cornières isolées, des fers en ⊔, des doubles T, des T simples et des fers zorès les plus en usage. Enfin ils renferment tous les renseignements de dimensions et de poids des rivets, des fers plats, des boulons et des cornières dont on a couramment besoin.

Voici quelques indications sur leur usage :

Le moment d'inertie d'une section de poutre s'obtient en additionnant les moments d'inertie de l'âme, des cornières et des semelles, qui se trouvent dans les tableaux.

§ 1. — AMES

1° Ames pleines non percées de trous de rivets

Le moment d'inertie est donné par les tableaux des pages 13 à 15.

2° Ames évidées non percées de trous de rivets

Soient :

h la hauteur de l'âme,
h' la hauteur de l'évidement,
e l'épaisseur de l'âme.

Le moment d'inertie se calcule au moyen des mêmes tableaux que pour les âmes pleines, en prenant la différence entre le moment d'inertie de l'âme de hauteur h et celui de l'âme de hauteur h', pour l'épaisseur e.

Exemple : $h = 2$ m., $h' = 1$ m., $e = 9$ mm.

On trouve pour l'âme de 2 mètres de hauteur.	6.000.000
Et pour l'âme de 1 mètre . . .	750.000
Différence $I \times 10^9$	5.250.000

et :

$$I = 0{,}005.250.000.$$

Fig. 1.

3° Ames pleines ou évidées percées de trous de rivets

On recherche d'abord le moment d'inertie de l'âme pleine ou évidée, ainsi qu'il vient d'être dit ; puis on en déduit le moment des trous de rivets. Ce dernier est fourni par les tableaux des pages 16 à 19.

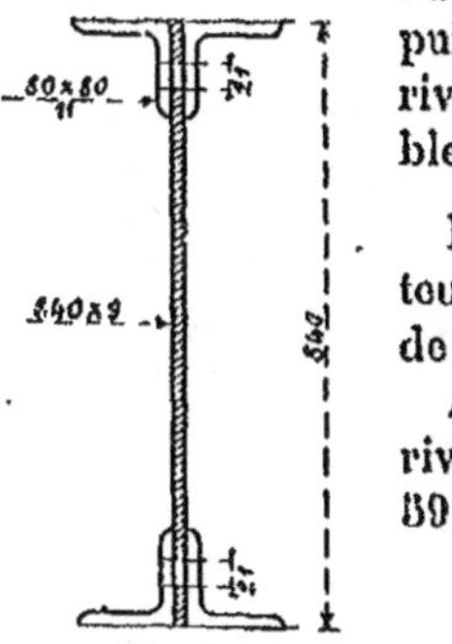

Fig. 2.

Exemple (fig. 2) : Ame pour une hauteur $h = 840$ mm. et pour une épaisseur de 9 mm.

Exemple (fig. 2) : Ame pour une hauteur $h = 840$ mm. et pour une épaisseur de 9 mm.	444.528
A déduire pour les trous de rivets, voir tableau page 17, $59.078 \times 0{,}9$	53.170
$I \times 10^9 =$	391.358

$$I = 0{,}000.391.358.$$

§ 2. — CORNIÈRES

Les tableaux des pages 20 à 63 donnent le moment d'inertie des quatre cornières pour la section pleine aussi bien que pour la section nette, c'est-à-dire trous de rivets déduits, soit dans l'aile verticale, soit dans l'aile horizontale.

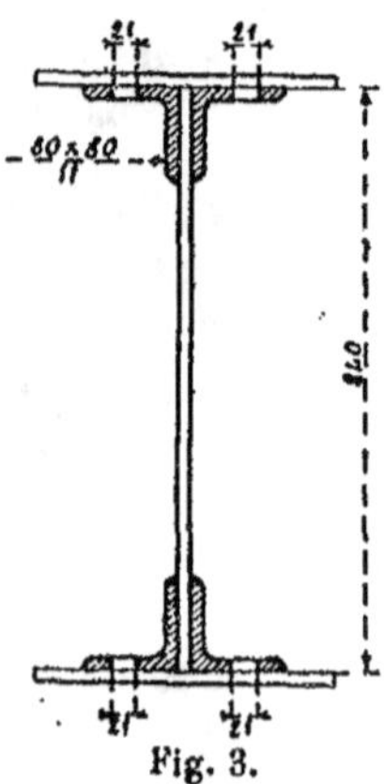

Fig. 3.

Exemple de la figure 3 avec une semelle et les trous percés dans l'aile horizontale :

$$I \times 10^9 = 873.050$$
$$I = 0,000.873.050$$

§ 3. — SEMELLES

Les tableaux des pages 64 à 73 font connaître les moments d'inertie pour les semelles de 100 millimètres de largeur. Il suffit de multiplier ces moments par $\frac{l}{100}$, l étant la largeur, exprimée en millimètres, de la semelle, défalcation faite des trous de rivets.

Exemple (fig. 4) :

On trouve pour des semelles de 100 millimètres de largeur, page 66 :

$$I \times 10^9 = 252.067.$$

Les semelles ont une largeur utile de :

$$200 - 2 \times 21 = 158 \text{ mm.}$$
$$252.067 \times \frac{158}{100} = 398.266$$
$$I = 0,000.398.266.$$

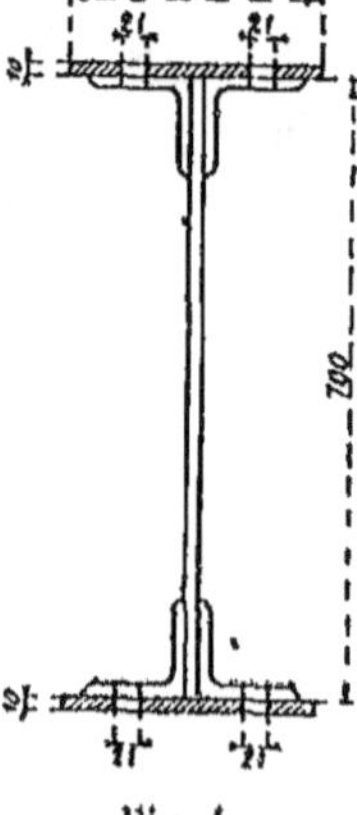

Fig. 4.

Cas où l'épaisseur des semelles est supérieure à 50 millimètres

Les tableaux ne prévoient pas pour les semelles une épaisseur supérieure à 50 millimètres, les semelles ne dépassant généralement pas cette épaisseur. Dans le cas où cette épaisseur serait dépassée, voici comment on procéderait :

Exemple de la figure 5 :

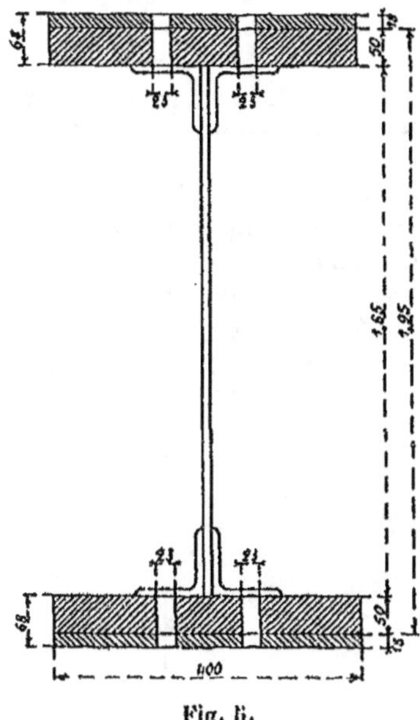

Fig. 5.

Supposons des semelles de 68 millimètres d'épaisseur, la hauteur entre semelles étant de 1 m. 85.

On décompose la semelle en deux parties : l'une de 50 millimètres d'épaisseur correspondant à une hauteur $h = 1$ m. 85, l'autre de 18 millimètres correspondant à une hauteur $h = 1$ m. 950.

Les tableaux donnent :

Pour la première partie, page 69. . . .	9.027.083
Pour la deuxième partie, page 70. . . .	3.485.819
Total pour 68 millimètres d'épaisseur . .	12.512.902

Soit pour une largeur utile de :

$$400 - 2 \times 23 = 354$$

$$12.512.902 \times \frac{354}{100} = 44.295.673$$

d'où :

$$I = 0,044.295.673.$$

Cas où la hauteur entre semelles ne figure pas parmi les hauteurs prévues aux tableaux. Fig. 6.

Soit h la hauteur entre les semelles dont l'épaisseur est e.

On cherche dans les tableaux la hauteur qui se rapproche le plus de h : soit h' cette hauteur.

Il suffit de prendre dans les tableaux le moment d'inertie I' pour la hauteur h' et l'épaisseur de semelle e'', et le moment d'inertie I'' pour la hauteur h' et pour l'épaisseur e'.

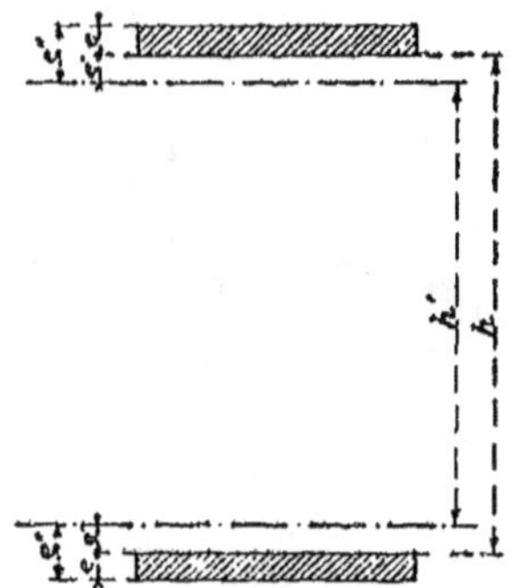

Fig. 6.

Le moment d'inertie cherché sera égal à :

$$I = I' - I''.$$

Exemple (fig. 7) :

La hauteur h' qui se rapproche le plus de 970 est 950.

On a :

$$e' = \frac{970 - 950}{2} = 10,$$

$$e'' = 36 + 10 = 46.$$

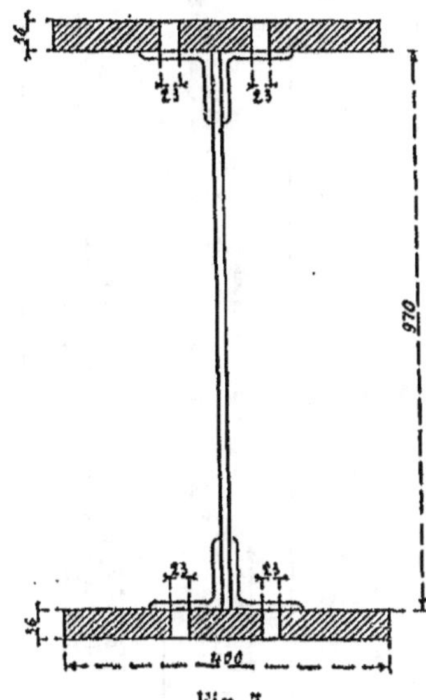

Fig. 7.

Le tableau page 66 donne :

Pour 46 millimètres	2.283.259
Pour 10 millimètres	460.817
Différence	1.822.442

d'où :

$$I = 0,001.822.442$$

pour les semelles de 0,100 de largeur.

Il en résulte pour les semelles de la figure 7 :

$$I = 0,001.822.442 \times \left(\frac{400 - 2 \times 23}{100}\right) = 0,006.451.445.$$

Ames pleines (Valeurs de $I \times 10^3$)

Hauteur des âmes h m/m	ÉPAISSEURS DES AMES 6 m/m	7 m/m	8 m/m	9 m/m	10 m/m	11 m/m	Hauteur des âmes h m/m
10	1	1	1	1	1	1	10
20	4	5	5	6	7	7	20
30	14	16	18	20	23	25	30
40	32	37	43	48	53	59	40
50	63	73	83	94	104	115	50
60	108	126	144	162	180	198	60
70	172	200	229	257	286	314	70
80	256	299	341	384	427	469	80
90	365	425	486	547	608	668	90
100	500	583	667	750	833	917	100
110	666	776	887	998	1.109	1.220	110
120	864	1.008	1.152	1.296	1.440	1.584	120
130	1.099	1.282	1.465	1.648	1.831	2.014	130
140	1.372	1.601	1.829	2.058	2.287	2.515	140
150	1.688	1.969	2.250	2.531	2.813	3.094	150
160	2.048	2.389	2.731	3.072	3.413	3.755	160
170	2.457	2.866	3.275	3.685	4.094	4.504	170
180	2.916	3.402	3.888	4.374	4.860	5.346	180
190	3.430	4.001	4.573	5.144	5.716	6.287	190
200	4.000	4.667	5.333	6.000	6.667	7.333	200
210	4.631	5.402	6.174	6.946	7.718	8.489	210
220	5.324	6.211	7.099	7.986	8.873	9.761	220
230	6.084	7.097	8.111	9.125	10.139	11.153	230
240	6.912	8.064	9.216	10.368	11.520	12.672	240
250	7.813	9.115	10.417	11.719	13.021	14.323	250
260	8.788	10.253	11.717	13.182	14.647	16.111	260
270	9.842	11.482	13.122	14.762	16.403	18.043	270
280	10.976	12.805	14.635	16.464	18.293	20.123	280
290	12.195	14.227	16.259	18.292	20.324	22.357	290
300	13.500	15.750	18.000	20.250	22.500	24.750	300
310	14.896	17.378	19.861	22.343	24.826	27.308	310
320	16.384	19.115	21.845	24.576	27.307	30.037	320
330	17.969	20.963	23.958	26.953	29.948	32.942	330
340	19.652	22.127	26.203	29.478	32.753	36.029	340
350	21.438	25.010	28.583	32.156	35.729	39.302	350
360	23.328	27.216	31.104	34.992	38.880	42.768	360
370	25.327	29.548	33.769	37.990	42.211	46.432	370
380	27.436	32.009	36.581	41.154	45.727	50.299	380
390	29.660	34.603	39.546	44.489	49.433	54.376	390
400	32.000	37.333	42.667	48.000	53.333	58.667	400
410	34.461	40.204	45.947	51.691	57.434	63.178	410
420	37.044	43.218	49.392	55.566	61.740	67.914	420
430	39.754	46.379	53.005	59.630	66.256	72.881	430
440	42.592	49.691	56.789	63.888	70.987	78.085	440
450	45.563	53.156	60.750	68.344	75.938	83.531	450
460	48.668	56.779	64.891	73.002	81.113	89.225	460
470	51.912	60.563	69.215	77.867	86.519	95.171	470
480	55.296	64.512	73.728	82.944	92.160	101.376	480
490	58.825	68.629	78.433	88.237	98.041	107.845	490
500	62.500	72.917	83.333	93.750	104.167	114.583	500

Ames pleines (Valeurs de $I \times 10^9$)

Hauteur des âmes h m/m	ÉPAISSEURS DES AMES 6 m/m	7 m/m	8 m/m	9 m/m	10 m/m	11 m/m	Hauteur des âmes h m/m
500	62.500	72.917	83.333	93.750	104.167	114.583	500
510	66.326	77.378	88.434	99.488	110.543	121.597	510
520	70.804	82.021	93.739	105.456	117.173	128.891	520
530	74.439	86.845	99.251	111.658	124.064	136.471	530
540	78.732	91.854	104.976	118.098	131.220	144.342	540
550	83.188	97.052	110.917	124.781	138.646	152.510	550
560	87.808	102.442	117.077	131.712	146.347	160.981	560
570	92.597	108.029	123.462	138.895	154.328	169.760	570
580	97.556	113.815	130.075	146.334	162.593	178.853	580
590	102.690	119.804	136.919	154.034	171.149	188.264	590
600	108.000	126.000	144.000	162.000	180.000	198.000	600
610	113.491	132.406	151.321	170.236	189.151	208.066	610
620	119.164	139.025	158.885	178.746	198.607	218.467	620
630	125.024	145.861	166.698	187.535	208.373	229.210	630
640	131.072	152.917	174.763	196.608	218.453	240.299	640
650	137.313	160.198	183.083	205.969	228.854	251.740	650
660	143.748	167.706	191.664	215.622	239.580	263.538	660
670	150.382	175.445	200.509	225.572	250.636	275.699	670
680	157.216	183.419	209.621	235.824	262.027	288.229	680
690	164.255	191.630	219.006	246.382	273.758	301.133	690
700	171.500	200.083	228.667	257.250	285.833	314.417	700
710	178.956	208.781	238.607	268.433	298.259	328.085	710
720	186.024	217.728	248.842	279.936	311.040	342.144	720
730	194.509	226.927	259.345	291.763	324.181	356.599	730
740	202.612	236.381	270.149	303.918	337.687	371.455	740
750	210.938	246.094	281.250	316.406	351.563	386.719	750
760	219.488	256.069	292.651	329.232	365.813	402.395	760
770	228.264	266.311	304.355	342.400	380.444	418.489	770
780	237.270	276.822	316.368	355.914	395.460	435.006	780
790	246.520	287.606	328.693	369.779	410.866	451.952	790
800	256.000	298.667	341.333	384.000	426.667	469.333	800
810	265.721	310.007	354.294	398.581	442.868	487.154	810
820	275.684	321.631	367.579	413.526	459.473	505.421	820
830	285.894	333.542	381.191	428.840	476.489	524.138	830
840	296.352	345.744	395.136	444.528	493.920	543.312	840
850	307.063	358.240	409.417	460.594	511.771	562.948	850
860	318.028	371.033	424.037	477.042	530.047	583.051	860
870	329.252	384.127	439.002	493.877	548.753	603.628	870
880	340.736	397.525	454.315	511.104	567.893	624.683	880
890	352.485	411.232	469.979	528.727	587.474	646.222	890
900	364.500	425.250	486.000	546.750	607.500	668.250	900
910	376.786	439.583	502.381	565.178	627.976	690.773	910
920	389.344	454.235	519.125	584.016	648.907	713.797	920
930	402.179	469.208	536.238	603.268	670.298	737.327	930
940	415.292	484.507	553.723	622.938	692.153	761.369	940
950	428.688	500.136	571.583	643.031	714.479	785.927	950
960	442.368	516.096	589.824	663.552	737.280	811.008	960
970	456.337	532.393	608.449	684.505	760.561	836.617	970
980	470.596	549.029	627.461	705.894	784.327	862.759	980
990	485.150	566.008	646.866	727.724	808.583	889.441	990
1.000	500.000	583.333	666.667	750.000	833.333	916.667	1.000

Ames pleines (Valeurs de $I \times 10^9$)

Hauteur des âmes h m/m	ÉPAISSEURS DES AMES 6 m/m	7 m/m	8 m/m	9 m/m	10 m/m	11 m/m	Hauteur des âmes h m/m
1.000	500.000	583.333	666.667	750.000	833.333	916.667	1.000
1.050	578.813	675.281	771.750	868.219	964.688	1.061.156	1.050
1.100	665.500	776.417	887.333	998.250	1.109.167	1.220.083	1.100
1.150	760.438	887.177	1.013.917	1.140.656	1.267.396	1.394.135	1.150
1.200	864.000	1.008.000	1.152.000	1.296.000	1.440.000	1.584.000	1.200
1.250	976.563	1.139.323	1.302.083	1.464.844	1.627.604	1.790.365	1.250
1.300	1.098.500	1.281.583	1.464.667	1.647.750	1.830.833	2.013.917	1.300
1.350	1.230.188	1.435.219	1.640.250	1.845.281	2.050.313	2.255.344	1.350
1.400	1.372.000	1.600.667	1.829.333	2.058.000	2.286.667	2.515.333	1.400
1.450	1.524.313	1.778.365	2.032.417	2.286.469	2.540.521	2.794.573	1.450
1.500	1.687.500	1.968.750	2.250.000	2.531.250	2.812.500	3.093.750	1.500
1.550	1.861.938	2.172.260	2.482.583	2.792.906	3.103.229	3.413.552	1.550
1.600	2.048.000	2.389.333	2.730.667	3.072.000	3.413.333	3.754.667	1.600
1.650	2.246.063	2.620.406	2.994.750	3.369.094	3.743.438	4.117.781	1.650
1.700	2.456.500	2.865.917	3.275.333	3.684.750	4.094.167	4.503.583	1.700
1.750	2.679.688	3.126.302	3.572.917	4.019.531	4.466.146	4.912.760	1.750
1.800	2.916.000	3.402.000	3.888.000	4.374.000	4.860.000	5.346.000	1.800
1.850	3.165.813	3.693.448	4.221.083	4.748.719	5.276.354	5.803.990	1.850
1.900	3.429.500	4.001.083	4.572 667	5.144.250	5.715.833	6.287.417	1.900
1.950	3.707.438	4.325.344	4.943.250	5.561.156	6.179.063	6.796.968	1.950
2.000	4.000.000	4.666.667	5.333.333	6.000.000	6.666.667	7.333.333	2.000
2.050	4.307.563	5.025.490	5.743.417	6.461.344	7.179.271	7.897.198	2.050
2.100	4.630.500	5.402.250	6.174.000	6.945.750	7.717.500	8.489.250	2.100
2.150	4.969.188	6.707.385	6.625.583	7.453.781	8.281.979	9.110.177	2.150
2.200	5.324.000	6.211.333	7.098.667	7.986.000	8.873.333	9.760.667	2.200
2.250	5.695.313	6.644.531	7.593.750	8.542.969	9.492.188	10.441.406	2.250
2.300	6.083.500	7.097.417	8.111.333	9.125.250	10.139.167	11.153.084	2.300
2.350	6.488.938	7.570.427	8.651.917	9.733.406	10.814.896	11.896.386	2.350
2.400	6.912.000	8.064.000	9.216.000	10.368.000	11.520.000	12.672.000	2.400
2.450	7.353.063	8.578.573	9.804.083	11.029.594	12.255.104	13.480.614	2.450
2.500	7.812.500	9.114.583	10.416.667	11.718.750	13.020.833	14.322.916	2.500
2.550	8.290.688	9.672.469	11.054.250	12.436.032	13 817.813	15.199.594	2.550
2.600	8.788.000	10.252.667	11.717.333	13.182.000	14.646.667	16.111.333	2.600
2.650	9.304.813	10.855.615	12.406.417	13.957.219	15.508.021	17.058.823	2.650
2.700	9.841.500	11.481.750	13.122.000	14.762.250	16.402.500	18.042.750	2.700
2.750	10.398.438	12.131.510	13.864.583	15.597.656	17.330.729	19.063.802	2.750
2.800	10.976.000	12.805.333	14.634.667	16.464.000	18.293.353	20.122.667	2.800
3.850	11.574.563	13.503.657	15.432.750	17.361.844	19.290.938	21.220.032	2.850
2.900	12.194.500	14.226.917	16.259.333	18.291.750	20.324.167	22.356.584	2.900
2.950	12.836.188	14.975.552	17.114.917	19.254.281	21.393.646	23.533.011	2.950
3.000	13.500.000	15.750.000	18.000.000	20.250.000	22.500.000	24.750.000	3.000
3.100	14.895.500	17.378.083	19.860.667	22.343.250	24.825.833	27.308.416	3.100
3.200	16.384.000	19.114.667	21.845.333	24.576.000	27.306.667	30.037.333	3.200
3.300	17.968.500	20.963.250	23.958.000	26.952.750	29.947.500	32.942.250	3.300
3.400	19.652.000	22.927.333	20.202.667	29.478.000	32.753.333	36.028.667	3.400
3.500	21.437.500	25.010.417	28.583.333	32.156.250	35.720.107	39.302.084	3.500
3.600	23.328.000	27.216.000	31.104.000	34.992.000	38.880.000	42.768.000	3.600
3.700	25.326.500	29.547.583	33.768.667	37.989.750	42.210.833	46.431.916	3.700
3.800	27.436.000	32.008.667	36.581.333	41.154.000	45.726.667	50.299.333	3.800
3.900	29.659.500	34.602.750	39.546.000	44.489.250	49.432.500	54.375.750	3.900
4.000	32.000.000	37.333.333	42.666.667	48.000.000	53.333.333	58.666.667	4.000

Trous à déduire pour âmes de 10 m/m (Valeurs de $I \times 10^{9}$)

Hauteur des âmes	Corn. 40×40	Corn. 45×45	Corn. 50×50
100	175	166	
110	242	237	
120	320	322	313
130	410	419	416
140	510	530	535
150	621	653	668
160	743	790	817
170	876	939	980
180	1.020	1.102	1.159
190	1.175	1.277	1.352
200	1.341	1.466	1.561
210	1.518	1.667	1.784
220	1.706	1.882	2.023
230	1.905	2.109	2.276
240	2.116	2.350	2.545
250	2.337	2.603	2.828
260	2.569	2.870	3.127
270	2.812	3.149	3.440
280	3.066	3.442	3.769
290	3.331	3.747	4.112
300	3.607	4.066	4.471
310	3.894	4.397	4.844
320	4.192	4.742	5.233
330	4 501	5.099	5.636
340	4.822	5.470	6.055
350	5.153	5.853	6.488
360	5.495	6.250	6.937
370	5.848	6.659	7.400
380	6.212	7.082	7.879
390	6.587	7.517	8.372
400	6.973	7.966	8.881
410	7.370	8.427	9.404
420	7.778	8.902	9.943
430	8.197	9.389	10.496
440	8.627	9.890	11.065
450	9.069	10.403	11.648
460	9.521	10.930	12.247
470	9.984	11.469	12.860
480	10.458	12.022	13.489
490	10.943	12.587	14.132
500	11.439	13.166	14.791
510	11.946	13.757	15.464
520	12.464	14.362	16.153
530	12.993	14.979	16.856
540	13.534	15.610	17.575
550	14.085	16.253	18.308
560	14.647	16.910	19.057
570	15.220	17.570	19.820
580	15.804	18.262	20.599
590	16.399	18.957	21.392
600	17.005	19.666	22.201
650			
700			
750			
800			

Hauteur des âmes	Corn. 55×55	Corn. 60×60	Corn. 65×65
100			
110			
120			
130			
140	485	473	
150	613	608	525
160	755	760	666
170	913	927	824
180	1.085	1.113	1.000
190	1.273	1.315	1.192
200	1.475	1.534	1.401
210	1.693	1.770	1.627
220	1.925	2.024	1.870
230	2.173	2.294	2.130
240	2.435	2.582	2.407
250	2.713	2.886	2.701
260	3.005	3.207	3.012
270	3.313	3.546	3.341
280	3.635	3.901	3.686
290	3.973	4.273	4.048
300	4.325	4.662	4.427
310	4.693	5.068	4.823
320	5.075	5.492	5.236
330	5.473	5.932	5.666
340	5.885	6.390	6.113
350	6.313	6.863	6.578
360	6.755	7.356	7.059
370	7.213	7.863	7.557
380	7.685	8.389	8.072
390	8.173	8.931	8.604
400	8.675	9.491	9.153
410	9.193	10.067	9.719
420	9.725	10.660	10.302
430	10.273	11.271	10.903
440	10.835	11.897	11.519
450	11.413	12.542	12.153
460	12.005	13.203	12.804
470	12 613	13.882	13.473
480	13.235	14 577	14.158
490	13.873	15.289	14.860
500	14.525	16.018	15.579
510	15.193	16.765	16.314
520	15.875	17.528	17.068
530	16.573	18.308	17.838
540	17.285	19.106	18.626
550	18.013	19.920	19.429
560	18.755	20.751	20.251
570	19.513	21.599	21.088
580	20.285	22.465	21.943
590	21.073	23.347	22.816
600	21.875	24.246	23.705
650	26.113	28.998	28.405
700	30.725	34.174	33.531
750	35.713	39.776	39.081
800	41.075	45.802	45.057

Trous à déduire pour âmes de 10 m/m (Valeurs de $I \times 10^9$)

Hauteur des âmes	Corn. 70×70	Corn. 75×75	Corn. 80×80	Hauteur des âmes	Corn. 70×70	Corn. 75×75	Corn. 80×80
150	477						
160	620						
170	781						
180	962						
190	1.161						
200	1.380	1.299	1.286	700	36.530	36.060	39.086
210	1.617	1.520	1.528	710	37.717	37.240	40.378
220	1.874	1.769	1.790	720	38.924	38.439	41.690
230	2.149	2.037	2.074	730	40.149	39.657	43.024
240	2.444	2.324	2.378	740	41.394	40.894	44.378
250	2.757	2.630	2.704	750	42.657	42.150	45.754
260	3.090	2.955	3.050	760	43.940	43.425	47.150
270	3.441	3.298	3.418	770	45.241	44.718	48.568
280	3.812	3.661	3.806	780	46.562	46.031	50.006
290	4.201	4.043	4.216	790	47.901	47.303	51.466
300	4.610	4.444	4.646	800	49.260	48.714	52.946
310	5.037	4.864	5.098	810	50.637	50.084	54.448
320	5.484	5.303	5.570	820	52.034	51.473	55.970
330	5.949	5.761	6.064	830	53.449	52.881	57.514
340	6.434	6.038	6.578	840	54.884	54.308	59.078
350	6.937	6.734	7.114	850	56.337	55.754	60.664
360	7.460	7.249	7.670	860	57.810	57.219	62.270
370	8.001	7.782	8.248	870	59.301	58.702	63.898
380	8.562	8.335	8.846	880	60.812	60.205	65.546
390	9.141	8.907	9.466	890	62.341	61.727	67.216
400	9.740	9.498	10.106	900	63.890	63.267	68.906
410	10.357	10.108	10.768	910	65.457	64.828	70.618
420	10.994	10.737	11.450	920	67.044	66.407	72.350
430	11.649	11.385	12.154	930	68.649	68.005	74.104
440	12.324	12.052	12.878	940	70.274	69.622	75.878
450	13.017	12.738	13.624	950	71.917	71.258	77.674
460	13.730	13.443	14.390	960	73.580	72.913	79.490
470	14.461	14.166	15.178	970	75.261	74.586	81.328
480	15.212	14.909	15.986	980	76.962	76.279	83.186
490	15.981	15.671	16.816	990	78.681	77.991	85.066
500	16.770	16.452	17.666	1.000	80.420	79.722	86.966
510	17.577	17.252	18.538	1.050	89.397	88.662	96.784
520	18.404	18.071	19.430	1.100	98.850	98.076	107.126
530	19.249	18.909	20.344	1.150	108.777	107.966	117.994
540	20.114	19.766	21.278	1.200	119.180	118.330	129.386
550	20.997	20.642	22.234	1.250	130.057	129.170	141.304
560	21.900	21.537	23.210	1.300	141.410	140.484	153.746
570	22.821	22.450	24.208	1.350	153.237	152.274	166.714
580	23.762	23.383	25.226	1.400	165.540	164.538	180.206
590	24.721	24.335	26.266	1.450	178.317	177.278	194.224
600	25.700	25.306	27.326	1.500	191.570	190.492	208.766
610	26.697	26.296	28.408	1.550	205.297	204.182	223.834
620	27.714	27.305	29.510	1.600	219.500	218.346	239.426
630	28.749	28.333	30.634	1.650	234.177	232.986	255.544
640	29.804	29.380	31.778	1.700	249.330	248.100	272.186
650	30.877	30.446	32.944	1.750	264.957	263.690	289.354
660	31.970	31.531	34.130	1.800	271.060	279.754	307.046
670	33.081	32.634	35.338	1.850	287.637	296.299	325.264
680	34.212	33.757	36.566	1.900	304.690	313.308	344.006
690	35.361	34.899	37.816	1.950	322.217	330.798	363.274
700	36.530	36.060	39.086	2.000	340.220	348.762	383.066

Trous à déduire pour âmes de 10 m/m (Valeurs de I × 10⁹)

Hauteur des âmes	Corn. 85×85	Corn. 90×90	Corn. 95×95	Hauteur des âmes	Corn. 85×85	Corn. 90×90	Corn. 95×95
200	1.151						
210	1.380						
220	1.630						
230	1.901						
240	2.193						
250	2.505	2.608	2.405	750	44.925	48.608	47.715
260	2.840	2.965	2.748	760	43.310	50.115	49.208
270	3.195	3.344	3.113	770	47.715	51.644	50.723
280	3.570	3.747	3.502	780	49.140	53.197	52.262
290	3.967	4.172	3.914	790	50 587	54.772	53.824
300	4.385	4.621	4.340	800	52.055	56.371	55.409
310	4.824	5.092	4.806	810	53.544	57.992	57.016
320	5.284	5.587	5.286	820	55.054	59.637	58.647
330	5.764	6.104	5.790	830	56.585	61.304	60.300
340	6.267	6.645	6.317	840	58.137	62.995	61.977
350	6.790	7.208	6.867	850	59.710	64.708	63.677
360	7.334	7.795	7.440	860	61.304	66.415	65.400
370	7.898	8.404	8.035	870	62.918	68.204	67.145
380	8.484	9.037	8.654	880	64.554	69.987	68.914
390	9.091	9.692	9.295	890	66.214	71.792	70.705
400	9.719	10.371	9.900	900	67.889	73.620	72.520
410	10.368	11.072	10.648	910	69.588	75.472	74.358
420	11.038	11.797	11.359	920	71.308	77.346	76.219
430	11.729	12.544	12.092	930	73.049	79.244	78.102
440	12.440	13.315	12.849	910	74.810	81.165	80.009
450	13.174	14.108	13.629	950	76.594	83.108	81.939
460	13.927	14.925	14.431	960	78.397	85 075	83.891
470	14.702	15.764	15.257	970	80.222	87.064	85.867
480	15.498	16.627	16.106	980	82.068	89.077	87.866
490	16.315	17.512	16.978	990	83.935	91.112	89.888
500	17.153	18.421	17.872	1.000	85.823	93.171	91.932
510	18.012	19.352	18.790	1.050	95.578	103.808	102.501
520	18.892	20.307	19.731	1.100	105.857	115.021	113.615
530	19.793	21.284	20.695	1.150	116.661	126.808	125.363
540	20.715	22.285	21.681	1.200	127.991	139.171	137.656
550	21.658	23.308	22.691	1.250	139.845	152.108	150.525
560	22.621	24.355	23.724	1.300	152.225	165.621	163.969
570	23.607	25.424	24.780	1.350	165.130	179.708	177.987
580	24.612	26.517	25.858	1.400	178.559	194.371	192.580
590	25.639	27.632	26.960	1.450	192.514	209.608	207.749
600	26.687	28.771	28.085	1.500	206.993	225.121	223.492
610	27.756	29.932	29.232	1.550	221.998	241.808	239.811
620	28.846	31.117	30.403	1.600	237.527	258.771	256.705
630	29.957	32.324	31.596	1.650	253.581	276.308	274.173
640	31.089	33.555	32.813	1.700	270.161	294.421	292.216
650	32.241	34.808	34.053	1.750	287.265	313.108	310.835
660	33.416	36.085	35.316	1.800	304.895	332.371	330.029
670	34.610	37.384	36.601	1.850	323.050	352.208	349.797
680	35.826	38.707	37.910	1.900	341.729	372.621	370.140
690	37.063	40.052	39.242	1.950	360.934	393.608	391.059
700	38.321	41.421	40.596	2.000	380.663	415.471	412.552
710	39.600	42.812	41.974	2.100		460.020	457.265
720	40.900	44.227	43.375	2.200		507.170	504.276
730	42.221	45.664	44.799	2.300		556.620	553.589
740	43.563	47.125	46.245	2.400		608.370	605.200
750	44.023	48.608	47.715	2.500		662.420	659.142

Trous à déduire pour âmes de 10 m/m (Valeurs de I × 10⁶)

Hauteur des âmes	CORNIÈRES 100×100	CORNIÈRES 110×110	CORNIÈRES 120×120	Hauteur des âmes	CORNIÈRES 100×100	CORNIÈRES 110×110	CORNIÈRES 120×120
210	1.223			810	58.823	61.564	59.436
220	1.475			820	60.515	63.366	61.207
230	1.751			830	62.231	65.193	63.003
240	2.051			840	63 971	67.048	64.826
250	2.375			850	65.735	68.927	66.675
260	2.723			860	67.523	70.833	68.549
270	3.095			870	69.335	72.765	70.450
280	3.491			880	71.171	74.723	72.377
290	3.911			890	73.031	76.706	74.329
300	4.355			900	74.915	78.716	76.308
310	4.823			910	76.823	80.752	78.312
320	5.315			920	78.755	82.814	80.343
330	5.831			930	80.711	84.902	82.400
340	6.371			940	82.691	87.015	84.482
350	6.935			950	84.695	89.155	86.590
360	7.523			960	86.723	91.321	88.725
370	8.135			970	88.775	93.513	90.886
380	8.771			980	90.851	95.731	93.072
390	9.431			990	92.951	97.975	95.285
400	10.115	10.076	9.228	1.000	95.075	100.244	97.524
410	10.823	10.812	9.932	1.050	106.055	111.983	109.407
420	11.555	11.574	10.663	1.100	117.635	124.372	121.340
430	12.311	12.362	11.420	1.150	129.815	137.411	134.223
440	13.091	13.175	12.202	1.200	142.595	151.100	147.755
450	13.895	14.015	13.010	1.250	155.975	165.439	161.939
460	14.723	14.881	13.845	1.300	169.955	180.428	176.772
470	15.575	15.773	14.706	1.350	184.535	196.068	192.255
480	16.451	16.691	15.592	1.400	199.715	212.356	208.388
490	17.351	17.635	16.505	1.450	215.495	229.295	225 170
500	18.275	18.604	17.444	1.500	231.875	246.884	242.604
510	19.223	19.600	18.408	1.550	248.855	265.122	260.687
520	20.195	20.622	19.399	1.600	266.435	284.012	279.419
530	21.191	21.670	20.415	1.650	284.615	303.552	298.803
540	22.211	22.743	21.458	1.700	303.395	323.740	318.835
550	23.255	23.843	22.257	1.750	322.775	344.579	339 510
560	24.323	24.969	23.621	1.800	342.755	366.068	360.852
570	25.415	26.121	24.742	1.850	363.335	388.207	382.834
580	26.531	27.298	25.888	1.900	384.515	410.996	405.468
590	27.671	28.503	27.061	1.950	406.295	434.435	428.750
600	28.835	29.732	28.260	2.000	428.675	458 524	452.684
610	30.023	30.988	29.484	2.100	475.235	508.052	502.499
620	31.235	32.270	30.735	2.200	524.195	561.380	554.915
630	32.471	33.578	32.012	2.300	575.555	616.717	609.932
640	33.731	34.911	33.314	2.400	629.315	674.636	667.548
650	35.015	36.271	34.643	2.500	685.475	735 164	727.764
660	36.323	37.657	35.997	2.600	744.035	798.292	790.579
670	37.655	39.069	37.378	2.700	804.995	864.020	855.995
680	39.011	40.507	38.785	2.800	868.355	932.348	924.012
690	40.391	41.970	40.217	2.900	934.115	1.003.276	994.628
700	41.795	43.460	41.675	3.000	1.002 275	1.076.804	1.067.844
710	43.223	44.976	43.160	3.100	1.072.835	1.152.932	1.143.660
720	44.675	46.518	44.671	3.200	1.145.795	1.231.673	1.222.076
730	46.151	48.086	46.207	3.300	1.221.155	1.312.947	1.303.092
740	47.651	49.680	47.770	3.400	1.298 015	1.396.916	1.386.708
750	49.175	51.299	49.359	3.500	1.379.075	1.483.444	1.472.924
760	50.723	52.945	50.973	3.600	1.461.635	1.572.572	1.561.740
770	52.295	54.617	52.614	3 700	1.546.595	1.664.300	1.653.156
780	53.891	56.315	54.280	3.800	1.633.955	1.758.628	1.747.172
790	55.511	58.038	55.973	3.900	1.723.715	1.855.556	1.843.788
800	57.155	59.788	57.692	4.000	1.815.875	1.955.091	1.943.004

4 Corn. 40×40×5 (Valeurs de I × 10⁹) | **4 Corn. 40×40×6 (Valeurs de I × 10⁹)**

h m/m	Section pleine	Section avec trou de 11 m/m déduit dans chaque aile — *verticale*	Section avec trou de 11 m/m déduit dans chaque aile — *horizontale*	h m/m	Section pleine	Section avec trou de 11 m/m déduit dans chaque aile — *verticale*	Section avec trou de 11 m/m déduit dans chaque aile — *horizontale*
100	2.408	2.233	1.911	100	2.797	2.587	2.213
110	3.018	2.776	2.411	110	3.513	3.223	2.798
120	3.703	3.383	2.975	120	4.318	3.934	3.459
130	4.463	4.053	3.603	130	5.211	4.720	4.196
140	5.298	4.788	4.295	140	6.193	5.583	5.008
150	6.208	5.587	5.051	150	7.265	6.520	5.895
160	7.193	6.450	5.871	160	8.425	7.534	6.858
170	8.253	7.377	6.755	170	9.673	8.623	7.897
180	9.388	8.368	7.703	180	11.011	9.787	9.012
190	10.598	9.423	8.715	190	12.437	11.028	10.202
200	11.883	10.542	9.791	200	13.952	12.343	11.467
210	13.243	11.725	10.931	210	15.556	13.735	12.809
220	14.678	12.972	12.135	220	17.249	15.202	14.226
230	16.188	14.283	13.403	230	19.030	16.744	15.718
240	17.773	15.657	14.735	240	20.900	18.363	17.286
250	19.433	17.096	16.131	250	22.860	20.056	18.930
260	21.168	18.599	17.591	260	24.908	21.826	20.649
270	22.978	20.166	19.115	270	27.044	23.671	22.444
280	24.863	21.797	20.703	280	29.270	25.591	24.314
290	26.823	23.492	22.355	290	31.584	27.588	26.260
300	28.858	25.251	24.074	300	33.987	29.659	28.282
310	30.968	27.074	25.851	310	36.479	31.807	30.379
320	33.153	28.961	27.695	320	39.060	34.030	32.552
330	35.413	30.912	29.603	330	41.730	36.328	34.800
340	37.748	32.926	31.575	340	44.488	38.703	37.124
350	40.158	35.005	33.611	350	47.335	41.152	39.524
360	42.643	37.148	35.711	360	50.271	43.678	41.999
370	45.203	39.355	37.875	370	53.296	46.279	44.550
380	47.838	41.626	40.103	380	56.409	48.955	47.177
390	50.548	43.961	42.395	390	59.611	51.708	49.879
400	53.333	46.360	44.751	400	62.903	54.535	52.656
410	56.193	48.823	47.171	410	66.283	57.439	55.509
420	59.128	51.350	49.655	420	69.751	60.418	58.438
430	62.138	53.941	52.203	430	73.309	63.472	61.443
440	65.223	56.596	54.815	440	76.955	66.603	64.523
450	68.383	59.314	57.491	450	80.690	69.808	67.678
460	71.618	62.097	60.231	460	84.514	73.090	70.910
470	74.928	64.944	63.035	470	88.427	76.447	74.217
480	78.313	67.855	65.903	480	92.428	79.879	77.599
490	81.773	70.830	68.835	490	96.519	83.388	81.057
500	85.308	73.869	71.831	500	100.698	86.971	84.591
510	88.918	76.972	74.891	510	104.966	90.631	88.200
520	92.603	80.139	78.015	520	109.322	94.366	91.885
530	96.363	83.370	81.203	530	113.768	98.176	95.645
540	100.198	86.664	84.455	540	118.302	102.063	99.481
550	104.108	90.023	87.771	550	122.925	106.024	103.393
560	108.093	93.446	91.151	560	127.638	110.062	107.380
570	112.153	96.933	94.595	570	132.938	114.175	111.443
580	116.288	100.484	98.103	580	137.327	118.363	115.581
590	120.498	104.099	101.675	590	142.306	122.628	119.795
600	124.783	107.778	105.314	600	147.373	126.967	124.085

4 Corn. 45 × 45 × 5 (Valeurs de I × 10⁹)

h m/m	Section pleine	Section avec trou de 13 m/m déduit dans chaque aile — verticale	horizontale
100	2.639	2.473	2.052
110	3.300	3.072	2.592
120	4.064	3.742	3.204
130	4.904	4.485	3.888
140	5.829	5.209	4.644
150	6.839	6.186	5.472
160	7.934	7.144	6.372
170	9.114	8.175	7.344
180	10.379	9.277	8.388
190	11.729	10.452	9.504
200	13.164	11.698	10.692
210	14.684	13.017	11.952
220	16.289	14.407	13.284
230	17.979	15.870	14.688
240	19.754	17.404	16.164
250	21.614	19.011	17.712
260	23.559	20.689	19.332
270	25.589	22.440	21.024
280	27.704	24.262	22.788
290	29.904	26.157	24.624
300	32.189	28.123	26.532
310	34.559	30.162	28.512
320	37.014	32.272	30.564
330	39.554	34.455	32.688
340	42.179	36.709	34.884
350	44.889	39.036	37.152
360	47.684	41.434	39.492
370	50.564	43.905	41.904
380	53.529	46.447	44.388
390	56.579	49.062	46.944
400	59.714	51.748	49.572
410	62.934	54.507	52.272
420	66.239	57.337	55.044
430	69 629	60.240	57.888
440	73.104	63.214	60.804
450	76.664	66.261	63.792
460	80.309	69.379	66.852
470	84.039	72.570	69.984
480	87.854	75.832	73.188
490	91.754	79.167	76.464
500	95.739	82.573	79.812
510	99.809	86.052	83.232
520	103.964	89.602	86.724
530	108.204	93.225	90.288
540	112.529	96.919	93.924
550	116.939	100.686	97.632
560	121.434	104.524	101.412
570	126.014	108.435	105.264
580	130.679	112.417	109.188
590	135.429	116.472	113.184
600	140.264	120.598	117.252

4 Corn. 45 × 45 × 6 (Valeurs de I × 10⁹)

h m/m	Section pleine	Section avec trou de 13 m/m déduit dans chaque aile — verticale	horizontale
100	3.069	2.870	2.379
110	3.857	3.572	3.012
120	4.745	4.358	3.730
130	5.734	5.230	4.534
140	6.824	6.187	5.422
150	8.014	7.230	6.396
160	9.305	8.357	7.455
170	10.697	9.570	8.599
180	12.190	10.868	9.828
190	13.784	12.251	11.142
200	15.479	13.719	12.542
210	17.274	15.273	14.027
220	19.170	16.911	15.597
230	21.167	18.635	17.252
240	23.265	20.445	18.993
250	25.463	22.339	20.818
260	27.763	24.318	22 729
270	30.163	26.383	24.725
280	32.664	28.533	26.807
290	35.265	30.768	28.973
300	37.968	33.088	31.225
310	40.771	35.494	33.562
320	43.675	37.985	35.984
330	46.680	40.561	38.491
340	49.786	43.222	41.084
350	52.992	45.968	43.761
360	56.300	48.800	46.524
370	59.708	51.716	49.372
380	63.217	54.718	52.306
390	66.827	57.805	55.324
400	70.537	60.978	58.428
410	74.348	64.235	61.617
420	78.260	67.578	64.891
430	82.273	71.006	68.250
440	86.387	74.519	71.694
450	90.602	78.117	75.224
460	94.917	81.801	78.839
470	99.333	85.569	82.539
480	103.850	89.423	86.324
490	108.468	93.363	90.195
500	113.186	97.387	94.150
510	118.006	101.496	98.191
520	122.926	105.691	102.317
530	127.947	109.971	106.529
540	133.068	114.336	110.825
550	138.291	118.786	115.207
560	143.614	123.322	119.674
570	149.038	127.943	124.226
580	154.563	132.649	128.863
590	160.189	137.440	133.586
600	165.915	142.316	138.393

4 Corn. 50×50×5 (Valeurs de I×10⁹)

h m/m	Section pleine	Section avec trou de 15 m/m déduit dans chaque aile	
		verticale	*horizontale*
120	4.411	4.098	3.418
130	5.326	4.910	4.153
140	6.3[illegible]6	5.801	4.968
150	7.441	6.773	5.863
160	8.641	7.824	6.838
170	9.936	8.936	7.893
180	11.326	10.467	9.028
190	12.811	11.459	10.243
200	14.391	12.830	11.538
210	16 066	14.232	12.913
220	17.846	15.813	14.368
230	19.701	17.425	15.903
240	21.661	19.116	17.518
250	23.716	20.888	19.213
260	25.866	22.739	20.988
270	28.111	24.671	22.843
280	30.451	26.642	24.778
290	32.886	28.774	26.793
300	35.416	30.945	28.888
310	38.041	33.197	31.063
320	40.761	35.528	33.318
330	43.576	37.940	35.653
340	46.486	40.431	38.068
350	49.491	43.003	40.563
360	52.591	45.654	43.138
370	55.786	48.386	45.793
380	59.076	51.197	48.528
390	62.461	54.089	51.343
400	65.941	57.060	54.238
410	69.516	60.112	57.213
420	73.186	63.243	60.268
430	76.951	66.455	63.403
440	80.811	69.746	66.618
450	84.766	73.118	69.913
460	88.816	76.569	73.288
470	92.961	80.101	76.743
480	97.201	83.712	80.278
490	101.536	87.404	83.893
500	105.966	91.175	87.588
510	110.491	95.027	91.363
520	115.111	98.958	95.218
530	119.826	102.970	99.153
540	124.636	107.061	103.168
550	129.541	111.233	107.263
560	134.541	115.484	111.438
570	139.636	119.816	115.693
580	144.826	124.227	120.028
590	150.111	128.719	124.443
600	155.491	133.290	128.938

4 Corn. 50×50×6 (Valeurs de I×10⁹)

h m/m	Section pleine	Section avec trou de 15 m/m déduit dans chaque aile	
		verticale	*horizontale*
120	5.154	4.779	3.983
130	6.232	5.733	4.848
140	7.424	6.782	5.806
150	8.727	7.925	6.860
160	10.144	9.164	8.009
170	11.674	10.497	9.252
180	13.316	11.925	10.590
190	15.071	13.448	12.023
200	16.939	15.066	13.551
210	18.920	16.779	15.173
220	21.013	18.586	16.891
230	23.220	20.488	18 703
240	25.539	22.485	20.610
250	27.971	24.577	22.611
260	30.515	26.763	24.708
270	33.173	29.045	26.899
280	35.943	31.421	29.185
290	38.826	33.892	31.566
300	41.822	36.457	34.042
310	44.931	39.118	36.612
320	48.153	41.873	39.278
330	51.487	44.723	42.038
340	54.934	47.668	44.893
350	58.494	50.708	47.843
360	62.167	53.842	50.887
370	65.952	57.072	54.026
380	69.850	60.396	57.261
390	73.862	63.815	60.589
400	77.985	67.328	64.013
410	82.222	70.937	67.532
420	86.572	74.640	71.145
430	91.034	78.438	74.853
440	95.609	82.331	78.656
450	100.297	86.319	82.554
460	105.098	90.402	86.546
470	110.011	94.579	90.634
480	115.038	98.851	94.816
490	120 177	103.218	99.093
500	125.429	107.680	103.464
510	130.793	112.236	107.931
520	136.271	116.888	112.492
530	141.861	121.634	117.148
540	147.564	126.475	121.899
550	153.380	131.410	126.745
560	159.309	136.441	131.685
570	165.351	141.566	136.721
580	171.505	146.786	141.851
590	177.772	152.101	147.076
600	184.152	157.511	152.396

4 Corn. 50×50×7 (Valeurs de I×10⁹)

h m/m	Section pleine	Section avec trou de 15 m/m déduit dans chaque aile — verticale	Section avec trou de 15 m/m déduit dans chaque aile — horizontale
120	5.855	5.417	4.513
130	7.090	6.508	5.500
140	8.456	7.707	6.597
150	9.952	9.016	7.803
160	11.578	10.434	9.118
170	13.334	11.961	10.542
180	15.220	13.598	12.076
190	17.237	15.344	13.719
200	19.384	17.198	15.471
210	21.660	19.162	17.332
220	24.068	21.236	19.302
230	26.605	23.418	21.382
240	29.273	25.710	23.570
250	32.070	28.111	25.868
260	34.998	30.621	28.270
270	38.056	33.240	30.702
280	41.245	35.968	33.418
290	44.563	38.806	36.152
300	48.012	41.753	38.996
310	51.591	44.809	41.949
320	55.300	47.974	45.012
330	59.139	51.249	48.183
340	63.109	54.632	51.464
350	67.209	58.125	54.854
360	71.439	61.727	58.353
370	75.799	65.439	61.962
380	80.289	69.259	65.679
390	84.910	73.189	69.506
400	89.661	77.228	73.442
410	94.542	81.376	77.487
420	99.553	85.633	81.641
430	104.694	89.999	85.905
440	109.966	94.475	90.278
450	115.368	99.060	94.760
460	120.899	103.754	99.351
470	126.562	108.557	104.051
480	132.334	113.470	108.861
490	138.277	118.491	113.780
500	144.329	123.622	118.807
510	150.512	128.862	123.945
520	156.825	134.211	129.191
530	163.269	139.670	134.547
540	169.842	145.238	140.011
550	176.516	150.914	145.585
560	183.330	156.701	151.268
570	190.344	162.596	157.061
580	197.439	168.600	162.962
590	204.663	174.714	168.973
600	212.018	180.937	175.093

4 Corn. 50×50×8 (Valeurs de I×10⁹)

h m/m	Section pleine	Section avec trou de 15 m/m déduit dans chaque aile — verticale	Section avec trou de 15 m/m déduit dans chaque aile — horizontale
120	6.515	6.015	5.007
130	7.992	7.235	6.113
140	9.435	8.579	7.342
150	11.116	10.046	8.693
160	12.943	11.637	10.168
170	14.918	13.350	11.767
180	17.041	15.187	13.488
190	19.310	17.146	15.333
200	21.727	19.229	17.301
210	24.291	21.436	19.392
220	27.002	23.765	21.606
230	29.860	26.218	23.943
240	32.865	28.794	26.404
250	36.018	31.493	28.988
260	39.318	34.315	31.695
270	42.765	37.260	34.525
280	46.359	40.329	37.478
290	50.101	43.521	40.555
300	53.989	46.836	43.755
310	58.025	50.274	47.078
320	62.208	53.836	50.524
330	66.538	57.520	54.094
340	71.016	61.328	57.786
350	75.640	65.259	61.602
360	80.412	69.313	65.541
370	85.331	73.491	69.603
380	90.398	77.791	73.789
390	95.611	82.215	78.098
400	100.972	86.762	82.529
410	106.479	91.433	87.084
420	112.134	96.226	91.763
430	117.937	101.143	96.564
440	123.886	106.182	101.489
450	129.983	111.345	106.537
460	136.227	116.632	111.708
470	142.618	122.041	117.002
480	149.156	127.574	122.419
490	155.841	133.230	127.960
500	162.674	139.009	133.624
510	169.654	144.911	139.411
520	176.781	150.936	145.321
530	184.055	157.085	151.354
540	191.477	163.357	157.511
550	199.045	169.752	163.791
560	206.761	176.270	170.194
570	214.624	182.912	176.720
580	222.634	189.676	183.370
590	230.792	196.564	190.142
600	239.096	203.575	197.038

4 Corn. 55 × 55 × 5 (Valeurs de $I \times 10^9$) — **4 Corn. 55 × 55 × 6** (Valeurs de $I \times 10^9$)

h m/m	Section pleine	Section avec trou de 15 m/m déduit dans chaque aile		h m/m	Section pleine	Section avec trou de 15 m/m déduit dans chaque aile	
		verticale	*horizontale*			*verticale*	*horizontale*
140	6.822	6.337	5.455	140	8.000	7.417	6.382
150	8.017	7.404	6.410	150	9.411	8.675	7.544
160	9.317	8.562	7.515	160	10.947	10.040	8.812
170	10.722	9.809	8.680	170	12.608	11.512	10.186
180	12.232	11.147	9.935	180	14.394	13.091	11.668
190	13.847	12.574	11.280	190	16.304	14.776	13.256
200	15.567	14.092	12.715	200	18.340	16.568	14.951
210	17.392	15.699	14.240	210	20.500	18.468	16.753
220	19.322	17.397	15.855	220	22.785	20.474	18.662
230	21.357	19.184	17.560	230	25.194	22.586	20.677
240	23.497	21.062	19.355	240	27.729	24.806	22.800
250	25.742	23.029	21.240	250	30.388	27.132	25.029
260	28.092	25.087	23.215	260	33.172	29.565	27.365
270	30.547	27.234	25.280	270	36.081	32.105	29.807
280	33.107	29.472	27.435	280	39.115	34.752	32.357
290	35.772	31.799	29.680	290	42.273	37.506	35.013
300	38.542	34.217	32.015	300	45.557	40.366	37.776
310	41.417	36.724	34.440	310	48.965	43.333	40.646
320	44.397	39.322	36.955	320	52.498	46.407	43.623
330	47.482	42.009	39.560	330	56.155	49.588	46.707
340	50.672	44.787	42.255	340	59.938	52.875	49.897
350	53.967	47.654	45.040	350	63.845	56.270	53.194
360	57.367	50.612	47.915	360	67.877	59.771	56.598
370	60.872	53.659	50.880	370	72.034	63.379	60.109
380	64.482	56.797	53.935	380	76.316	67.093	63.726
390	68.197	60.024	57.080	390	80.723	70.915	67.450
400	72.017	63.342	60.315	400	85.254	74.843	71.282
410	75.942	66.749	63.640	410	89.910	78.878	75.219
420	79.972	70.247	67.055	420	94.691	83.020	79.264
430	84.107	73.834	70.560	430	99.597	87.269	83.416
440	88.347	77.512	74.155	440	104.627	91.624	87.674
450	92.692	81.279	77.840	450	109.783	96.087	92.039
460	97.142	85.137	81.615	460	115.063	100.656	96.511
470	101.697	89.084	85.480	470	120.468	105.332	101.090
480	106.357	93.122	89.435	480	125.997	110.115	105.775
490	111.122	97.249	93.480	490	131.652	115.004	110.568
500	115.992	101.467	97.615	500	137.431	120.000	115.467
510	120.967	105.774	101.840	510	143.335	125.103	120.473
520	126.047	110.172	106.155	520	149.364	130.313	125.585
530	131.232	114.659	110.560	530	155.518	135.630	130.805
540	136.522	119.237	115.055	540	161.796	141.054	136.131
550	141.917	123.904	119.640	550	168.200	146.584	141.564
560	147.417	128.662	124.315	560	174.728	152.221	147.104
570	153.022	133.509	129.080	570	181.381	157.965	152.751
580	158.732	138.447	133.935	580	188.158	163.816	158.505
590	164.547	143.474	138.880	590	195.061	169.773	164.365
600	170.467	148.592	143.915	600	202.088	175.838	170.332
650	201.642	175.529	170.440	650	239.097	207.761	201.770
700	235.442	204.717	199.215	700	279.226	242.355	235.677
750	271.867	236.154	230.240	750	322.474	279.618	272.655
800	310.917	269.342	263.515	800	368.843	319.552	312.103

4 Corn. 55 × 55 × 7 (Valeurs de $I \times 10^9$)

h m/m	Section pleine	Section avec trou de 15 m/m déduit dans chaque aile — verticale	Section avec trou de 15 m/m déduit dans chaque aile — horizontale
140	9.419	8.439	7.260
150	10.739	9.881	8.590
160	12.504	11.446	10.044
170	14.413	13.134	11.622
180	16.466	14.946	13.322
190	18.663	16.880	15.144
200	21.004	18.938	17.091
210	23.490	21.119	19.161
220	26.119	23.423	21.353
230	28.893	25.851	23.670
240	31.811	28.401	26.109
250	34.874	31.076	28.672
260	38.080	33.872	31.358
270	41.431	36.793	34.167
280	44.926	39.836	37.099
290	48.565	43 003	40.154
300	52.348	46.292	43.333
310	56.276	49.706	46.634
320	60.348	53.242	50.059
330	64.564	56.901	53.608
340	68.924	60.684	57.279
350	73.428	64.590	61.074
360	78.077	68.619	64.991
370	82.870	72.771	69.032
380	87.807	77.047	73.197
390	92.888	81.446	77.484
400	98.113	85.967	81.894
410	103.483	90.613	86.428
420	108.997	95.381	91.086
430	114.654	100.272	95.865
440	120.457	105.288	100.769
450	126.403	110.425	105.795
460	132.493	115.686	110.945
470	138.728	121.070	116.218
480	145.107	126.577	121.614
490	151.630	132.208	127.133
500	158.298	137.962	132.776
510	165.109	143.839	138.542
520	172.065	149.839	144.431
530	179.165	155.963	150.444
540	186.410	162.210	156.579
550	193.798	168.580	162.837
560	201.330	175.072	169.218
570	209.007	181.689	175.723
580	216.828	188.428	182 352
590	224.793	195.291	189.103
600	232.902	202.276	195.978
650	275.612	239.053	232.198
700	321.027	278.911	271.499
750	371.847	321.848	313.880
800	425.371	367.866	359.341

4 Corn. 55 × 55 × 8 (Valeurs de $I \times 10^9$)

h m/m	Section pleine	Section avec trou de 15 m/m déduit dans chaque aile — verticale	Section avec trou de 15 m/m déduit dans chaque aile — horizontale
140	10.181	9.405	8.089
150	12.001	11.023	9.532
160	13.939	12.780	11.215
170	16.138	14.677	12.987
180	18.450	16.713	14.898
190	20.925	18.888	16.948
200	23.564	21.203	19.137
210	26.365	23.656	21.466
220	29.330	26.249	23.934
230	32.457	28.980	26.541
240	35.749	31.852	29.287
250	39.203	34.862	32.173
260	42.820	38.011	35.197
270	46.601	41.300	38.361
280	50.545	44.728	41.664
290	54.652	48.295	45.106
300	58.922	52.001	48.688
310	63.355	55.846	52.408
320	67.952	59.831	56.268
330	72.712	63.955	60.267
340	77.635	68.218	64.405
350	82.721	72.620	68.683
360	87.971	77.162	73.100
370	93.383	81.842	77.655
380	98.959	86.662	82.350
390	104.698	91.621	87.785
400	110.600	96.710	92.158
410	116.666	101.957	97.271
420	122.894	107.333	102.523
430	129.286	112.840	107.914
440	135.841	118.504	113.444
450	142.560	124.299	119.113
460	149.441	130.232	124.922
470	156.486	136.305	130.870
480	163.693	142.516	136.957
490	171.065	148.868	143.183
500	178.599	155.358	149.549
510	186.296	161.987	156.053
520	194.157	168.756	162.697
530	202.180	175.663	169.480
540	210.368	182.711	176.402
550	218.718	189.897	183.464
560	227.231	197.222	190.664
570	235.908	204.687	198.004
580	244.748	212.291	205.483
590	253.751	220.034	213.101
600	262.917	227.916	220.859
650	311.190	269.415	261.734
700	363.556	314.395	306.089
750	419.995	362.854	353.925
800	480.514	414.793	405.240

4 Corn. 60 × 60 × 6 (Valeurs de I × 10⁹)

h m/m	Section pleine	Section avec trou de 17 m/m déduit dans chaque aile — verticale	Section avec trou de 17 m/m déduit dans chaque aile — horizontale
140	8.558	7.980	6.725
150	10.070	9.340	7.954
160	11.720	10.809	9.300
170	13.506	12.303	10.762
180	15.420	14.094	12.310
190	17.489	15.911	14.035
200	19.686	17.845	15.846
210	22.019	19.895	17.773
220	24.490	22.061	19.817
230	27.097	24.344	21.978
240	29.840	26.743	24.254
250	32.721	29.258	26.648
260	35.739	31.890	29.157
270	38.893	34.639	31.783
280	42.185	37.503	34.525
290	45.612	40.485	37.384
300	49.177	43.582	40.359
310	52.879	46.796	43.451
320	56.717	50.126	46.659
330	60.692	53.573	49.983
340	64.804	57.136	53.424
350	69.053	60.816	56.981
360	73.438	64.612	60.655
370	77.961	68.524	64.445
380	82.620	72.553	68.351
390	87.416	76.698	72.374
400	92.348	80.960	76.513
410	97.418	85.338	80.769
420	102.624	89.832	85.140
430	107.967	94.443	89.629
440	113.447	99.170	94.234
450	119.064	104.014	98.955
460	124.817	108.973	103.792
470	130.708	114.050	108.746
480	136.735	119.243	113.817
490	142.899	124.552	119.003
500	149.200	129.977	124.307
510	155.637	135.519	129.726
520	162.211	141.178	135.262
530	168.922	146.952	140.914
540	175.770	152.844	146.683
550	182.755	158.851	152.568
560	189.877	164.975	158.570
570	197.135	171.216	164.688
580	204.530	177.572	170.922
590	212.062	184.045	177.273
600	219.731	190.635	183.740
650	260.126	225.329	217.832
700	303.942	262.033	254.814
750	351.477	303.416	294.716
800	401.633	346.671	337.027

4 Corn. 60 × 60 × 7 (Valeurs de I × 10⁹)

h m/m	Section pleine	Section avec trou de 17 m/m déduit dans chaque aile — verticale	Section avec trou de 17 m/m déduit dans chaque aile — horizontale
140	9.761	9.098	7.654
150	11.499	10.648	9.063
160	13.395	12.332	10.607
170	15.449	14.150	12.285
180	17.662	16.104	14.098
190	20.032	18.191	16.045
200	22.561	20.418	18.127
210	25.249	22.769	20.343
220	28.094	25.260	22.693
230	31.098	27.885	25.178
240	34.259	30.645	27.797
250	37.579	33.539	30.550
260	41.057	36.567	33.438
270	44.694	39.730	36.461
280	48.488	43.027	39.617
290	52.441	46.459	42.908
300	56.552	50.025	46.334
310	60.821	53.725	49.894
320	65.249	57.560	53.588
330	69.834	61.529	57.417
340	74.578	65.632	61.380
350	79.480	69.870	65.478
360	84.540	74.242	69.709
370	89.758	78.749	74.076
380	95.135	83.390	78.577
390	100.670	88.166	83.212
400	106.363	93.076	87.981
410	112.214	98.120	92.885
420	118.223	103.299	97.923
430	124.391	108.612	103.096
440	130.716	114.060	108.403
450	137.200	119.643	113.845
460	143.843	125.358	119.421
470	150.643	131.209	125.131
480	157.602	137.194	130.976
490	164.718	143.314	136.955
500	171.993	149.567	143.068
510	179.426	155.956	149.316
520	187.018	162.478	155.699
530	194.767	169.136	162.215
540	202.675	175.927	168.866
550	210.741	182.853	175.652
560	218.965	189.913	182.572
570	227.347	197.108	189.626
580	235.888	204.437	196.815
590	244.587	211.901	204.138
600	253.444	219.499	211.596
650	300.102	259.504	250.899
700	350.714	302.870	293.563
750	405.282	349.596	330.580
800	463.805	399.632	388.970

4 Corn. 60 × 60 × 8 (Valeurs de I × 10³)

h m/m	Section pleine	Section avec trou de 17 m/m déduit dans chaque aile	
		verticale	horizontale
140	10.905	10.147	8.533
150	12.861	11.888	10.116
160	14.996	13.781	11.851
170	17.310	15.826	13.738
180	19.804	18.023	15.777
190	22.476	20.372	17.969
200	25.328	22.873	20.312
210	28.359	25.526	22.807
220	31.570	28.331	25.454
230	34.959	31.283	28.253
240	38.528	34.307	31.205
250	42.275	37.658	34.308
260	46.203	41.071	37.563
270	50.309	44.636	40.970
280	54.594	48.353	44.529
290	59.059	52.222	48.241
300	63.703	56.243	52.104
310	68.526	60.416	56.119
320	73.528	64.741	60.286
330	78.709	69.218	64.605
340	84.070	73.847	69.077
350	89.610	78.628	73.700
360	95.329	83.561	78.475
370	101.227	88.646	83.402
380	107.305	93.832	88.481
390	113.561	99.271	93.713
400	119.997	104.812	99.096
410	126.612	110.505	104.631
420	133.406	116.350	110.318
430	140.380	122.347	116 157
440	147.532	128.496	122.149
450	154.864	134.797	128.202
460	162.375	141.250	134.587
470	170.066	147.855	141.034
480	177.935	154.612	147.633
490	185.984	161.521	154.385
500	194.211	168.582	161.288
510	202.619	175.795	168.343
520	211.205	183.160	175.550
530	219.970	190.677	182.909
540	228.915	198.346	190.421
550	238.039	206.167	198.084
560	247.342	214.140	205.899
570	256.824	222.265	213.866
580	266.485	230.542	221.985
590	276.326	238.970	230.257
600	286.346	247.552	238.680
650	339.183	292.736	283.076
700	396.400	341.721	331.272
750	458.147	394.506	383.268
800	524.378	451.091	439.064

4 Corn. 60 × 60 × 9 (Valeurs de I × 10³)

h m/m	Section pleine	Section avec trou de 17 m/m déduit dans chaque aile	
		verticale	horizontale
140	11.993	11.141	9.564
150	14.160	13.065	11.414
160	16.526	15.159	13.033
170	19.092	17.423	15.123
180	21.858	19.855	17.380
190	24.824	22.456	19.687
200	27.989	25.227	22.403
210	31.354	28.167	25.109
220	34.920	31.276	28.104
230	38.684	34.555	31.208
240	42.649	38.003	34.481
250	46.814	41.619	37.923
260	51.178	45.405	41.535
270	55.742	49.360	45.315
280	60.506	53.484	49.265
290	65.469	57.778	53.384
300	70.633	62.241	57.673
310	75.996	66.872	62.130
320	81.559	71.674	66.757
330	87.322	76.644	71.553
340	93.285	81.784	76.518
350	99.447	87.092	81.652
360	105.810	92.570	86.956
370	112.372	98.217	92.428
380	119.134	104.034	98.070
390	126.095	110.019	103.882
400	133.257	116.174	109.862
410	140.618	122.498	116.011
420	148.179	128.991	122.330
430	155.940	135.653	128.818
440	163.901	142.485	135.475
450	172.061	149.486	142.301
460	180.421	156.656	149.297
470	188.982	163.995	156.462
480	197.741	171.503	163.796
490	206.701	179.181	171.299
500	215.861	187.027	178.971
510	225.220	195.043	186.813
520	234.779	203.228	194.823
530	244.538	211.582	203.003
540	254.496	220.106	211.352
550	264.655	228.799	219.871
560	275.013	237.661	228.558
570	285.571	246.692	237.415
580	296.329	255.892	246.441
590	307.287	265.262	255.636
600	318.444	274.801	265.000
650	377.229	325.032	314.360
700	441.008	379.494	367.949
750	509.783	438.186	425.769
800	583.552	501.108	487.819

4 Corn. 65×65×8 (Valeurs de I×10⁹)

h m/m	Section pleine	Section avec trou de 17 m/m déduit dans chaque aile — verticale	Section avec trou de 17 m/m déduit dans chaque aile — horizontale
150	13.694	12.853	10.949
160	15.970	14.904	12.825
170	18.442	17.123	14.870
180	21.109	19.510	17.083
190	23.972	22.065	19.464
200	27.029	24.788	22.013
210	30.282	27.679	24.720
220	33.730	30.737	27.614
230	37.373	33.964	30.667
240	41.211	37.359	33.888
250	45.244	40.922	37.277
260	49.473	44.653	40.833
270	53.897	48.552	44.558
280	58.516	52.619	48.451
290	63.330	56.854	52.512
300	68.339	61.257	56.741
310	73.544	65.827	61.137
320	78.944	70.566	65.702
330	84.539	75.473	70.435
340	90.329	80.548	75.336
350	96.315	85.791	80.405
360	102.495	91.202	85.641
370	108.871	96.781	91.046
380	115.442	102.528	96.619
390	122.208	108.442	102.369
400	129.170	114.525	108.260
410	136.326	120.776	114.345
420	143.678	127.195	120.590
430	151.225	133.782	127.003
440	158.968	140.537	133.584
450	166.905	147.460	140.333
460	175.038	154.551	147.249
470	183.366	161.809	154.334
480	191.889	169.236	161.587
490	200.607	176.831	169.008
500	209.520	184.594	176.597
510	218.629	192.525	184.353
520	227.933	200.624	192.278
530	237.432	208.891	200.371
540	247.126	217.326	208.632
550	257.015	225.929	217.061
560	267.100	234.699	225.657
570	277.380	243.638	234.422
580	287.855	252.745	243.355
590	298.525	262.020	252.456
600	309.391	271.463	261.725
650	366.046	321.197	310.589
700	428.781	375.132	363.653
750	493.796	433.266	420.917
800	567.091	495.601	482.381

4 Corn. 65×65×9 (Valeurs de I×10⁹)

h m/m	Section pleine	Section avec trou de 17 m/m déduit dans chaque aile — verticale	Section avec trou de 17 m/m déduit dans chaque aile — horizontale
150	15.084	14.139	12.038
160	17.609	16.409	14.116
170	20.351	18.807	16.381
180	23.312	21.512	18.834
190	26.490	24.345	21.473
200	29.886	27.304	24.300
210	33.499	30.571	27.314
220	37.331	33.965	30.515
230	41.380	37.546	33.903
240	45.647	41.314	37.479
250	50.132	45.270	41.241
260	54.835	49.412	45.191
270	59.755	53.742	49.328
280	64.893	58.259	53.653
290	70.249	62.904	58.164
300	75.823	67.855	62.863
310	81.615	72.934	67.749
320	87.624	78.200	72.822
330	93.852	83.653	78.082
340	100.297	89.293	83.530
350	106.960	95.121	89.165
360	113.840	101.135	94.987
370	120.939	107.337	100.996
380	128.255	113.726	107.192
390	135.789	120.303	113.575
400	143.541	127.066	120.146
410	151.511	134.017	126.904
420	159.698	141.155	133.849
430	168.104	148.480	140.982
440	176.727	155.992	148.301
450	185.568	163.692	155.808
460	194.626	171.578	163.502
470	203.903	179.652	171.383
480	213.397	187.913	179.451
490	223.109	196.362	187.707
500	233.039	204.997	196.149
510	243.187	213.820	204.7
520	253.552	222.830	213.596
530	264.135	232.027	222.601
540	274.936	241.411	231.793
550	285.955	250.983	241.171
560	297.192	260.741	250.737
570	308.646	270.687	260.490
580	320.310	280.820	270.430
590	332.209	291.141	280.558
600	344.317	301.648	290.873
650	408.123	356.994	345.254
700	477.375	417.019	404.316
750	552.071	481.725	468.057
800	632.212	551.410	536.479

4 Cornières 70 × 70 × 7 (Valeurs de I × 10⁹)

h m/m	Section pleine	Section avec trou de 19 m/m déduit dans chaque aile		h m/m	Section pleine	Section avec trou de 19 m/m déduit dans chaque aile	
		verticale	horizontale			verticale	horizontale
150	12.062	12.294	10.240	650	347.075	304.747	292.984
160	15.100	14.233	11.984	660	359.423	314.666	302.708
170	17.424	16.331	13.889	670	371.057	324.744	312.593
180	19.935	18.589	15.952	680	382.878	334.982	322.636
190	22.632	21.007	18.176	690	394.885	345.380	332.840
200	25.515	23.584	20.559	700	407 078	355.937	343.203
210	28.585	26.321	23.102	710	419.458	366.054	353.726
220	31.840	29.217	25.804	720	432.023	377.530	364.408
230	35.282	32.274	28.666	730	444.775	388.567	375.250
240	38.910	35.489	31.687	740	457.713	399.762	386.251
250	42.724	38.864	34.868	750	470.837	411.117	397.412
260	46.725	42.399	38.209	760	484.148	422.632	408.733
270	50.911	46.094	41.709	770	497.644	434.307	420.213
280	55.284	49.948	45.369	780	511.327	446.141	431.853
290	59.843	53.961	49.189	790	525.196	458.134	443.653
300	64.588	58.135	53.468	800	539.251	470.288	455.612
310	69.519	62.408	57.307	810	553.492	482.601	467.731
320	74.637	66.960	61.605	820	567.920	495.078	480.009
330	79.941	71.612	66.063	830	582.534	507.705	492.447
340	85.431	76.424	70.680	840	597.334	520.497	505.044
350	91.407	81.395	75.457	850	612.320	533.448	517.801
360	96.969	86.526	80.394	860	627.492	546.559	530.718
370	103.018	91.816	85.490	870	642.851	559.829	543.794
380	109.252	97.266	90.746	880	658.395	573.259	557.030
390	115.673	102.876	96.162	890	674.126	586.849	570.426
400	122.281	108.645	101.737	900	690.044	600.598	583.981
410	129.074	114.574	107.471	910	706.147	614.507	597.695
420	136.053	120.663	113.366	920	722.436	628.576	611.570
430	143.219	126.911	119.419	930	738.912	642.804	625.604
440	150.571	133.318	125.633	940	755.574	657.191	639.797
450	158.109	139.886	132.006	950	772.422	671.739	654.150
460	165.834	146.613	138.539	960	789.457	686.446	668.663
470	173.744	153.499	145.231	970	806.677	701.312	683.335
480	181.841	160.545	152.083	980	824.084	716.338	698.167
490	190.124	167.751	159.094	990	841.677	731.524	713.158
500	198.593	175.116	166.265	1.000	859.456	746.869	728.309
510	207.249	182.641	173.596	1.050	951.145	825.989	806.459
520	216.090	190.325	181.086	1.100	1.047.489	909.100	888.598
530	225.118	198.169	188.736	1.150	1.148.488	996.200	974.728
640	234.332	206.173	196.546	1.200	1.254.141	1.087.290	1.064.847
550	243.732	214.336	204.515	1.250	1.364.450	1.182 370	1.158.956
560	253.818	222.659	212.644	1.300	1.479.414	1.281.441	1.257.056
570	263.091	231.142	220.932	1.350	1.599.033	1.384.501	1.359.145
580	273.050	239.784	229.380	1.400	1.723.307	1.491.551	1.465.225
590	283.195	248.585	237.987	1.450	1.852.235	1.602.592	1.575.294
600	293.526	257.547	246.784	1.500	1.985.819	1.717.622	1.689.353
610	304.043	266.667	255.681	1.550	2.124.058	1.836.642	1.807.403
620	314.747	275.948	264.767	1.600	2.266.952	1.959.653	1.929.442
630	325.636	285.388	274.013	1.650	2.414.501	2.086.653	2.055.472
640	336.712	294.988	283.419	1.700	2.566.704	2.217.643	2.183.491
650	347.975	304.747	292.984	1.750	2.723.563	2.352.623	2.319.500

4 Cornières 70 × 70 × 8 (Valeurs de I × 10⁹)

h m/m	Section pleine	Section avec trou de 19 m/m déduit dans chaque aile — verticale	horizontale	h m/m	Section pleine	Section avec trou de 19 m/m déduit dans chaque aile — verticale	horizontale
150	14.511	13.748	11.442	650	393.743	344.340	331.090
160	16.921	15.930	13.406	660	406.713	355.562	342.094
170	19.542	18.293	15.550	670	419.894	366.965	353.278
180	22.375	20.837	17.875	680	433.287	378.549	364.643
190	25.419	23.561	20.881	690	446.891	390.313	376.189
200	28.674	26.467	23.067	700	460.706	402.259	387.915
210	32.140	29.553	25.935	710	474.732	414.385	399.823
220	35.817	32.820	28.983	720	488.969	426.692	411.911
230	39.706	36.268	32.212	730	503.418	439.180	424.180
240	43.806	39.896	35.621	740	518.078	451.848	436.629
250	48.117	43.706	39.212	750	532.949	464.698	449.260
260	52.639	47.696	42.983	760	548.031	477.728	462.071
270	57.373	51.867	46.936	770	563.325	490.939	475.064
280	62.317	56.219	51.069	780	578.829	504.331	488.237
290	67.473	60.752	55.382	790	594.545	517.904	501.590
300	72.840	65.465	59.877	800	610.472	531.657	515.125
310	78.418	70.359	64.552	810	626.610	545.591	528.840
320	84.208	75.434	69.408	820	642.960	559.706	542.736
330	90.209	80.690	74.445	830	659.521	574.002	556.813
340	96.420	86.127	79.663	840	676.292	588.479	571.071
350	102.843	91.744	85.062	850	693.275	603.136	585.510
360	109.478	97.543	90.641	860	710.470	617.975	600.129
370	116.323	103.522	96.401	870	727.875	632.994	614.929
380	123.380	109.681	102.342	880	745.492	648.193	629.910
390	130.648	116.022	108.464	890	763.320	663.574	645.072
400	138.127	122.544	114.766	900	781.359	679.136	660.414
410	145.817	129.246	121.250	910	799.609	694.878	675.938
420	153.718	136.129	127.914	920	818.070	710.801	691.642
430	161.831	143.193	134.759	930	836.743	726.905	707.527
440	170.155	150.437	141.785	940	855.627	743.189	723.593
450	178.690	157.863	148.991	950	874.722	759.655	739.839
460	187.436	165.469	156.379	960	894.028	776.301	756.267
470	196.393	173.256	163.947	970	913.545	793.128	772.875
480	205.562	181.224	171.696	980	933.274	810.136	789.664
490	214.942	189.372	179.625	990	953.214	827.324	806.633
500	224.533	197.702	187.736	1.000	973.365	844.694	823.784
510	234.335	206.212	196.027	1.050	1.077.288	934.253	912.249
520	244.340	214.903	204.500	1.100	1.186.491	1.028.332	1.005.234
530	254.573	223.775	213.153	1.150	1.300.975	1.126.932	1.102.738
540	265.009	232.828	221.986	1.200	1.420.738	1.230.051	1.204.763
550	275.656	242.061	231.001	1.250	1.545.781	1.337.690	1.311.308
560	286.514	251.475	240.196	1.300	1.676.104	1.449.849	1.422.373
570	297.584	261.070	249.572	1.350	1.811.707	1.566.528	1.537.958
580	308.865	270.846	259.129	1.400	1.952.591	1.687.728	1.658.062
590	320.356	280.803	268.867	1.450	2.098.754	1.813.447	1.782.687
600	332.059	290.940	278.786	1.500	2.250.197	1.943.686	1.911.832
610	343.974	301.259	288.885	1.550	2.406.920	2.078.445	2.045.497
620	356.099	311.758	299.165	1.600	2.568.923	2.217.724	2.183.682
630	368.436	322.437	309.626	1.650	2.736.207	2.361.524	2.326.386
640	380.984	333.298	320.268	1.700	2.908.770	2.509.843	2.473.611
650	393.743	344.340	331.090	1.750	3.086.613	2.662.682	2.625.356

4 Cornières 70 × 70 × 9 (Valeurs de I × 10⁹)

h (m/m)	Section pleine	Section avec trou de 19 m/m déduit dans chaque aile		h (m/m)	Section pleine	Section avec trou de 19 m/m déduit dans chaque aile	
		verticale	*horizontale*			*verticale*	*horizontale*
150	15.990	15.132	12.586	650	438.549	382.971	368.284
160	18.665	17.550	14.761	660	453.014	395.469	380.539
170	21.574	20.169	17.137	670	467.713	408.168	392.995
180	24.720	22.990	19.715	680	482.649	421.069	405.653
190	28.102	26.012	22.495	690	497.821	434.171	418.513
200	31.719	29.236	25.476	700	513.228	447.475	431.574
210	35.572	32.661	28.659	710	528.871	460.980	444.837
220	39.661	36.289	32.043	720	544.750	474.688	458.301
230	43.986	40.117	35.629	730	560.865	488.596	471.967
240	48.546	44.148	39.417	740	577.215	502.707	485.835
250	53.342	48.330	43.406	750	593.801	517.019	499.904
260	58.374	52.813	47.597	760	610.623	531.532	514.175
270	63.642	57.449	51.989	770	627.681	546.248	528.647
280	69.146	62.285	56.583	780	644.975	561.164	543.321
290	74.885	67.324	61.378	790	662.504	576.283	558.196
300	80.861	72.564	66.376	800	680.270	591.603	573.274
310	87.072	78.005	71.574	810	698.271	607.124	588.552
320	93.519	83.648	76.975	820	716.508	622.847	604.033
330	100.201	89.493	82.577	830	734.980	638.772	619.715
340	107.120	95.540	88.380	840	753.689	654.899	635.598
350	114.274	101.788	94.385	850	772.633	671.227	651.683
360	121.664	108.237	100.592	860	791.813	687.756	667.970
370	129.290	114.888	107.001	870	811.229	704.437	684.459
380	137.152	121.741	113.611	880	830.881	721.420	701.149
390	145.249	128.796	120.422	890	850.708	738.555	718.040
400	153.582	136.052	127.435	900	870.891	755.891	735.133
410	162.152	143.509	134.650	910	891.251	773.428	752.428
420	170.956	151.168	142.066	920	911.845	791.167	769.924
430	179.997	159.029	149.684	930	932.676	809.108	787.622
440	189.274	167.091	157.504	940	953.743	827.250	805.522
450	198.786	175.355	165.525	950	975.045	845.594	823.623
460	208.534	183.821	173.748	960	996.583	864.140	841.926
470	218.518	192.488	182.172	970	1.018.357	882.887	860.430
480	228.738	201.357	190.798	980	1.040.367	901.836	879.136
490	239.193	210.427	199.626	990	1.062.612	920.986	898.044
500	249.884	219.699	208.655	1.000	1.085.093	940.338	917.153
510	260.811	229.173	217.836	1.050	1.201.037	1.040.422	1.015.723
520	271.974	238.848	227.318	1.100	1.322.875	1.144.946	1.119.332
530	283.373	248.725	236.952	1.150	1.450.608	1.254.810	1.227.982
540	295.007	258.803	246.787	1.200	1.584.237	1.369.714	1.341.672
550	306.878	269.083	256.825	1.250	1.723.760	1.489.658	1.460.402
560	318.984	279.565	267.063	1.300	1.869.179	1.614.642	1.584.174
570	331.326	290.248	277.504	1.350	2.020.492	1.744.666	1.712.981
580	343.903	301.133	288.146	1.400	2.177.700	1.879.730	1.846.331
590	356.717	312.219	298.989	1.450	2.340.804	2.019.833	1.985.721
600	369.766	323.507	310.034	1.500	2.509.802	2.164.977	2.129.051
610	383.051	334.997	321.281	1.550	2.684.696	2.315.461	2.278.621
620	396.572	346.688	332.730	1.600	2.865.484	2.470.385	2.432.630
630	410.329	358.581	344.380	1.650	3.052.167	2.630.649	2.591.680
640	424.321	370.675	356.231	1.700	3.244.746	2.795.953	2.755.770
650	438.549	382.971	368.284	1.750	3.443.219	2.966.297	2.924.900

4 Cornières 70 × 70 × 10 (Valeurs de I × 10⁰)

h m/m	Section pleine	Section avec trou de 19 m/m déduit dans chaque aile — verticale	Section avec trou de 19 m/m déduit dans chaque aile — horizontale	h m/m	Section pleine	Section avec trou de 19 m/m déduit dans chaque aile — verticale	Section avec trou de 19 m/m déduit dans chaque aile — horizontale
150	17.403	16.449	13.673	650	482.403	420.649	404.573
160	20.333	19.094	16.052	660	498.333	434.394	418.052
170	23.523	21.961	18.653	670	514.523	448.361	431.753
180	26.973	25.050	21.476	680	530.973	462.550	445.676
190	30.683	28.361	24.521	690	547.683	476.961	459.821
200	34.653	31.894	27.788	700	564.653	491.594	474.488
210	38.883	35.649	31.277	710	581.883	506.449	488.777
220	43.373	39.626	34.988	720	599.373	521.526	503.588
230	48.123	43.825	38.921	730	617.123	536.825	518.621
240	53.133	48.246	43.076	740	635.133	552.346	533.876
250	58.403	52.889	47.453	750	653.403	568.089	549.353
260	63.933	57.754	52.052	760	671.933	584.054	565.052
270	69.723	62.841	56.873	770	690.723	600.241	580.973
280	75.773	68.150	61.916	780	709.773	616.650	597.116
290	82.083	73.681	67.181	790	729.083	633.281	613.481
300	88.653	79.434	72.668	800	748.653	650.134	630.068
310	95.483	85.409	78.377	810	768.483	667.209	646.877
320	102.573	91.606	84.308	820	788.573	684.506	663.908
330	109.923	98.025	90.461	830	808.923	702.025	681.161
340	117.533	104.666	96.836	840	829.533	719.766	698.636
350	125.403	111.529	103.433	850	850.403	737.729	716.333
360	133.533	118.614	110.252	860	871.533	755.914	734.252
370	141.923	125.921	117.293	870	892.923	774.321	752.393
380	150.573	133.450	124.556	880	914.573	792.950	770.756
390	159.483	141.201	132.041	890	936.483	811.801	789.341
400	168.653	149.174	139.748	900	958.653	830.874	808.148
410	178.083	157.369	147.677	910	981.083	850.169	827.177
420	187.773	165.786	155.828	920	1.003.773	869.686	846.428
430	197.723	174.425	164.201	930	1.026.723	889.425	865.901
440	207.933	183.286	172.706	940	1.049.933	909.386	885.596
450	218.403	192.369	181.613	950	1.073.403	929.569	905.513
460	229.133	201.674	190.652	960	1.097.133	949.974	925.652
470	240.123	211.201	199.913	970	1.121.123	970.601	946.013
480	251.373	220.950	209.396	980	1.145.373	991.450	966.596
490	262.883	230.921	219.101	990	1.169.883	1.012.521	987.401
500	274.653	241.114	229.028	1.000	1.194.653	1.033.814	1.008.428
510	286.683	251.529	239.177	1.050	1.322.403	1.143.609	1.116.893
520	298.973	262.166	249.548	1.100	1.456.653	1.258.954	1.230.908
530	311.523	273.025	260.141	1.150	1.597.403	1.379.849	1.350.473
540	324.333	284.106	270.956	1.200	1.744.653	1.506.294	1.475.588
550	337.403	295.409	281.993	1.250	1.898.403	1.638.289	1.606.253
560	350.733	306.934	293.252	1.300	2.058.653	1.775.834	1.742.468
570	364.323	318.681	304.733	1.350	2.225.403	1.918.929	1.884.233
580	378.173	330.650	316.436	1.400	2.398.653	2.067.574	2.031.548
590	392.283	342.841	328.361	1.450	2.578.403	2.221.769	2.184.413
600	406.653	355.254	340.508	1.500	2.764.653	2.381.514	2.342.828
610	421.283	367.889	352.877	1.550	2.957.403	2.546.809	2.506.793
620	436.173	380.746	365.468	1.600	3.156.653	2.717.654	2.676.308
630	451.323	393.825	378.281	1.650	3.362.403	2.894.049	2.851.373
640	466.733	407.126	391.316	1.700	3.574.653	3.075.994	3.031.988
650	482.403	420.649	404.573	1.750	3.793.403	3.263.489	3.218.153

4 Cornières 75×75×9 (Valeurs de I×10⁹)

h m/m	Section pleine	Section avec trou de 19 m/m déduit dans chaque aile		h m/m	Section pleine	Section avec trou de 19 m/m déduit dans chaque aile	
		verticale	*horizontale*			*verticale*	*horizontale*
200	33.498	31.177	27.255	700	548.577	483.670	466.923
210	37.582	34.846	30.609	710	565.351	498.319	481.317
220	41.919	38.736	34.301	720	582.378	513.189	495.929
230	46.510	42.844	38.154	730	599.659	528.277	510.762
240	51.355	47.173	42.226	740	617.194	543.586	525.814
250	56.454	51.721	46.517	750	634.983	559.114	541.085
260	61.806	56.489	51.028	760	653.025	574.862	556.576
270	67.412	61.476	55.759	770	671.321	590.829	572.287
280	73.272	66.683	60.709	780	689.871	607.016	588.217
290	79.386	72.109	65.879	790	708.675	623.422	604.367
300	85.754	77.755	71.269	800	727.733	640.048	620.737
310	92.376	83.621	76.878	810	747.045	656.894	637.326
320	99.251	89.706	82.707	820	766.610	673.959	654.135
330	106.380	96.011	88.755	830	786.429	691.244	671.163
340	113.763	102.536	95.023	840	806.502	708.749	688.411
350	121.399	109.280	101.511	850	826.828	726.473	705.879
360	129.290	116.243	108.218	860	847.409	744.416	723.566
370	137.434	123.427	115.145	870	868.243	762.580	741.473
380	145.832	130.829	122.291	880	889.331	780.962	759.599
390	154.484	138.452	129.657	890	910.673	799.565	777.945
400	163.390	146.294	137.243	900	932.269	818.387	796.511
410	172.549	154.356	145.048	910	954.118	837.429	815.296
420	181.963	162.637	153.073	920	976.222	856.690	834.301
430	191.630	171.138	161.317	930	998.579	876.171	853.525
440	201.551	179.858	169.781	940	1.021.190	895.871	872.969
450	211.725	188.798	178.464	950	1.044.054	915.791	892.632
460	222.154	197.958	187.368	960	1.067.173	935.931	912.516
470	232.836	207.337	196.490	970	1.090.545	956.290	932.618
480	243.772	216.936	205.833	980	1.114.171	976.869	952.941
490	254.962	226.754	215.395	990	1.138.051	997.667	973.483
500	266.406	236.792	225.176	1.000	1.162.185	1.018.685	994.244
510	278.103	247.050	235.177	1.050	1.286.660	1.127.070	1.101.346
520	290.054	257.527	245.398	1.100	1.417.480	1.240.944	1.213.938
530	302.259	268.224	255.838	1.150	1.554.646	1.360.308	1.332.020
540	314.718	279.141	266.498	1.200	1.698.156	1.485.163	1.455.591
550	327.431	290.277	277.378	1.250	1.848.012	1.615.507	1.584.653
560	340.398	301.632	288.477	1.300	2.004.212	1.751.341	1.719.205
570	353.618	313.208	299.796	1.350	2.166.757	1.892.666	1.859.247
580	367.092	325.003	311.334	1.400	2.335.648	2.039.480	2.004.779
590	380.820	337.017	323.092	1.450	2.510.883	2.191.784	2.155.800
600	394.801	349.251	335.070	1.500	2.692.464	2.349.578	2.312.312
610	409.037	361.705	347.267	1.550	2.880.389	2.512.863	2.474.314
620	423.526	374.378	359.684	1.600	3 074.659	2.681.637	2.641.806
630	438.269	387.271	372.320	1.650	3.275.275	2.855.901	2.814.788
640	453.266	400.383	385.176	1.700	3.482.235	3.035.656	2.993.259
650	468.517	413.715	398.252	1.750	3.695.541	3.220.900	3.177.221
660	484.021	427.267	411.547	1.800	3.915.191	3.411.634	3.366.673
670	499.780	441.038	425.062	1.850	4.141.186	3.607.859	3.561.615
680	515.792	455.029	438.796	1.900	4.373.527	3.809.573	3.762.047
690	532.058	469.240	452.750	1.950	4.612.212	4.016.777	3.967.968
700	548.577	483.670	466.923	2.000	4.857.243	4.229.471	4.179.330

4 Cornières 75 × 75 × 10 (Valeurs de I × 10⁹)

h m/m	Section pleine	Section avec trou de 10 m/m déduit dans chaque aile		h m/m	Section pleine	Section avec trou de 10 m/m déduit dans chaque aile	
		verticale	*horizontale*			*verticale*	*horizontale*
200	36.612	34.032	29.746	700	603.862	531.742	513.396
210	41.097	38.057	33.490	710	622.347	547.867	529.240
220	45.862	42.325	37.476	720	641.112	564.235	545.326
230	50.907	46.834	41.704	730	660.157	580.844	561.654
240	56.232	51.585	46.474	740	679.482	597.695	578.224
250	61.837	56.578	50.886	750	699.087	614.788	595.036
260	67.722	61.813	55.840	760	718.972	632.123	612.090
270	73.887	67.291	61.036	770	739.137	649.701	629.386
280	80.332	73.010	66.474	780	759.582	667.520	646.924
290	87.057	78.971	72.454	790	780.307	685.581	664.704
300	94.062	85.474	78.076	800	801.312	703.884	682.726
310	101.347	91.619	84.240	810	822.597	722.429	700.990
320	108.912	98.307	90.646	820	844.162	741.217	719.496
330	116.757	105.236	97.294	830	866.007	760.246	738.244
340	124.882	112.407	104.184	840	888.132	779.517	757.234
350	133.287	119.820	111.316	850	910.537	799.030	776.466
360	141.972	127.475	118.690	860	933.222	818.785	795.940
370	150.937	135.378	126.306	870	956.187	838.783	815.656
380	160.182	143.512	134.164	880	979.432	859.022	835.614
390	169.707	151.893	142.264	890	1.002.957	879.503	855.814
400	179.512	160.516	150.606	900	1.026.762	900.226	876.256
410	189.597	169.381	159.190	910	1.050.847	921.191	896.940
420	199.962	178.489	168.016	920	1.075.212	942.399	917.866
430	210.607	187.838	177.084	930	1.099.857	963.848	939.034
440	221.532	197.429	186.394	940	1.124.782	985.539	960.444
450	232.737	207.262	195.946	950	1.149.987	1.007.472	982.096
460	244.222	217.337	205.740	960	1.175.472	1.029.647	1.003.990
470	255.987	227.635	215.776	970	1.201.237	1.052.063	1.026.126
480	268.032	238.214	226.054	980	1.227.282	1.074.724	1.048.504
490	280.357	249.015	236.574	990	1.253.607	1.097.625	1.071.124
500	292.962	260.058	247.336	1.000	1.280.212	1.120.768	1.093.986
510	305.847	271.343	258.340	1.050	1.417.437	1.240.114	1.211.926
520	319.012	282.871	269.586	1.100	1.561.662	1.365.510	1.335.916
530	332.457	294.640	281.074	1.150	1.712.887	1.496.956	1.465.936
540	346.182	306.651	292.804	1.200	1.871.112	1.634.452	1.602.046
550	360.187	318.904	304.776	1.250	2.036.337	1.777.998	1.744.186
560	374.472	331.399	316.990	1.300	2.208.562	1.927.594	1.892.376
570	389.037	344.137	329.446	1.350	2.387.787	2.083.240	2.046.616
580	403.882	357.116	342.144	1.400	2.574.012	2.244.936	2.206.906
590	419.007	370.337	355.084	1.450	2.767.237	2.412.682	2.373.246
600	434.412	383.800	368.266	1.500	2.967.462	2.586.478	2.545.636
610	450.097	397.505	381.690	1.550	3.174.687	2.766.324	2.724.076
620	466.062	411.453	395.356	1.600	3.388.912	2.952.220	2.908.566
630	482.307	425.642	409.264	1.650	3.610.137	3.144.166	3.099.106
640	498.832	440.073	423.414	1.700	3.838.362	3.342.162	3.295.690
650	515.637	454.746	437.806	1.750	4.073.587	3.546.208	3.498.336
660	532.722	469.661	452.440	1.800	4.315.812	3.756.304	3.707.026
670	550.087	484.819	467.316	1.850	4.565.037	3.972.450	3.921.766
680	567.732	500.218	482.434	1.900	4.821.262	4.194.646	4.142.556
690	585.657	515.859	497.794	1.950	5.084.487	4.422.892	4.369.396
700	603.862	531.742	513.396	2.000	5.354.712	4.657.188	4.602.286

4 Cornières 80 × 80 × 8 (Valeurs de I × 10⁹)

h (m/m)	Section pleine	Section avec trou de 21 m/m déduit dans chaque aile		h (m/m)	Section pleine	Section avec trou de 21 m/m déduit dans chaque aile	
		verticale	horizontale			verticale	horizontale
200	31.827	29.770	25.631	700	523.219	460.682	442.767
210	35.697	33.253	28.838	710	539.249	474.645	456.454
220	39.809	36.945	32.255	720	555.521	488.817	470.351
230	44.165	40.848	35.882	730	572.037	503.200	484.458
240	48.764	44.960	39.718	740	588.796	517.792	498.774
250	53.606	49.281	43.764	750	605.798	532.593	513.300
260	58.692	53.812	48.020	760	623.044	547.604	528.036
270	64.021	58.553	52.485	770	640.533	562.825	542.981
280	69.592	63.503	57.160	780	658.264	578.255	558.136
290	75.407	68.663	62.044	790	676.239	593.895	573.500
300	81.466	74.032	67.138	800	694.458	609.744	589.074
310	87.767	79.611	72.441	810	712.919	625.803	604.857
320	94.312	85.400	77.954	820	731.624	642.072	620.850
330	101.100	91.398	83.677	830	750.572	658.550	637.053
340	108.131	97.606	89.609	840	769.763	675.238	653.465
350	115.405	104.023	95.751	850	789.197	692.135	670.087
360	122.922	110.650	102.103	860	808.874	709.242	686.919
370	130.683	117.487	108.664	870	828.795	726.559	703.960
380	138.687	124.533	115.435	880	848.959	744.085	721.211
390	146.934	131.789	122.415	890	869.366	761.821	738.671
400	155.424	139.255	129.605	900	890.016	779.767	756.341
410	164.158	146.930	137.004	910	910.910	797.922	774.220
420	173.134	154.814	144.614	920	932.046	816.286	792.310
430	182.354	162.909	152.432	930	953.426	834.861	810.608
440	191.817	171.212	160.461	940	975.049	853.644	829.117
450	201.523	179.726	168.699	950	996.915	872.638	847.835
460	211.473	188.449	177.146	960	1.019.025	891.841	866.762
470	221.665	197.381	185.803	970	1.041.377	911.253	885.899
480	232.101	206.524	194.670	980	1.063.973	930.876	905.246
490	242.780	215.876	203.746	990	1.086.812	950.708	924.802
500	253.702	225.437	213.032	1.000	1.109.894	970.749	944.568
510	264.868	235.208	222.528	1.050	1.228.954	1.074.100	1.046.542
520	276.277	245.189	232.233	1.100	1.354.093	1.182.691	1.153.755
530	287.928	255.379	242.148	1.150	1.485.312	1.296.523	1.266.209
540	299.823	265.779	252.272	1.200	1.622.611	1.415.594	1.383.903
550	311.962	276.388	262.606	1.250	1.765.990	1.539.905	1.506.836
560	324.343	287.207	273.149	1.300	1.915.450	1.669.456	1.635.010
570	336.968	298.236	283.902	1.350	2.070.989	1.804.247	1.768.423
580	349.836	309.474	294.865	1.400	2.232.608	1.944.279	1.907.077
590	362.947	320.922	306.037	1.450	2.400.807	2.099.550	2.050.971
600	376.301	332.579	317.419	1.500	2.574.086	2.240.061	2.200.104
610	389.898	344.446	329.011	1.550	2.753.946	2.395.812	2.354.478
620	403.739	356.523	340.812	1.600	2.939.885	2.556.803	2.514.091
630	417.823	368.809	352.823	1.650	3.131.904	2.723.035	2.678.945
640	432.150	381.305	365.043	1.700	3.330.003	2.894.506	2.849.039
650	446.720	394.011	377.473	1.750	3.534.182	3.071.217	3.024.372
660	461.534	406.926	390.112	1.800	3.744.442	3.253.168	3.204.946
670	476.590	420.050	402.962	1.850	3.960.781	3.440.359	3.390.759
680	491.890	433.385	416.020	1.900	4.183.200	3.632.791	3.581.813
690	507.433	446.928	429.289	1.950	4.411.699	3.830.462	3.778.107
700	523.219	460.682	442.767	2.000	4.646.278	4.033.373	3.979.040

4 Cornières 80 × 80 × 9 (Valeurs de I × 10³)

h m/m	Section pleine	Section avec trou de 21 m/m déduit dans chaque aile		h m/m	Section pleine	Section avec trou de 21 m/m déduit dans chaque aile	
		verticale	horizontale			verticale	horizontale
200	35.233	32.918	28.333	700	583.432	513.077	493.183
210	39.537	36.788	31.897	710	601.326	528.647	508.447
220	44.114	40.892	35.695	720	619.493	544.431	523.945
230	48.963	45.230	39.727	730	637.932	560.489	539.677
240	54.083	49.803	43.993	740	656.642	576.762	555.643
250	59.475	54.609	48.493	750	675.624	593.263	571.843
260	65.139	59.649	53.227	760	694.878	610.008	588.277
270	71.075	64.923	58.195	770	714.404	626.982	604.945
280	77.282	70.431	63.397	780	734.201	644.190	621.847
290	83.761	76.174	68.833	790	754.270	661.633	638.983
300	90.512	82.150	74.503	800	774.611	679.309	656.353
310	97.535	88.360	80.407	810	795.224	697.219	673.957
320	104.830	94.804	86.545	820	816.109	715.363	691.795
330	112.396	101.482	92.917	830	837.265	733.741	709.867
340	120.235	108.394	99.523	840	858.694	752.353	728.173
350	128.345	115.541	106.363	850	880.394	771.200	746.713
360	136.727	122.921	113.437	860	902.366	790.280	765.487
370	145.380	130.535	120.745	870	924.609	809.594	784.495
380	154.306	138.383	128.287	880	947.125	829.142	803.737
390	163.503	146.465	136.063	890	969.912	848.924	823.213
400	172.972	154.782	144.073	900	992.971	868.941	842.923
410	182.713	163.332	152.317	910	1.016.302	889.191	862.867
420	192.726	172.116	160.795	920	1.039.905	909.675	883.045
430	203.010	181.134	169.507	930	1.063.779	930.393	903.457
440	213.567	190.386	178.453	940	1.087.926	951.345	924.103
450	224.395	199.872	187.633	950	1.112.344	972.531	944.983
460	235.494	209.593	197.047	960	1.137.033	993.952	966.097
470	246.866	219.547	206.695	970	1.161.995	1.015.606	987.445
480	258.510	229.735	216.577	980	1.187.229	1.037.494	1.009.027
490	270.425	240.157	226.693	990	1.212.734	1.059.616	1.030.843
500	282.612	250.813	237.043	1.000	1.238.511	1.081.972	1.052.893
510	295.071	261.703	247.627	1.050	1.371.473	1.197.263	1.166.653
520	307.802	272.828	258.445	1.100	1.511.231	1.318.404	1.286.263
530	320.804	284.186	269.497	1.150	1.657.783	1.445.395	1.411.723
540	334.078	295.778	280.783	1.200	1.811.131	1.578.236	1.543.033
550	347.624	307.604	292.303	1.250	1.971.273	1.716.927	1.680.193
560	361.442	319.664	304.057	1.300	2.138.210	1.861.468	1.823.203
570	375.532	331.959	316.045	1.350	2.311.943	2.011.859	1.972.063
580	389.893	344.487	328.267	1.400	2.492.470	2.168.100	2.126.773
590	404.527	357.249	340.723	1.450	2.679.793	2.330.190	2.287.333
600	419.432	370.245	353.413	1.500	2.873.910	2.498.131	2.453.743
610	434.609	383.475	366.337	1.550	3.074.822	2.671.922	2.626.003
620	449.057	396.939	379.495	1.600	3.282.530	2.851.563	2.804.113
630	465.778	410.638	392.887	1.650	3.497.032	3.037.054	2.988.073
640	481.770	424.570	406.513	1.700	3.718.330	3.228.895	3.177.883
650	498.034	438.756	420.373	1.750	3.946.122	3.425.586	3.373.843
660	514.570	453.136	434.467	1.800	4.181.809	3.628.627	3.575.053
670	531.378	467.770	448.795	1.850	4.422.992	3.837.518	3.782.413
680	548.457	482.639	463.357	1.900	4.671.469	4.052.259	3.995.623
690	565.809	497.741	478.153	1.950	4.926.742	4.272.849	4.214.683
700	583.432	513.077	493.183	2.000	5.188.809	4.499.290	4.439.593

4 Cornières 80 × 80 × 10 (Valeurs de I × 10⁹)

h m/m	Section pleine	Section avec trou de 21 m/m déduit dans chaque aile		h m/m	Section pleine	Section avec trou de 21 m/m déduit dans chaque aile	
		verticale	*horizontale*			*verticale*	*horizontale*
200	38.520	35.048	30.932	700	642.520	564.348	542.532
210	43.250	40.195	34.843	710	662.250	581.495	559.343
220	48.280	44.700	39.012	720	682.280	598.900	576.412
230	53.610	49.403	43.439	730	702.610	616.563	593.739
240	59.240	54.484	48.124	740	723.240	634.484	611.324
250	65.170	59.763	53.067	750	744.170	652.663	629.167
260	71.400	65.300	58.268	760	765.400	671.100	647.268
270	77.930	71.095	63.727	770	786.930	689.795	665.627
280	84.760	77.148	69.444	780	808.760	708.748	684.244
290	91.890	83.459	75.419	790	830.890	727.959	703.419
300	99.320	90.028	81.652	800	853.320	747.428	722.232
310	107.050	96.855	88.143	810	876.050	767.155	741.613
320	115.080	103.940	94.892	820	899.080	787.140	761.292
330	123.410	111.283	101.899	830	922.410	807.383	781.199
340	132.040	118.884	109.164	840	946.040	827.884	801.364
350	140.970	126.743	116.687	850	969.970	848.643	821.787
360	150.200	134.860	124.468	860	994.200	869.660	842.468
370	159.730	143.235	132.507	870	1.018.730	890.935	863.407
380	169.560	151.868	140.804	880	1.043.560	912.468	884.604
390	179.690	160.759	149.359	890	1.068.690	934.259	906.059
400	190.120	169.908	158.172	900	1.094.120	956.308	927.772
410	200.850	179.315	167.243	910	1.119.850	978.615	949.743
420	211.880	188.980	176.572	920	1.145.880	1.001.180	971.972
430	223.210	198.903	186.159	930	1.172.210	1.024.003	994.459
440	234.840	209.084	196.004	940	1.198.840	1.047.084	1.017.204
450	246.770	219.523	206.107	950	1.225.770	1.070.423	1.040.207
460	259.000	230.220	216.468	960	1.253.000	1.094.020	1.063.468
470	271.530	241.175	227.087	970	1.280.530	1.117.875	1.086.987
480	284.360	252.388	237.964	980	1.308.360	1.141.988	1.110.764
490	297.490	263.859	249.099	990	1.336.490	1.166.359	1.134.799
500	310.920	275.588	260.492	1.000	1.364.920	1.190.988	1.159.092
510	324.650	287.575	272.143	1.050	1.511.570	1.318.003	1.284.427
520	338.680	299.820	284.052	1.100	1.665.720	1.451.468	1.416.212
530	353.010	312.323	296.219	1.150	1.827.370	1.591.383	1.554.447
540	367.640	325.084	308.644	1.200	1.996.520	1.737.748	1.699.132
550	382.570	338.103	321.327	1.250	2.173.170	1.890.563	1.850.267
560	397.800	351.380	334.268	1.300	2.357.320	2.049.828	2.007.852
570	413.330	364.915	347.467	1.350	2.548.970	2.215.543	2.171.887
580	429.160	378.708	360.924	1.400	2.748.120	2.387.708	2.342.372
590	445.290	392.759	374.639	1.450	2.954.770	2.566.323	2.519.307
600	461.720	407.068	388.612	1.500	3.168.920	2.751.388	2.702.692
610	478.450	421.635	402.843	1.550	3.390.570	2.942.903	2.892.527
620	495.480	436.460	417.332	1.600	3.619.720	3.140.868	3.088.812
630	512.810	451.543	432.079	1.650	3.856.370	3.345.283	3.291.547
640	530.440	466.884	447.084	1.700	4.100.520	3.556.148	3.500.732
650	548.370	482.483	462.347	1.750	4.352.170	3.773.463	3.716.367
660	566.600	498.340	477.868	1.800	4.611.320	3.997.228	3.938.452
670	585.130	514.455	493.647	1.850	4.877.970	4.227.443	4.166.987
680	603.960	530.828	509.684	1.900	5.152.120	4.464.108	4.401.072
690	623.090	547.459	525.972	1.950	5.433.770	4.707.223	4.643.407
700	642.520	564.348	542.532	2.000	5.722.920	4.956.788	4.891.292

4 Cornières 80 × 80 × 11 (Valeurs de I × 10⁹)

h m/m	Section pleine	Section avec trou de 21 m/m déduit dans chaque aile — verticale	Section avec trou de 21 m/m déduit dans chaque aile — horizontale	h m/m	Section pleine	Section avec trou de 21 m/m déduit dans chaque aile — verticale	Section avec trou de 21 m/m déduit dans chaque aile — horizontale
200	41.692	38.863	33.431	700	700.493	614.504	590.823
210	46.837	43.477	37.080	710	722.028	633.498	609.152
220	52.310	48.372	42.210	720	743.891	652.474	627.762
230	58.110	53.549	47.022	730	766.081	671.430	646.054
240	64.239	59.007	52.115	740	788.600	690.968	665.827
250	70.693	64.747	57.491	750	811.446	710.788	685.283
260	77.479	70.769	63.447	760	834.620	730.890	705.019
270	84.590	77.072	69.085	770	858.121	751.273	725.037
280	92.030	83.657	75.305	780	881.951	771.938	745.337
290	99.707	90.523	81.807	790	906.108	792.884	765.910
300	107.892	97.671	88.590	800	930.593	814.112	786.782
310	116.315	105.101	95.654	810	955.406	835.622	807.926
320	125.066	112.812	103.001	820	980.547	857.413	829.353
330	134.145	120.805	110.628	830	1.006.016	879.486	851.060
340	143.551	129.079	118.538	840	1.031.812	901.840	873.050
350	153.285	137.635	126.720	850	1.057.936	924.476	895.321
360	163.347	146.473	135.202	860	1.084.388	947.394	917.874
370	173.737	155.592	143.956	870	1.111.168	970.593	940.708
380	184.454	164.993	152.992	880	1.138.275	994.074	963.824
390	195.490	174.676	162.309	890	1.165.710	1.017.837	987.221
400	206.873	184.640	171.908	900	1.193.474	1.041.881	1.010.900
410	218.574	194.885	181.789	910	1.221.565	1.066.206	1.034.861
420	230.602	205.412	191.931	920	1.249.983	1.090.813	1.059.103
430	242.959	216.221	202.395	930	1.278.730	1.115.702	1.083.627
440	255.643	227.312	213.120	940	1.307.804	1.140.873	1.108.432
450	268.655	238.684	224.127	950	1.337.206	1.166.325	1.133.519
460	281.995	250.337	235.416	960	1.366.936	1.192.058	1.158.888
470	295.663	262.272	246.086	970	1.396.994	1.218.073	1.184.538
480	309.658	274.489	258.838	980	1.427.379	1.244.370	1.210.470
490	323.982	286.988	270.971	990	1.458.093	1.270.949	1.236.683
500	338.633	299.708	283.387	1.000	1.489.134	1.297.809	1.263.479
510	353.612	312.829	296.083	1.050	1.649.256	1.436.333	1.399.878
520	368.918	326.173	309.061	1.100	1.817.574	1.581.897	1.543.617
530	384.553	339.797	322.321	1.150	1.994.087	1.734.501	1.694.396
540	400.515	353.704	335.863	1.200	2.178.794	1.894.445	1.852.215
550	416.805	367.892	349.686	1.250	2.371.697	2.060.829	2.017.075
560	433.423	382.361	363.790	1.300	2.572.794	2.234.553	2.188.974
570	450.369	397.113	378.177	1.350	2.782.087	2.415.317	2.367.013
580	467.643	412.145	392.844	1.400	2.999.575	2.603.122	2.553.892
590	485.244	427.460	407.794	1.450	3.225.257	2.797.966	2.746.011
600	503.173	443.056	423.025	1.500	3.459.135	2.999.850	2.946.971
610	521.430	458.934	438.538	1.550	3.701.207	3.208.774	3.154.070
620	540.015	475.093	454.332	1.600	3.951.475	3.424.738	3.368.209
630	558.927	491.534	470.408	1.650	4.209.938	3.647.742	3.589.388
640	578.167	508.256	486.765	1.700	4.476.595	3.877.786	3.817.607
650	597.730	525.260	503.404	1.750	4.751.448	4.114.870	4.052.867
660	617.632	542.546	520.328	1.800	5.034.495	4.358.994	4.295.199
670	637.855	560.113	537.527	1.850	5.325.738	4.610.158	4.544.505
680	658.407	577.962	555.011	1.900	5.625.170	4.868.303	4.800.384
690	679.286	596.092	572.770	1.950	5.932.808	5.133.607	5.064.303
700	700.493	614.504	590.823	2.000	6.248.636	5.406.864	5.334.708

4 Cornières 80×80×12 (Valeurs de I×10³)

h m/m	Section pleine	Section avec trou de 21 m/m déduit dans chaque aile — verticale	Section avec trou de 21 m/m déduit dans chaque aile — horizontale	h m/m	Section pleine	Section avec trou de 21 m/m déduit dans chaque aile — verticale	Section avec trou de 21 m/m déduit dans chaque aile — horizontale
200	44.752	41.066	35.833	700	757.360	663.554	638.065
210	50.302	46.636	40.410	710	780.670	683.764	657.882
220	56.207	51.914	45.292	720	804.335	704.279	678.004
230	62.467	57.491	50.479	730	828.355	725.099	698.431
240	69.082	63.375	55.970	740	852.730	746.223	719.162
250	76.053	69.564	61.766	750	877.461	767.653	740.198
260	83.378	76.059	67.867	760	902.546	789.387	761.539
270	91.059	82.858	74.273	770	927.987	811.426	783.185
280	99.096	89.961	80.984	780	953.784	833.769	805.136
290	107.487	97.370	87.999	790	979.935	856.418	827.391
300	116.233	105.083	95.319	800	1.006.441	879.371	849.951
310	125.335	113.101	102.915	810	1.033.303	902.629	872.817
320	134.702	121.424	110.874	820	1.060.520	926.192	895.986
330	144.604	130.052	119.100	830	1.088.092	950.060	919.461
340	154.772	138.985	127.648	840	1.116.020	974.233	943.240
350	165.294	148.222	136.493	850	1.144.302	998.710	967.325
360	176.172	157.764	145.642	860	1.172.940	1.023.492	991.714
370	187.405	167.611	155.096	870	1.201.933	1.048.579	1.016.408
380	198.993	177.763	164.854	880	1.231.281	1.073.971	1.041.406
390	210.937	188.219	174.918	890	1.260.985	1.099.667	1.066.710
400	223.235	198.981	185.286	900	1.291.043	1.125.669	1.092.318
410	235.889	210.047	195.959	910	1.321.457	1.151.975	1.118.231
420	248.898	221.418	206.937	920	1.352.226	1.178.586	1.144.449
430	262.262	233.094	218.219	930	1.383.350	1.205.502	1.170.971
440	275.981	245.074	229.807	940	1.414.829	1.232.722	1.197.799
450	290.056	257.360	241.699	950	1.446.664	1.260.248	1.224.931
460	304.486	269.950	253.896	960	1.478.854	1.288.078	1.252.368
470	319.271	282.845	266.398	970	1.511.399	1.316.213	1.280.110
480	334.411	296.045	279.205	980	1.544.299	1.344.653	1.308.157
490	349.906	309.549	292.316	990	1.577.554	1.373.397	1.336.508
500	365.757	323.358	305.732	1.000	1.611.165	1.402.446	1.365.164
510	381.962	337.473	319.453	1.050	1.784.545	1.552.265	1.513.017
520	398.523	351.892	333.470	1.100	1.966.806	1.709.704	1.668.491
530	415.440	366.615	347.810	1.150	2.157.947	1.874.763	1.831.584
540	432.711	381.644	362.445	1.200	2.357.968	2.047.442	2.002.297
550	450.337	396.977	377.385	1.250	2.566.869	2.227.740	2.180.630
560	468.319	412.615	392.631	1.300	2.784.649	2.415.659	2.366.583
570	486.656	428.558	408.180	1.350	3.011.310	2.611.198	2.560.157
580	505.348	444.806	424.035	1.400	3.246.851	2.814.357	2.761.350
590	524.396	461.359	440.194	1.450	3.491.272	3.025.136	2.970.163
600	543.798	478.216	456.659	1.500	3.744.573	3.243.534	3.186.596
610	563.556	495.378	473.428	1.550	4.006.753	3.469.553	3.410.649
620	583.669	512.845	490.501	1.600	4.277.814	3.703.192	3.642.323
630	604.137	530.617	507.880	1.650	4.557.755	3.944.451	3.881.616
640	624.961	548.693	525.564	1.700	4.846.576	4.193.330	4.128.529
650	646.139	567.075	543.552	1.750	5.144.277	4.449.828	4.383.062
660	667.673	585.761	561.845	1.800	5.450.857	4.713.947	4.645.215
670	689.562	604.752	580.443	1.850	5.766.318	4.985.686	4.914.989
680	711.806	624.048	599.345	1.900	6.090.659	5.265.045	5.192.382
690	734.405	643.648	618.553	1.950	6.423.880	5.552.024	5.477.395
700	757.360	663.554	638.065	2.000	6.765.981	5.846.622	5.770.028

4 Cornières 85 × 85 × 10 (Valeurs de I × 10³)

h m/m	Section pleine	Section avec trou de 21 m/m déduit dans chaque aile — verticale	Section avec trou de 21 m/m déduit dans chaque aile — horizontale	h m/m	Section pleine	Section avec trou de 21 m/m déduit dans chaque aile — verticale	Section avec trou de 21 m/m déduit dans chaque aile — horizontale
200	40.388	38.086	32.800	700	680.638	603.996	580.650
210	45.353	42.593	36.946	710	701.603	622.403	598.696
220	50.638	47.379	41.370	720	722.888	641.038	617.020
230	56.243	52.442	46.072	730	744.493	660.051	635.622
240	62.168	57.783	51.052	740	766.418	679.293	654.502
250	68.413	63.402	56.310	750	788.663	698.812	673.660
260	74.978	69.299	61.846	760	811.228	718.609	693.096
270	81.863	75.474	67.660	770	834.113	738.684	712.810
280	89.068	81.927	73.752	780	857.318	759.037	732.802
290	96.593	88.659	80.122	790	880.843	779.669	753.072
300	104.438	95.668	86.770	800	904.688	800.578	773.620
310	112.603	102.955	93.696	810	928.853	821.765	794.446
320	121.088	110.520	100.900	820	953.338	843.230	815.550
330	129.893	118.363	108.382	830	978.143	864.973	836.932
340	139.018	126.484	116.142	840	1.003.268	886.995	858.592
350	148.463	134.884	124.180	850	1.028.713	909.294	880.530
360	158.228	143.561	132.496	860	1.054.478	931.871	902.746
370	168.313	152.516	141.090	870	1.080.563	954.726	925.240
380	178.718	161.749	149.962	880	1.106.968	977.859	948.012
390	189.443	171.261	159.112	890	1.133.693	1.001.271	971.062
400	200.488	181.050	168.540	900	1.160.738	1.024.960	994.390
410	211.853	191.117	178.246	910	1.188.103	1.048.927	1.017.996
420	223.538	201.462	188.230	920	1.215.788	1.073.172	1.041.880
430	235.543	212.085	198.492	930	1.243.793	1.097.695	1.066.042
440	247.868	222.987	209.032	940	1.272.118	1.122.497	1.090.482
450	260.513	234.166	219.850	950	1.300.763	1.147.576	1.115.200
460	273.478	245.623	230.946	960	1.329.728	1.172.933	1.140.196
470	286.763	257.358	242.320	970	1.359.013	1.198.569	1.165.470
480	300.368	269.371	253.972	980	1.388.618	1.224.481	1.191.022
490	314.293	281.663	265.002	990	1.418.543	1.250.673	1.216.852
500	328.538	294.232	278.440	1.000	1.448.788	1.277.142	1.242.960
510	343.103	307.079	290.596	1.050	1.604.813	1.413.658	1.377.670
520	357.988	320.204	303.900	1.100	1.768.838	1.557.124	1.519.330
530	373.193	333.607	316.402	1.150	1.940.863	1.707.540	1.667.940
540	388.718	347.289	329.722	1.200	2.120.888	1.864.906	1.823.500
550	404.563	361.248	343.320	1.250	2.308.913	2.029.222	1.986.010
560	420.728	375.485	357.196	1.300	2.504.938	2.200.488	2.155.470
570	437.213	390.000	371.350	1.350	2.708.963	2.378.704	2.331.880
580	454.018	404.793	385.782	1.400	2.920.988	2.563.870	2.515.240
590	471.143	419.865	400.492	1.450	3.141.013	2.755.986	2.705.550
600	488.588	435.214	415.480	1.500	3.369.038	2.955.052	2.902.810
610	506.353	450.841	430.746	1.550	3.605.063	3.161.068	3.107.020
620	524.438	466.746	446.290	1.600	3.849.088	3.374.034	3.318.180
630	542.843	482.929	462.112	1.650	4.101.113	3.593.950	3.536.290
640	561.568	499.391	478.212	1.700	4.361.138	3.820.816	3.761.350
650	580.613	516.130	494.590	1.750	4.629.163	4.054.632	3.993.360
660	599.978	533.147	511.246	1.800	4.905.188	4.295.398	4.232.320
670	619.663	550.442	528.180	1.850	5.189.213	4.543.114	4.478.230
680	639.668	568.015	545.392	1.900	5.481.238	4.797.780	4.731.090
690	659.993	585.867	562.882	1.950	5.781.263	5.059.396	4.990.900
700	680.638	603.996	580.650	2.000	6.089.288	5.327.962	5.257.660

4 Cornières 85 × 85 × 11 (Valeurs de I × 10⁹)

h m/m	Section pleine	Section avec trou de 21 m/m déduit dans chaque aile		h m/m	Section pleine	Section avec trou de 21 m/m déduit dans chaque aile	
		verticale	horizontale			verticale	horizontale
200	43.727	41.195	35.466	700	742.348	658.041	632.678
210	49.120	46.093	39.972	710	765.240	678.120	652.364
220	54.881	51.296	44.782	720	788.482	698.503	672.354
230	60.983	56.801	49.895	730	812.074	719.188	692.647
240	67.435	62.611	55.312	740	836.016	740.178	713.244
250	74.236	68.724	61.032	750	860.307	761.471	734.144
260	81.388	75.141	67.057	760	884.949	783.068	755.348
270	88.880	81.861	73.384	770	909.940	804.968	776.856
280	96.740	88.885	80.015	780	935.281	827.172	798.667
290	104.941	96.213	86.950	790	960.972	849.680	820.782
300	113.491	103.844	94.188	800	987.012	872.491	843.200
310	122.301	111.779	101.730	810	1.013.402	895.606	865.922
320	131.042	120.017	109.576	820	1.040.143	919.024	888.948
330	141.241	128.559	117.725	830	1.067.232	942.746	912.277
340	151.491	137.404	126.178	840	1.094.672	966.771	935.910
350	161.491	146.554	134.935	850	1.122.462	991.101	959.847
360	172.140	156.006	143.995	860	1.150.601	1.015.733	984.087
370	182.139	165.763	153.358	870	1.179.090	1.040.670	1.008.631
380	194.488	175.823	163.026	880	1.207.929	1.065.910	1.033.478
390	206.187	186.186	172.996	890	1.237.118	1.091.453	1.058.628
400	218.235	196.853	183.271	900	1.266.656	1.117.300	1.084.083
410	230.634	207.824	193.849	910	1.296.545	1.143.451	1.109.841
420	243.382	219.098	204.731	920	1.326.783	1.169.905	1.135.903
430	256.430	230.676	215.916	930	1.357.371	1.196.663	1.162.268
440	269.927	242.558	227.405	940	1.388.308	1.223.725	1.188.937
450	283.725	254.743	239.197	950	1.419.596	1.251.090	1.215.909
460	297.872	267.232	251.293	960	1.451.233	1.278.759	1.243.185
470	312.369	280.024	263.693	970	1.483.220	1.306.731	1.270.765
480	327.216	293.120	276.896	980	1.515.557	1.335.007	1.298.648
490	342.413	306.519	289.403	990	1.548.244	1.363.586	1.326.835
500	357.959	320.223	302.713	1.000	1.581.280	1.392.470	1.355.325
510	373.856	334.229	316.327	1.050	1.751.710	1.541.439	1.502.331
520	390.402	348.540	330.243	1.100	1.930.885	1.697.099	1.656.928
530	406.698	363.154	344.466	1.150	2.118.804	1.862.149	1.819.114
540	423.644	378.071	358.991	1.200	2.315.469	2.033.888	1.988.890
550	440.939	393.292	373.819	1.250	2.520.878	2.213.218	2.166.256
560	458.584	408.817	388.951	1.300	2.735.033	2.400.138	2.351.212
570	476.580	424.645	404.387	1.350	2.957.933	2.594.648	2.543.769
580	494.924	440.777	420.126	1.400	3.189.577	2.796.747	2.743.894
590	513.619	457.213	436.169	1.450	3.429.967	3.006.437	2.951.621
600	532.664	473.952	452.516	1.500	3.679.101	3.223.717	3.166.937
610	552.058	490.995	469.166	1.550	3.936.981	3.448.586	3.389.843
620	571.802	508.341	486.119	1.600	4.203.606	3.681.046	3.620.340
630	591.896	525.991	503.376	1.650	4.478.975	3.921.096	3.858.420
640	612.340	543.945	520.937	1.700	4.763.090	4.168.735	4.104.103
650	631.133	562.202	538.802	1.750	5.055.949	4.423.965	4.357.368
660	654.277	580.762	556.970	1.800	5.357.554	4.686.785	4.618.224
670	675.770	599.628	575.442	1.850	5.667.904	4.957.195	4.886.671
680	697.613	618.795	594.217	1.900	5.986.998	5.235.19	5.162.707
690	719.805	638.266	613.296	1.950	6.314.838	5.520.78	5.440.333
700	742.348	658.041	632.678	2.000	6.651.422	5.813.964	5.737.549

4 Cornières 90 × 90 × 9 (Valeurs de I × 10⁹)

h m/m	Section pleine	Section avec trou de 23 m/m déduit dans chaque aile		h m/m	Section pleine	Section avec trou de 23 m/m déduit dans chaque aile	
		verticale	*horizontale*			*verticale*	*horizontale*
250	65.284	60.590	53.255	750	755.323	667.829	641.657
260	71.543	66.208	58.497	760	776.972	686.767	660.219
270	78.111	72.092	64.004	770	798.930	705.971	679.046
280	84.086	78.243	69.778	780	821.195	725.442	698.140
290	92.169	84.660	75.819	790	843.768	745.179	717.500
300	99.660	91.347	82.126	800	866.649	765.183	737.128
310	107.459	98.294	88.699	810	889.838	785.453	757.021
320	115.565	105.510	95.538	820	913.334	805.989	777.180
330	123.980	112.993	102.644	830	937.139	826.792	797.606
340	132.702	120.742	110.017	840	961.251	847.861	818.299
350	141.732	128.758	117.656	850	985.671	869.197	839.258
360	151.069	137.040	125.561	860	1.010.398	890.799	860.483
370	160.715	145.588	133.733	870	1.035.434	912.667	881.975
380	170.668	154.403	142.171	880	1.060.777	934.802	903.733
390	180.929	163.484	150.875	890	1.086.428	957.203	925.757
400	191.498	172.831	159.846	900	1.112.387	979.870	948.048
410	202.375	182.445	169.083	910	1.138.654	1.002.804	970.605
420	213.559	192.326	178.587	920	1.165.228	1.026.005	993.420
430	225.051	202.473	188.357	930	1.192.110	1.049.472	1.016.519
440	236.851	212.886	198.393	940	1.219.300	1.073.205	1.039.875
450	248.959	223.565	208.696	950	1.246.798	1.097.204	1.063.498
460	261.375	234.511	219.265	960	1.274.604	1.121.470	1.087.387
470	274.098	245.724	230.101	970	1.302.717	1.146.003	1.111.543
480	287.130	257.202	241.203	980	1.331.139	1.170.801	1.135.965
490	300.469	268.948	252.572	990	1.359.868	1.195.867	1.160.654
500	314.116	280.959	264.206	1.000	1.388.905	1.221.198	1.185.608
510	328.070	293.237	276.108	1.050	1.538.706	1.351.832	1.314.379
520	342.333	305.782	288.275	1.100	1.696.203	1.489.166	1.449.809
530	356.903	318.592	300.709	1.150	1.861.304	1.633.140	1.591.899
540	371.781	331.670	313.410	1.200	2.034.280	1.783.774	1.740.649
550	386.967	345.013	326.377	1.250	2.214.862	1.941.068	1.896.059
560	402.461	358.623	339.610	1.300	2.403.138	2.105.022	2.058.130
570	418.262	372.499	353.109	1.350	2.599.110	2.275.636	2.226.860
580	434.372	386.642	366.875	1.400	2.802.776	2.452.909	2.402.250
590	450.789	401.051	380.908	1.450	3.014.137	2.636.843	2.584.300
600	467.514	415.727	395.207	1.500	3.233.194	2.827.437	2.773.010
610	484.546	430.669	409.772	1.550	3.459.945	3.024.091	2.968.381
620	501.887	445.877	424.604	1.600	3.694.392	3.228.605	3.170.411
630	519.535	461.352	439.702	1.650	3.936.533	3.439.179	3.379.101
640	537.491	477.093	455.060	1.700	4.186.369	3.656.413	3.594.431
650	555.755	493.101	470.697	1.750	4.443.001	3.880.807	3.816.461
660	574.327	509.378	486.594	1.800	4.709.127	4.110.861	4.045.132
670	593.206	525.915	502.758	1.850	4.982.049	4.348.074	4.280.462
680	612.893	542.722	519.188	1.900	5.262.065	4.591.948	4.522.452
690	631.888	559.795	535.884	1.950	5.550.976	4.842.482	4.771.102
700	651.601	577.435	552.847	2.000	5.846.983	5.099.076	5.026.412
710	671.802	594.741	570.076	2.100	6.462.081	5.634.044	5.557.013
720	692.220	612.013	587.572	2.200	7.107.958	6.195.052	6.114.233
730	712.947	630.752	605.334	2.300	7.784.616	6.782.700	6.608.134
740	733.981	649.157	623.363	2.400	8.492.054	7.396.987	7.308.654
750	755.323	667.829	641.657	2.500	9.230.272	8.037.915	7.945.814

4 Cornières 90 × 90 × 10 (Valeurs de I × 10⁹)

h m/m	Section pleine	Section avec trou de 25 m/m déduit dans chaque aile — verticale	Section avec trou de 25 m/m déduit dans chaque aile — horizontale	h m/m	Section pleine	Section avec trou de 25 m/m déduit dans chaque aile — verticale	Section avec trou de 25 m/m déduit dans chaque aile — horizontale
250	71.577	66.361	58.321	750	832.577	735.361	706.021
260	78.407	72.533	64.084	760	856.467	756.238	727.084
270	85.697	79.009	70.141	770	880.697	777.409	747 841
280	93.267	85.774	76.492	780	905.267	798.874	768.892
200	101.177	92.833	83.137	790	930.177	820.633	790.237
300	109.427	100.180	90.076	800	955.427	842.686	811.876
310	118.017	107.833	97.309	810	981.017	865.033	833.809
320	126.947	115.774	104.836	820	1.006.947	887.674	856.036
330	136.217	124.009	112.657	830	1.033.217	910.609	878.557
340	145.827	132.538	120.772	840	1.059.827	933.838	901.372
350	155.777	141.361	129.181	850	1.086.777	957.361	924.481
360	166.067	150.478	137.884	860	1.114.067	981.178	947.884
370	176.697	159.889	146.881	970	1.141.697	1.005.280	971.581
380	187.667	169.594	156.172	880	1.169.667	1.029.604	995.572
390	198.077	179.593	165.757	800	1.197.977	1.054.393	1.019.857
400	210.627	189.886	175.636	900	1.226.627	1.079.886	1.044.436
410	222.617	200.473	185.809	910	1.255.617	1.104.673	1.069.309
420	234.947	211.354	196.276	920	1.284.947	1.130.254	1.094.476
430	247.617	222.529	207.037	930	1.314.617	1.156.429	1.119.937
440	260.627	233.998	218.192	940	1.344.627	1.182.298	1.145.692
450	273.977	245.761	229.441	950	1.374.977	1.208.761	1.171.741
460	287.667	257.818	241.084	960	1.405.667	1.235.518	1.198.084
470	301.697	270.169	253.021	970	1.436.697	1.262.569	1.224.721
480	316.067	282.814	265.252	980	1.468.067	1.289.914	1.251.652
490	330.777	295.753	277.777	990	1.499.777	1.317.553	1.278.877
500	345.827	308.986	290.596	1.000	1.531.827	1.345.486	1.306.396
510	361.217	322.513	303.709	1.050	1.697.177	1.489.561	1.448.401
520	376.947	336.334	317.116	1.100	1.871.027	1.640.986	1.597.756
530	393.017	350.449	330.817	1.150	2.053.377	1.799.761	1.754.461
540	409.427	364.858	344.812	1.200	2.244.227	1.965.886	1.918.516
550	426.177	379.561	359.101	1.250	2.443.577	2.139.361	2.089.921
560	443.267	394.558	373.684	1.300	2.651.427	2.320.186	2.268.676
570	460.697	409.849	388.561	1.350	2.867.777	2.508.361	2.454.781
580	478.467	425.434	403.732	1.400	3.092.627	2.703.886	2.648.235
590	496.577	441.313	419.197	1.450	3.325.977	2.906.761	2.849.041
600	515.027	457.486	434.956	1.500	3.567.827	3.116.986	3.057.196
610	533.817	473.953	451.009	1.550	3.818.177	3.334.561	3.272.701
620	552.947	490.714	467.356	1.600	4.077.027	3.559.486	3.495.556
630	572.417	507.769	483.997	1.650	4.344.377	3.791.761	3.725.761
640	592.227	525.118	500.932	1.700	4.620.227	4.031.386	3.963.316
650	612.377	542.761	518.161	1.750	4.904.577	4.278.361	4 208.221
660	632.867	560.698	535.684	1.800	5.197.427	4.532.686	4.460.476
670	653.697	578.929	553.501	1.850	5.498.777	4.794.361	4.720.081
680	674.867	597.454	571.612	1.900	5.808.627	5.063.386	4.987.036
690	696.377	616.273	590.017	1.950	6.126.977	5.339.761	5.261.341
700	718.227	635.386	608.716	2.000	6.453.827	5.623.486	5.542.096
710	740.417	654.793	627.709	2.100	7.133.027	6.212.986	6.128.356
720	762.947	674.494	646.996	2.200	7.846.227	6.831.886	6.743.116
730	785.817	694.489	666.577	2.300	8.593.427	7.480.186	7.387.276
740	809.027	714.778	686.452	2.400	9.374.627	8.157.886	8.060.836
750	832.577	735.361	706.621	2.500	10.189.827	8.864.986	8.763.796

4 Cornières 90 × 90 × 11 (Valeurs de I × 10⁹)

h m/m	Section pleine	Section avec trou de 23 m/m déduit dans chaque aile		h m/m	Section pleine	Section avec trou de 23 m/m déduit dans chaque aile	
		verticale	horizontale			verticale	horizontale
250	77.690	71.953	63.228	750	908.531	801.594	770.352
260	85.198	78.677	69.501	760	934.629	824.378	792.685
270	93.077	85.721	76.096	770	961.098	847.482	815.340
280	101.329	93.087	83.011	780	987.940	870.908	838.315
290	109.952	100.774	90.243	790	1.015.153	894.655	861.612
300	118.947	108.782	97.806	800	1.042.738	918.723	885.230
310	128.314	117.112	105.685	810	1.070.695	943.113	909.169
320	138.052	125.762	113.885	820	1.099.023	967.823	933.429
330	148.162	134.734	122.407	830	1.127.723	992.855	958.011
340	158.644	144.027	131.249	840	1.156.795	1.018.208	982.913
350	169.498	153.641	140.413	850	1.186.239	1.043.882	1.008.137
360	180.724	163.577	149.898	860	1.216.055	1.069.878	1.033.682
370	192.322	173.833	159.705	870	1.246.243	1.096.194	1.059.549
380	204.291	184.411	169.832	880	1.276.802	1.122.832	1.085.736
390	216.632	195.310	180.281	890	1.307.733	1.149.791	1.112.245
400	229.345	206.530	191.051	900	1.339.036	1.177.071	1.139.075
410	242.430	218.072	202.142	910	1.370.711	1.204.673	1.166.226
420	255.886	229.934	213.554	920	1.402.757	1.232.595	1.193.698
430	269.715	242.118	225.287	930	1.435.176	1.260.839	1.121.491
440	283.915	254.623	237.342	940	1.467.966	1.289.404	1.249.606
450	298.487	267.449	249.718	950	1.501.128	1.318.290	1.278.042
460	313.430	280.597	262.415	960	1.534.661	1.347.498	1.306.799
470	328.746	294.063	275.433	970	1.568.567	1.377.027	1.335.877
480	344.433	307.855	288.773	980	1.602.844	1.406.876	1.365.277
490	360.492	321.966	302.434	990	1.637.493	1.437.047	1.394.998
500	376.923	336.399	316.415	1.000	1.672.514	1.467.540	1.425.039
510	393.726	351.152	330.718	1.050	1.853.196	1.624.819	1.580.067
520	410.900	366.227	345.343	1.100	2.043.172	1.790.128	1.743.124
530	428.447	381.622	360.288	1.150	2.242.444	1.963.467	1.914.212
540	446.365	397.339	375.555	1.200	2.451.011	2.144.836	2.093.329
550	464.655	413.378	391.143	1.250	2.668.872	2.334.235	2.280.476
560	483.317	429.737	407.052	1.300	2.896.029	2.531.664	2.475.654
570	502.350	446.418	423.282	1.350	3.132.480	2.737.123	2.678.861
580	521.755	463.420	439.834	1.400	3.378.227	2.950.612	2.890.099
590	541.532	480.743	456.706	1.450	3.633.269	3.172.131	3.109.366
600	561.681	498.387	473.900	1.500	3.897.605	3.401.681	3.336.663
610	582.202	516.352	491.415	1.550	4.171.237	3.639.260	3.571.991
620	603.095	534.639	509.252	1.600	4.454.163	3.884.869	3.815.348
630	624.359	553.247	527.409	1.650	4.746.385	4.138.508	4.066.736
640	645.995	572.176	545.888	1.700	5.047.902	4.400.177	4.326.153
650	668.003	591.426	564.688	1.750	5.358.713	4.669.876	4.593.600
660	690.383	610.997	583.809	1.800	5.678.820	4.947.605	4.869.078
670	713.134	630.890	603.251	1.850	6.008.221	5.233.364	5.152.585
680	736.258	651.104	623.014	1.900	6.346.918	5.527.153	5.444.123
690	759.753	671.639	643.099	1.950	6.694.910	5.828.972	5.743.690
700	783.620	692.495	663.505	2.000	7.052.196	6.138.822	6.051.287
710	807.858	713.672	684.232	2.100	7.794.654	6.782.610	6.690.572
720	832.469	735.171	705.280	2.200	8.574.293	7.453.518	7.361.977
730	857.451	756.991	726.650	2.300	9.391.111	8.166.546	8.065.502
740	882.805	779.132	748.341	2.400	10.245.109	8.906.694	8.801.147
750	908.531	801.594	770.352	2.500	11.136.287	9.678.963	9.568.911

4 Cornières 90 × 90 × 12 (Valeurs de I × 10⁹)

h m/m	Section pleine	Section avec trou de 25 m/m déduit dans chaque aile		h m/m	Section pleine	Section avec trou de 25 m/m déduit dans chaque aile	
		verticale	*horizontale*			*verticale*	*horizontale*
250	83.028	77.369	67.981	750	983.196	866.537	832.861
260	91.741	84.626	74.752	760	1.011.469	891.194	857.032
270	100.257	92.232	81.872	770	1.040.145	916.200	881.552
280	109.176	100.185	89.340	780	1.069.224	941.553	906.420
290	118.490	108.480	97.155	790	1.098.707	967.254	931.635
300	128.225	117.136	105.319	800	1.128.593	993.304	957.199
310	138.353	126.133	113.830	810	1.158.851	1.019.701	983.110
320	148.886	135.479	122.690	820	1.189.574	1.046.447	1.009.370
330	159.321	145.172	131.898	830	1.220.669	1.073.540	1.035.978
340	171.160	155.213	141.453	840	1.252.168	1.100.981	1.062.933
350	182.901	165.603	151.357	850	1.284.069	1.128.771	1.090.237
360	195.046	176.340	161.608	860	1.316.374	1.156.908	1.117.888
370	207.594	187.425	172.208	870	1.349.082	1.185.393	1.145.888
380	220.546	198.859	183.156	880	1.382.194	1.214.227	1.174.236
390	233.900	210.640	194.451	890	1.415.708	1.243.408	1.202.931
400	247.658	222.769	206.095	900	1.449.626	1.272.937	1.231.975
410	261.819	235.247	218.086	910	1.483.947	1.302.815	1.261.366
420	276.383	248.072	230.426	920	1.518.671	1.333.040	1.291.106
430	291.351	261.246	243.114	930	1.553.799	1.363.614	1 321.194
440	306.721	274.767	256.149	940	1.589.329	1.394.535	1.351.629
450	322.495	288.636	269.533	950	1.625.263	1.425.804	1.382.413
460	338.672	302.854	283.264	960	1.661.600	1.457.422	1.413.544
470	355.252	317.419	297.344	970	1.698.340	1.489.387	1.445.024
480	372.235	332.332	311.772	980	1.735.483	1.521.700	1.476.852
490	389.622	347.594	326.547	990	1.773.030	1.554.362	1.509.027
500	407.412	363.203	341.071	1.000	1.810.980	1.587.371	1.541.551
510	425.605	379.160	357.142	1.050	2.006.777	1.757.638	1.709.389
520	444.201	395.466	372.962	1.100	2.212.653	1.936.605	1.885.927
530	463.200	412.119	389.130	1.150	2.428.610	2.124.271	2.071.165
540	482.603	429.120	405.645	1.200	2.654.647	2.320.638	2.265.103
550	502.409	446.470	422.509	1.250	2.890.764	2.525.705	2.467.741
560	522.617	464.167	439.720	1.300	3.136.961	2.739.472	2.679.079
570	543.230	482.213	457.280	1.350	3.393.237	2.961.939	2.899.117
580	564.245	500.606	475.188	1.400	3.659.594	3.193.105	3.127.855
590	585.664	519.347	493.443	1.450	3.936.031	3.432.972	3.365.293
600	607.485	538.437	512.047	1.500	4.222.548	3.681.539	3.611.431
610	629.710	557.874	530.998	1.550	4.519.145	3.938.806	3.866.269
620	652.338	577.659	550.298	1.600	4.825.821	4.204.773	4.129.807
630	675.370	597.793	569.946	1.650	5.142.578	4.479.439	4.402.045
640	698.804	618.274	589.941	1.700	5.469.415	4.762.806	4.682.983
650	722.642	639.103	610.285	1.750	5.806.332	5.054.873	4.972.621
660	746.883	660.281	630.976	1.800	6.153.329	5.355.640	5.270.959
670	771.527	681;806	652.016	1.850	6.510.405	5.665.107	5.577.997
680	796.575	703.680	673.404	1.900	6.877.562	5.983.273	5.893.735
690	822.025	725.901	695.139	1.950	7.254.799	6.310.140	6.218.173
700	847.879	748.470	717.223	2.000	7.642.116	6.645.707	6.551.311
710	874.136	771.388	739.654	2.100	8.446.989	7.342.041	7.243.687
720	900.796	794.653	762.434	2.200	9.292.183	8.074.974	7.970.863
730	927.859	818.266	785.562	2.300	10.177.697	8.841.808	8.732.839
740	955.326	842.228	809.037	2.400	11.103.530	9.643.441	9.529.615
750	983.196	866.537	832.861	2.500	12.069 684	10.470.875	10.361.491

4 Cornières 90 × 90 × 13 (Valeurs de I × 10⁹)

h m/m	Section pleine	Section avec trou de 23 m/m déduit dans chaque aile		h m/m	Section pleine	Section avec trou de 23 m/m déduit dans chaque aile	
		verticale	horizontale			verticale	horizontale
250	89.393	82.612	72.581	750	1.056.580	930.199	894.155
260	98.098	90.391	79,840	760	1,086.995	956.698	920.134
270	107.238	98,545	87.473	770	1.117.845	983.572	946.487
280	116,813	107.072	95.480	780	1.149.130	1.010.819	973.214
290	126.821	115,974	103.862	790	1,180.848	1.038.441	1.000.316
300	137.264	125.251	112.619	800	1.213.001	1.066.438	1.027.793
310	148.141	134.902	121.749	810	1.245.588	1.094.809	1.055.643
320	159.452	144.927	131.254	820	1,278.609	1.123.554	1.083.868
330	171.197	155.327	141.134	830	1.312.064	1.152.674	1.112.468
340	183.376	166.101	151.888	840	1.345.953	1.182.168	1.141.442
350	195.990	177.250	162.016	850	1.380.277	1.212.037	1.170.790
360	209.038	188.773	173.019	860	1.415.035	1.242.280	1.200.513
370	222.520	200.670	184.396	870	1.450.227	1.272.897	1.230.610
380	236.436	212.942	196.147	880	1.485.853	1.303.889	1.261.081
390	250.787	225.588	208.273	890	1.521.914	1.335.255	1.291.927
400	265.571	238.608	220.773	900	1.558.408	1.366.995	1.323.147
410	280.790	232.003	233.648	910	1.595.337	1.399.110	1.354.742
420	296.443	265.773	246 897	020	1.632.700	1.431.600	1.386.711
430	312.530	279.916	260.521	930	1.670.497	1.464.463	1.419.055
440	329.052	294.435	274.519	940	1.708.729	1.497.702	1 451.773
450	346.007	309.327	288.891	950	1.747.394	1.531.314	1.484.865
460	363.397	324.594	303.637	960	1.786.494	1.565.301	1.518.331
470	381.221	340.235	318.759	070	1,826.028	1,599.662	1.552.173
480	399.479	356.251	334.254	980	1.865.996	1.634.398	1.586.388
490	418.172	372.641	350.124	990	1.906.399	1.669.508	1.620.978
500	437.299	389.406	366.368	1.000	1.947.236	1.704.993	1.655.942
510	456.850	406.545	382.987	1.050	2.157.932	1.888.032	1.836.380
520	476.854	424.058	399.980	1.100	2.379.483	2.080.430	2.026.177
530	497.284	441.946	417.347	1.150	2.611.889	2.282.189	2.225.334
540	518.147	460.208	435.089	1.200	2.855.150	2.493.308	2.433.852
550	539.445	478.845	453.206	1.250	3.109.267	2.713.786	2.651.729
560	561.177	497.855	471.696	1.300	3.374.238	2.943.625	2.878.967
570	583.343	517.241	490.561	1.350	3.650.064	3.182.824	3.115.564
580	605.943	537.001	509.801	1.400	3.930.745	3.431.382	3.361.521
590	628.977	557.135	529.415	1.450	4.234.281	3.680.301	3.616.830
600	652.446	577.643	549.403	1.500	4.542.073	3.956.580	3.881.516
610	676.349	598.526	569.766	1.550	4.861.919	4.233.210	4.155.554
620	700.686	619.784	590.503	1.600	5.192.020	4.519.217	4.438.951
630	725.457	641.415	611.614	1.650	5.532.976	4.814.576	4.731.708
640	750.663	663.421	633.100	1.700	5.884.787	5.119.295	5.033.826
650	776.302	685.802	654.960	1.750	6.247.454	5.433.373	5.345.303
660	802.376	708.557	677.195	1.800	6.620.975	5.756.812	5.666.141
670	828.884	731,686	699.804	1.850	7.005.851	6.089.611	5.996.338
680	855.826	755.190	722.788	1.900	7.400.582	6.431.769	6.335.895
690	883.203	779.068	746.146	1.950	7.806.668	6.783.288	6.684.813
700	911.013	803.321	769.878	2.000	8.223.610	7.144.167	7.043.090
710	939.258	827.948	793.984	2.100	9.090.057	7.894.004	7.787.725
720	967.937	852.949	818.406	2.200	9.999.924	8.681.282	8.569.800
730	997.050	878.325	843.321	2.300	10.953.212	9.505.999	9.389.315
740	1.026.598	904.075	868.551	2.400	11.949.919	10.368.156	10.246.269
750	1.056.580	930.199	894.155	2.500	12.990.047	11.267.754	11.140.664

4 Cornières 95 × 95 × 11 (Valeurs de I × 10⁹)

h m/m	Section pleine	Section avec trou de 23 m/m déduit dans chaque aile — verticale	Section avec trou de 23 m/m déduit dans chaque aile — horizontale	h m/m	Section pleine	Section avec trou de 23 m/m déduit dans chaque aile — verticale	Section avec trou de 23 m/m déduit dans chaque aile — horizontale
250	81.067	75.776	66.605	750	956.128	851.155	817.949
260	88.920	82.875	73.224	760	983.671	875.414	841.728
270	97.167	90.318	80.185	770	1.011.608	900.017	865.849
280	105.808	98.103	87.490	780	1.039.939	924.962	890.314
290	114.842	106.232	95.138	790	1.068.663	950.251	915.122
300	124.271	114.704	103.129	800	1.097.782	975.883	940.273
310	134.093	123.519	111.464	810	1.127.294	1.001.858	965.768
320	144.309	132.678	120.142	820	1.157.200	1.028.177	991.606
330	154.918	142.179	129.163	830	1.187.499	1.054.838	1.017.787
340	165.922	152.024	138.527	840	1.218.193	1.081.843	1.044.311
350	177.319	162.212	148.234	850	1.249.280	1.109.191	1.071.178
360	189.110	172.743	158.284	860	1.280.761	1.136.882	1.098.388
370	201.295	183.617	168.678	870	1.312.636	1.164.916	1.125.942
380	213.874	194.835	179.415	880	1.344.905	1.193.294	1.153.839
390	226.846	206.396	190.495	890	1.377.567	1.222.015	1.182.079
400	246.213	218.300	201.918	900	1.410.624	1.251.079	1.210.662
410	253.973	230.547	213.685	910	1.444.074	1.280.486	1.239.589
420	268.127	243.137	225.794	920	1.477.918	1.310.236	1.268.858
430	282.674	256.071	238.247	930	1.512.155	1.340.330	1.298.471
440	297.616	269.348	251.042	940	1.546.787	1.370.767	1.328.427
450	312.951	282.968	264.183	950	1.581.812	1.401.547	1.358.727
460	328.680	296.931	277.665	960	1.617.231	1.432.670	1.389.369
470	344.803	311.237	291.491	970	1.653.044	1.464.136	1.420.355
480	361.320	325.887	305.660	980	1.689.251	1.495.946	1.451.684
490	378.231	340 880	320.172	990	1.725.852	1.528.099	1.483.356
500	395.535	356.216	335.027	1.000	1.762.846	1.560.595	1.515.371
510	413.233	371.895	350.226	1.050	1.953.725	1.728.222	1.680.595
520	431.325	387.917	365.767	1.100	2.154.448	1.904.430	1.854.400
530	449.811	404.283	381.652	1.150	2.365.017	2.089.218	2.036.784
540	468.690	420.992	397.880	1.200	2.585.430	2.282.586	2.227.749
550	487.964	438.043	414.451	1.250	2.815.689	2.484.534	2.427.293
560	507.631	455.439	431.366	1.300	3.055.793	2.695.062	2.635.417
570	527.692	473.177	448.624	1.350	3.305.741	2.914.170	2.852.122
580	548.146	491.259	466.225	1.400	3.565.535	3.141.858	3.077.406
590	568.995	509.683	484.109	1.450	3.835.173	3.378.126	3.311.271
600	590.237	528.451	502.456	1.500	4.114.657	3.622.974	3.553.715
610	611.873	547.563	521.086	1.550	4.403.986	3.876.401	3.804.739
620	633.903	567.017	540.060	1.600	4.703.159	4.138.409	4.064.344
630	656.327	586.815	559.377	1.650	5.012.178	4.408.997	4.332.528
640	679.144	606.955	579.037	1.700	5.331.041	4.688.165	4.609.293
650	702.356	627.439	599.040	1.750	5.659.750	4.975.913	4.894.637
660	725.961	648.266	619.387	1.800	5.998.304	5.272.241	5.183.561
670	749.960	669.437	640.076	1.850	6.346.702	5.577.149	5.491.066
680	774.352	690.950	661.109	1.900	6.704.946	5.890.637	5.802.150
690	799.139	712.807	682.485	1.950	7.073.034	6.212.705	6.121.845
700	824.319	735.007	704.205	2.000	7.450.968	6.543.353	6.450.059
710	849.893	757.550	726.267	2.100	8.236.370	7.230.388	7.132.288
720	875.861	780.437	748.673	2.200	9.061.152	7.951.744	7.848.837
730	902.223	803.666	771.422	2.300	9.925.315	8.707.420	8.599.705
740	928.979	827.239	794.514	2.400	10.828.857	9.497.416	9.384.894
750	956.128	851.155	817.949	2.500	11.771.779	10.321.732	10.204.403

4 Cornières 95 × 95 × 12 (Valeurs de I × 10⁹)

h m/m	Section pleine	Section avec trou de 23 m/m déduit dans chaque aile — verticale	Section avec trou de 23 m/m déduit dans chaque aile — horizontale	h m/m	Section pleine	Section avec trou de 23 m/m déduit dans chaque aile — verticale	Section avec trou de 23 m/m déduit dans chaque aile — horizontale
250	87.283	81.511	71.636	750	1.035.031	920.515	884.696
260	95.772	89.178	78.783	760	1.064.880	946.782	910.443
270	104.688	97.216	86.303	770	1.095.456	973.420	936.563
280	114.031	105.626	94.194	780	1.125.859	1.000.430	963.054
290	123.801	114.408	102.457	790	1.156.989	1.027.812	989.917
300	133.998	123.562	111.092	800	1.188.546	1.055.566	1.017.152
310	144.623	133.088	120.899	810	1.220.531	1.083.692	1.044.759
320	155.674	142.980	129.479	820	1.252.942	1.112.190	1.072.739
330	167.153	153.256	139.230	830	1.285.781	1.141.060	1.101.090
340	179.059	163.898	149.353	840	1.319.047	1.170.302	1.129.813
350	191.393	174.912	159.848	850	1.352.741	1.199.916	1.158.908
360	204.153	186.298	170.715	860	1.386.861	1.229.902	1.188.375
370	217.341	198.056	181.955	670	1.421.409	1.260.260	1.218.215
380	230.956	210.186	193.566	880	1.456.384	1.290.990	1.248.426
390	244.998	222.689	205.549	890	1.491.786	1.322.093	1.279.009
400	259.468	235.563	217.904	900	1.527.616	1.353.567	1.309.964
410	274.364	248.809	230.631	910	1.563.872	1.385.413	1.341.291
420	289.688	262.427	243.731	920	1.600.556	1.417.631	1.372.991
430	305.439	276.417	257.202	930	1.637.667	1.450.221	1.405.062
440	321.617	290.779	271.045	940	1.675.205	1.483.183	1.437.505
450	338.222	305.513	285.260	950	1.713.170	1.516.517	1.470.320
460	355.255	320.619	299.847	960	1.751.563	1.550.223	1.503.508
470	372.715	336.097	314.807	970	1.790.383	1.584.301	1.537.067
480	390.602	351.947	330.138	980	1.829.630	1.618.751	1.570.998
490	408.916	368.169	345.841	990	1.869.304	1.653.573	1.605.301
500	427.657	384.763	361.916	1.000	1.909.405	1.688.767	1.639.976
510	446.826	401.730	378.363	1.050	2.116.320	1.870.318	1.818.932
520	466.422	419.068	395.183	1.100	2.333.915	2.061.468	2.007.488
530	486.445	436.778	412.374	1.150	2.562.190	2.261.819	2.204.744
540	506.895	454.860	429.937	1.200	2.801.144	2.470.769	2.411.600
550	527.772	473.314	447.872	1.250	3.050.779	2.689.519	2.627.756
560	549.077	492.140	466.179	1.300	3.311.094	2.917.570	2.853.212
570	570.808	511.338	484.859	1.350	3.582.089	3.154.920	2.087.908
580	592.967	530.908	503.910	1.400	3.863.764	3.401.571	3.332.024
590	615.553	550.850	523.333	1.450	4.156.118	3.657.521	3.585.380
600	638.567	571.164	543.128	1.500	4.459.153	3.922.771	3.848.036
610	662.007	591.850	563.295	1.550	4.772.868	4.197.322	4.119.992
620	685.875	612.908	583.835	1.600	5.097.263	4.481.172	4.401.248
630	710.170	634.338	604.746	1.650	5.432.338	4.774.323	4.691.804
640	734.892	656.141	626.029	1.700	5.778.092	5.076.773	4.991.660
650	760.042	678.315	647.684	1.750	6.134.527	5.388.523	5.300.816
660	785.618	700.861	669.711	1.800	6.501.642	5.709.574	5.619.272
670	811.622	723.779	692.111	1.850	6.879.437	6.039.924	5.947.028
680	838.053	747.069	714.882	1.900	7.267.912	6.379.575	6.284.084
690	864.911	770.731	738.025	1.950	7.667.066	6.728.525	6.630.440
700	892.196	794.765	761.540	2.000	8.076.901	7.086.775	6.986.096
710	919.909	819.171	785.427	2.100	8.928.611	7.831.176	7.725.308
720	948.049	843.949	809.687	2.200	9.823.040	8.612.777	8.501.720
730	976.616	869.099	834.318	2.300	10.760.190	9.431.578	9.315 332
740	1.005.610	894.621	859.321	2.400	11.740.060	10.287.579	10.166.144
750	1.035.031	920.515	884.696	2.500	12.762.649	11.180.779	11.054.156

4 Cornières 100 × 100 × 10 (Valeurs de I × 10⁹)

h m/m	Section pleine	Section avec trou de 24 m/m déduit dans chaque aile — verticale	Section avec trou de 24 m/m déduit dans chaque aile — horizontale	h m/m	Section pleine	Section avec trou de 24 m/m déduit dans chaque aile — verticale	Section avec trou de 24 m/m déduit dans chaque aile — horizontale
210	51.463	49.017	41.855	810	1.083.463	965.817	929.855
220	57.453	54.503	46.861	820	1.112.253	991.223	954.781
230	63.823	60.321	52.199	830	1.141.423	1.016.961	980.039
240	70.573	66.471	57.869	840	1.170.973	1.043.031	1.005.629
250	77.703	72.953	63.871	850	1.200.903	1.069.433	1.031.551
260	85.213	79.767	70.205	860	1.231.213	1.096.167	1.057.805
270	93.103	86.913	76.871	870	1.261.903	1.123.233	1.084.391
280	101.373	94.391	83.869	880	1.292.973	1.150.631	1.111.309
290	110.023	102.201	91.199	800	1.324.423	1.178.361	1.138.559
300	119.053	110.343	98.861	900	1.356.253	1.206.423	1.166.141
310	128.463	118.817	106.855	910	1.388.463	1.234.817	1.194.055
320	138.253	127.623	115.181	920	1.421.053	1.263.543	1.222.301
330	148.423	136.761	123.839	930	1.454.023	1.292.601	1.250.879
340	158.973	146.231	132.829	940	1.487.373	1.321.991	1.279.789
350	169.903	156.033	142.151	950	1.521.103	1.351.713	1.309.031
360	181.213	166.167	151.805	960	1.555.213	1.381.767	1.338.605
370	192.903	176.633	161.791	970	1.589.703	1.412.153	1.368.511
380	204.973	187.431	172.109	980	1.624.573	1.442.871	1.398.749
390	217.423	198.561	182.759	990	1.659.823	1.473.921	1.429.319
400	230.253	210.023	193.741	1.000	1.695.453	1.505.303	1.460.221
410	243.463	221.817	205.055	1.050	1.879.303	1.667.193	1.619.711
420	257.053	233.943	216.701	1.100	2.072.653	1.837.383	1.787.501
430	271.023	246.401	228.679	1.150	2.275.503	2.015.873	1.963.591
440	285.373	259.191	240.989	1.200	2.487.853	2.202.663	2.147.981
450	300.103	272.313	253.631	1.250	2.709.703	2.397.753	2.340.671
460	315.213	285.767	266.605	1.300	2.941.053	2.601.143	2.541.661
470	330.703	299.553	279.911	1.350	3.181.903	2.812.833	2.750.951
480	346.573	313.671	293.549	1.400	3.432.253	3.032.823	2.968.541
490	362.823	328.121	307.519	1.450	3.692.103	3.261.113	3.194.431
500	379.453	342.903	321.821	1.500	3.961.453	3.497.703	3.428.621
510	396.463	358.017	336.455	1.550	4.240.303	3.742.593	3.671.411
520	413.853	373.463	351.421	1.600	4.528.653	3.995.783	3.921.901
530	431.623	389.241	366.719	1.650	4.826.503	4.257.273	4.180.991
540	449.773	403.351	382.349	1.700	5.133.853	. 527.063	4.448.381
550	468.303	421.793	398.311	1.750	5.450.703	4.805.153	4.724.071
560	487.213	438.567	414.605	1.800	5.777.053	5.091.543	5.008.061
570	506.503	455.673	431.231	1.850	6.112.903	5.386.233	5.300.351
580	526.173	473. [illegible]	448.489	1.900	6.458.253	5.689.223	5.600.941
590	546.223	490. [illegible]	465.479	1.950	6.813.103	6.000.513	5.909.831
600	566.653	508.985	483.101	2.000	7.177.453	6.320.103	6.227.021
610	587.463	527.417	501.055	2.100	7.934.653	6 984.183	6.886.301
620	608.653	546.183	519.341	2.200	8.720.853	7.681.463	7.578.781
630	630.223	565.281	537.959	2.300	9.563.053	8.411.943	8.304.461
640	652.173	584.711	556 909	2.400	10.434.253	9.175.623	9.063.341
650	674.503	604.473	576.191	2.500	11.343.453	9.972.503	9.855.421
660	697.213	624.567	595.805	2.600	12.290.653	10.802 583	10.680.701
670	720.303	644.993	615.751	2.700	13.275.853	11.665.863	11.539.181
680	743.773	665.751	636.029	2.800	14.299.053	12.562.343	12.430.861
690	767.623	686.841	656.639	2.900	15.360.253	13.492.023	13.355.741
700	791.853	708.263	677.581	3.000	16.459.453	14.454.903	14.313.821
710	816.463	730.017	698.855	3.100	17.596.653	15.450.983	15.305.101
720	841.453	752.103	720.461	3.200	18.771.853	16.480.263	16.329.581
730	866.823	774.521	742.399	3.300	19.985.053	17.542.743	17.387.261
740	892.573	797.271	764.669	3.400	21.236.253	18.638.423	18.478.141
750	918.703	820.353	787.271	3.500	22.525.453	19.767.303	19.602.221
760	945.213	843.767	810.205	3.600	23.852.053	20.929.383	20.759.501
770	972.103	867.513	833.471	3.700	25.217.853	22.124.663	21.949.981
780	999.873	891.591	857.069	3.800	26.621.053	23.353.143	23.173.661
700	1.027.623	916.001	880.999	3.900	28.062.253	24.614.823	24.430.541
800	1.055.053	940.743	905.261	4.000	29.541.453	25.909.703	25.720.621

4 Cornières 100 × 100 × 11 (Valeurs de I × 10⁹)

h m/m	Section pleine	Section avec trou de 24 m/m déduit dans chaque aile — verticale	Section avec trou de 24 m/m déduit dans chaque aile — horizontale	h m/m	Section pleine	Section avec trou de 24 m/m déduit dans chaque aile — verticale	Section avec trou de 24 m/m déduit dans chaque aile — horizontale
210	55.786	53.093	45.320	810	1.183.211	1.053.800	1.014.662
220	62.310	59.065	50.767	820	1.214.683	1.081.550	1.041.889
230	69.250	65.393	56.578	830	1.246.571	1.109.663	1.069.480
240	76.606	72.094	62.751	840	1.278.875	1.138.130	1.097.433
250	84.378	79.153	69.287	850	1.311.595	1.166.978	1.125.749
260	92.565	86.574	76.186	860	1.344.730	1.196.180	1.154.428
270	101.168	94.359	83.448	870	1.378.282	1.225.745	1.183.470
280	110.188	102.507	91.074	880	1.412.249	1.255.672	1.212.876
290	119.622	111.018	99.062	890	1.446.632	1.285.963	1.242.644
300	129.473	119.892	107.413	900	1.481.430	1.316.617	1.272.775
310	139.740	129.129	116.127	910	1.516.645	1.347.634	1.303.269
320	150.422	138.729	125.204	920	1.552.275	1.379.014	1.334.126
330	161.520	148.692	134.645	930	1.588.321	1.410.757	1.365.347
340	173.034	159.018	144.448	940	1.624.783	1.442.863	1.396.930
350	184.964	169.707	154.614	950	1.661.661	1.475.332	1.428.876
360	197.309	180.759	165.143	960	1.698.955	1.508.164	1.461.185
370	210.071	192.174	176.035	970	1.736.664	1.541.359	1.493.857
380	223.248	203.951	187.291	980	1.774.789	1.574.917	1.526.893
390	236.841	216.092	198.909	990	1.813.330	1.608.838	1.560.291
400	250.849	228.596	210.890	1.000	1.852.287	1.643.122	1.594.052
410	265.274	241.463	223.234	1.050	2.053.307	1.819.986	1.768.303
420	280.114	254.693	235.941	1.100	2.264.723	2.005.926	1.951.629
430	295.370	268.286	249.012	1.150	2.486.533	2.200.940	2.144.030
440	311.042	282.242	262.445	1.200	2.718.739	2.403.030	2.345.506
450	327.130	296.561	276.241	1.250	2.961.340	2.618.193	2.556.057
460	343.634	311.243	290.400	1.300	3.214.335	2.840.434	2.775.683
470	360.553	326.288	304.922	1.350	3.477.726	3.071.749	3.004.384
480	377.888	341.696	319.808	1.400	3.751.511	3.312.138	3.242.160
490	395.639	357.467	335.056	1.450	4.035.692	3.561.603	3.489.011
500	413.806	373.601	350.667	1.500	4.330.268	3.820.143	3.744.937
510	432.388	390.097	366.641	1.100	4.635.238	4.087.757	4.009.938
520	451.386	406.957	382.978	1.200	4.950.604	4.364.447	4.284.014
530	470.801	424.180	399.679	1.300	5.276.364	4.650.211	4.567.165
540	490.630	441.766	416.742	1.400	5.612.520	4.945.051	4.859.391
550	510.876	459.716	434.168	1.500	5.959.071	5.248.966	5.160.692
560	531.538	478.027	451.957	1.600	6.316.016	5.561.935	5.471.068
570	552.615	496.702	470.109	1.700	6.683.357	5.884.020	5.790.519
580	574.108	515.740	488.625	1.800	7.061.092	6.215.159	6.119.045
590	596.017	535.141	507.503	1.900	7.449.223	6.555.374	6.456.646
600	618.342	554.905	526.744	2.000	7.847.749	6.904.664	6.803.322
610	641.082	575.032	546.348	2.100	8.673.985	7.630.468	7.523.899
620	664.239	595.522	566.315	2.200	9.543.801	8.392.572	8.280.776
630	687.811	616.374	586.646	2.300	10.457.197	9.190.976	9.073.953
640	711.799	637.590	607.339	2.400	11.410.173	10.025.680	9.903.430
650	736.202	659.169	628.395	2.500	12.404.730	10.896.685	10.769.207
660	761.022	681.111	649 814	2.600	13.440.866	11.803.989	11.671.284
670	786.257	703.416	671.596	2.700	14.518.582	12.747.593	12.609.661
680	811.908	726.084	693.742	2.800	15.637.878	13.727.497	13.584.838
690	837.975	749.115	716.250	2.900	16.798.754	14.743.701	14.595.315
700	864.458	772.509	739.121	3.000	18.001.211	15.796.206	15.642.592
710	891.357	796.266	762.355	3.100	19.245.247	16.883.010	16.726.169
720	918.671	820.386	785.952	3.200	20.530.863	18.010.114	17.846.046
730	946.401	844.869	809.913	3.300	21.858.059	19.171.518	19.002.223
740	974.547	869.715	834.236	3.400	23.226.835	20.369.222	20.194.700
750	1.003.109	894.924	858.922	3.500	24.637.192	21.603.227	21.423.477
760	1.032.086	920.495	883.971	3.600	26.089.128	22.873.531	22.688.554
770	1.061.479	946.430	909.383	3.700	27.582.644	24.180.135	23.989.931
780	1.091.289	972.728	935.159	3.800	29.117.740	25.523.039	25.327.608
790	1.121.513	999.389	961.297	3.900	30.694.416	26.902.243	26.701.585
800	1.152.154	1.026.413	987.793	4.000	32.312.673	28.317.748	28.111.862

4 Cornières 100 × 100 × 12 (Valeurs de I × 10³)

h m/m	Section pleine	Section avec trou de 24 m/m déduit dans chaque aile — verticale	Section avec trou de 24 m/m déduit dans chaque aile — horizontale	h m/m	Section pleine	Section avec trou de 24 m/m déduit dans chaque aile — verticale	Section avec trou de 24 m/m déduit dans chaque aile — horizontale
210	59.970	57.095	48.606	810	1.281.436	1.140.260	1.098.022
220	67.017	63.477	54.544	820	1.315.555	1.170.319	1.127.516
230	74.516	70.314	60.815	830	1.350.126	1.200.771	1.157.404
240	82.466	77.543	67.481	840	1.385.147	1.231.617	1.187.685
250	90.867	85.167	74.539	850	1.420.620	1.262.856	1.218.360
260	99.719	93.184	81.992	860	1.456.545	1.294.489	1.249.429
270	109.022	101.594	89.838	870	1.492.920	1.326.516	1.280.891
280	118.777	110.898	98.078	880	1.529.746	1.358.936	1.312.746
290	128.983	119.596	106.711	890	1.567.024	1.391.750	1.344.996
300	139.640	129.187	115.738	900	1.604.753	1.424.957	1.377.639
310	150.748	139.172	125.158	910	1.642.933	1.458.558	1.410.675
320	162.307	149.551	134.972	920	1.681.565	1.492.553	1.444.105
330	174.318	160.323	145.180	930	1.720.647	1.526.941	1.477.929
340	186.779	171.489	155.781	940	1.760.181	1.561.722	1.512.146
350	199.692	183.048	166.776	950	1.800.166	1.596.898	1.546.757
360	213.057	195.001	178.165	960	1.840.602	1.632.467	1.581.762
370	226.872	207.348	189.947	970	1.881.489	1.668.429	1.617.160
380	241.138	220.088	202.122	980	1.922.828	1.704.786	1.652.951
390	255.856	233.222	214.692	990	1.964.618	1.741.535	1.689.137
400	271.025	246.749	227.655	1.000	2.006.859	1.778.679	1.725.715
410	286.645	260.670	241.011	1.050	2.224.832	1.970.299	1.914.514
420	302.717	274.985	254.761	1.100	2.454.084	2.171.760	2.113.452
430	319.239	289.693	268.905	1.150	2.694.617	2.383.061	2.321.631
440	336.213	304.794	283.442	1.200	2.946.430	2.604.202	2.539.949
450	353.638	320.290	298.373	1.250	3.209.523	2.835.183	2.768.107
460	371.514	336.179	313.698	1.300	3.483.896	3.076.003	3.006.106
470	389.841	352.461	329.416	1.350	3.769.548	3.326.664	3.253.944
480	408.620	369.138	345.527	1.400	4.066.481	3.587.165	3.511.623
490	427.850	386.207	362.033	1.450	4.374.694	3.857.506	3.779.141
500	447.531	403.671	378.931	1.500	4.694.187	4.137.687	4.056.499
510	467.663	421.528	396.224	1.550	5.024.960	4.427.707	4.343.698
520	488.246	439.778	413.910	1.600	5.367.012	4.727.568	4.640.736
530	509.281	458.422	431.990	1.650	5.720.343	5.037.269	4.947.615
540	530.767	477.460	450.463	1.700	6.084.958	5.356.810	5.264.333
550	552.704	496.891	469.330	1.750	6.460.851	5.686.191	5.590.891
560	575.092	516.716	488.590	1.800	6.848.024	6.025.411	5.927.290
570	597.931	536.935	508.244	1.850	7.246.476	6.374.472	6.273.528
580	621.222	557.547	528.292	1.900	7.656.209	6.733.373	6.629.607
590	644.963	578.553	548.733	1.950	8.077.222	7.102.114	6.995.525
600	669.156	599.952	569.568	2.000	8.509.515	7.480.695	7.371.283
610	693.801	621.745	590.797	2.100	9.407.910	8.267.876	8.152.820
620	718.896	643.932	612.419	2.200	10.351.486	9.093.418	8.972.717
630	744.442	666.512	634.434	2.300	11.340.152	9.958.819	9.832.474
640	770.440	689.486	656.844	2.400	12.378.937	10.863.681	10.731.591
650	796.889	712.853	679.647	2.500	13.452.843	11.807.703	11.670.067
660	823.789	736.614	702.843	2.600	14.576.868	12.791.184	12.647.004
670	851.141	760.769	726.433	2.700	15.746.014	13.814.026	13.665.101
680	878.943	785.317	750.417	2.800	16.960.280	14.876.227	14.721.058
690	907.197	810.258	774.794	2.900	18.219.663	15.977.789	15.817.576
700	935.902	835.594	799.565	3.000	19.524.171	17.118.711	16.952.851
710	965.058	861.323	824.730	3.100	20.873.796	18.298.992	18.127.488
720	994.665	887.445	850.288	3.200	22.268.542	19.518.634	19.341.485
730	1.024.724	913.962	876.239	3.300	23.708.408	20.777.635	20.594.842
740	1.055.234	940.871	902.585	3.400	25.193.393	22.075.997	21.887.559
750	1.086.195	968.175	929.323	3.500	26.723.499	23.413.719	23.219.635
760	1.117.607	995.872	956.456	3.600	28.298.724	24.790.800	24.591.072
770	1.149.470	1.023.962	983.982	3.700	29.919.070	26.207.242	26.001.869
780	1.181.785	1.052.446	1.011.902	3.800	31.584.536	27.663.043	27.452.026
790	1.214.551	1.081.324	1.040.215	3.900	33.295.121	29.158.205	28.941.543
800	1.247.768	1.110.595	1.068.922	4.000	35.050.827	30.692.727	30.470.419

4 Cornières 100×100×13 (Valeurs de I × 10⁹)

h m/m	Section pleine	Section avec trou de 24 m/m déduit dans chaque aile — verticale	horizontale	h m/m	Section pleine	Section avec trou de 24 m/m déduit dans chaque aile — verticale	horizontale
210	64.020	60.840	51.894	810	1.378.448	1 225.203	1.170.946
220	71.579	67.744	58.193	820	1.414.880	1.257.541	1.211.072
230	79.625	75.072	64.915	830	1.452.097	1.290.206	1.243.823
240	88.156	82.824	72.062	840	1.489.801	1.323.476	1.276.397
250	97.174	90.999	79.632	850	1.527.991	1.357.079	1.309.395
200	106.678	99.508	87.626	860	1.566.667	1.391.107	1.342.817
270	116.668	108.621	96.044	870	1.605.829	1.425.558	1.376.663
280	127.145	118.068	104.885	880	1.645.477	1.460.433	1.410.933
290	138.108	127.939	114.151	890	1.685.612	1.495.731	1.445.626
300	149.556	138.233	123.840	900	1.726.233	1.531.454	1 480.743
310	161.491	148.952	133.953	910	1.767.340	1.567.600	1.516.284
320	173.913	160.094	144.489	920	1.808.933	1.604.170	1.552.249
330	186.820	171.659	155.450	930	1.851.013	1.641.164	1.588.638
340	200.214	183.649	166.834	940	1.893.578	1.678.581	1.625.450
350	214.094	196.062	178.642	950	1.936.630	1.716.423	1.662.686
360	228.460	208.900	190.874	960	1.980.168	1.754.688	1.700.346
370	243.312	222.161	203.530	970	2.024.192	1.793.377	1.738.430
380	258.650	235.846	216.610	980	2.068.703	1.832.490	1.776.937
390	274.475	249.954	230.113	990	2.113.699	1.872.027	1.815.869
400	290.786	264.487	244.040	1.000	2.159.182	1.911.987	1.855.224
410	307 583	279.443	258.391	1.050	2.393.880	2.118.146	2.058.357
420	324.866	294.823	273.166	1.100	2.640 752	2.334.900	2.272.084
430	342.636	310.627	288.365	1.150	2.899.769	2.562.250	2.496.407
440	360.891	326.854	303.987	1.200	3.170.941	2.800.194	2.731.325
450	379.633	343.506	320.033	1.250	3.454.268	3.048.733	2.976.838
400	398.861	360.581	336.503	1.300	3.749.750	3.307.867	3.232.946
470	418.575	378.080	353.397	1.350	4.057.388	3.577.596	3.499.648
480	438.776	396.003	370.714	1.400	4.377.180	3.857.921	3.776.946
490	459.462	414.350	388.456	1.450	4.709.127	4.148.840	4.064.839
500	480.635	433.120	406.621	1.500	5.053.229	4.450.354	4.363.327
510	502.294	452.314	425.210	1.550	5.409.486	4.762.463	4.672.410
520	524.439	471.932	444.223	1.600	5.777.899	5.085.167	4.992.087
530	547.071	491.974	463.659	1.650	6.158.466	5.418.467	5.322.360
540	576.180	512.440	483.520	1.700	6.551.188	5.762.361	5.663.228
550	593.792	533.329	593.804	1.750	6.956.065	6.116.850	6.014.691
500	617 882	554.643	524.512	1.800	7.373.097	6.481.934	6.376.749
570	642.459	576.380	545.043	1.850	7.802.285	6.857.613	6.749.401
580	667.521	598.540	567.199	1.900	8.243.627	7.243.888	7.132.649
590	693.070	621.125	589.478	1.950	8.697.124	7.640.757	7.526.492
600	719.105	644.133	611.581	2.000	9.162.776	8.048.221	7.930.930
610	745.626	667.566	634.408	2.100	10.130.546	8.894.034	8.771.590
620	772.633	691.422	657.659	2.200	11.146.935	9.734.028	9.654.631
630	800.126	715.702	681.334	2.300	12.211.944	10.715.501	10.580.052
640	828.106	740.405	705.432	2.400	13.325.574	11.689.355	11,547.852
650	856.572	765.533	729.954	2.500	14.487.823	12.705.588	12.558.033
660	885.524	791.084	754.900	2.600	15.698.693	13.764.201	13.610.593
670	914.962	817.059	780.270	2.700	16.958.182	14.865.195	14.705.534
680	944.887	843.458	806.064	2.800	18.266.291	16.008.568	15.842.855
690	975.297	870.280	832.281	2.900	19.623.021	17.194.322	17.022.555
700	1.006.194	897.527	858.922	3 000	21.028.370	18.422.455	18.244.636
710	1.037.577	925.197	885.987	3.100	22.482.340	19.692.968	19.509.096
720	1.069.446	953.291	913.476	3.200	23.984.929	21.005.862	20.815.937
730	1.101.802	981.809	941.388	3.300	23.536.138	22.361.135	22.165.188
740	1.134.643	1.010.751	969.723	3.400	27.135.968	23.758.789	23.556.758
750	1.167.971	1.040.116	998.485	3.500	28.784.417	25.198.822	24.990.739
760	1.201.785	1.069.905	1.027.669	3.600	30.481.437	26.681.235	26.467.099
770	1.236.085	1.100.118	1.057.277	3.700	32.227.170	28.206.029	27.985.840
780	1.270.872	1.130.755	1.087.308	3.800	34.021.485	29.773.202	29.546.961
700	1.306.145	1.161.816	1.117.764	3.900	35.864.418	31.382.786	31.150.461
800	1.341.903	1.193.300	1.148.643	4.000	37.755.964	33.034.689	32.796.342

4 Cornières 100×100×14 (Valeurs de I×10⁴)

h m/m	Section pleine	Section avec trou de 24 m/m déduit dans chaque aile		h m/m	Section pleine	Section avec trou de 24 m/m déduit dans chaque aile	
		verticale	horizontale			verticale	horizontale
210	67.938	64.514	55.008	810	1.473.359	1.308.654	1.260.442
220	75.998	71.868	61.718	820	1.512.667	1.343.225	1.294.367
230	84.579	79.676	68.881	830	1.552.496	1.378.249	1.328.746
240	93.681	87.938	76.497	840	1.592.846	1.413.727	1.363.579
250	103.303	96.654	84.568	850	1.633.716	1.449.658	1.398.865
260	113.447	105.822	93.091	860	1.675.107	1.486.043	1.434.605
270	124.111	115.445	102.069	870	1.717.019	1.522.881	1.470.798
280	135.296	125.521	111.500	880	1.759.452	1.560.173	1.507.445
290	147.001	136.050	121.384	890	1.802.406	1 597.919	1.544.546
300	159.228	147.034	131.722	900	1.845.881	1.636.118	1.582.100
310	171.975	158.470	142.514	910	1.889.876	1.674.771	1.620.108
320	185.243	170.361	153.759	920	1.934.392	1.713.878	1.658.569
330	199.032	182.705	165.458	930	1.979.429	1.753.438	1.697.484
340	213.342	195.503	177.611	940	2.024.986	1.793.452	1.736.853
350	228.172	208.754	190.217	950	2.071.065	1.833.919	1.776.675
360	243.523	222.459	203.277	960	2.117.664	1.874.840	1.816.950
370	259.395	236.617	216.790	970	2.164.784	1.916.214	1.857.680
380	275.788	251.229	230.757	980	2.212.425	1.958.042	1.898.863
390	292.702	266.205	245.178	990	2.260.587	2.000.324	1.940.499
400	310.137	281.814	260.052	1.000	2.309.269	2.043.059	1.982.590
410	328.092	297.787	275.380	1.050	2.560.494	2.263.540	2.199.844
420	346.568	314.214	291.161	1.100	2.824.738	2.493.360	2.428.439
430	365.565	331.094	307.396	1.150	3.102.003	2.738.520	2.668.874
440	385.082	348.428	324.085	1.200	3.392.287	2.993.021	2.919.649
450	405.121	366.215	341.227	1.250	3.695.591	3.258.861	3.182.263
460	425.680	384.456	358.822	1.300	4.011.916	3.536.042	3.456.218
470	446.760	403.150	376.872	1.350	4.341.260	3.824.562	3.741.513
480	468.361	422.298	395.375	1.400	4.683.625	4.124.422	4.038.148
490	490.483	441.900	414.331	1.450	5.039.009	4.435.623	4.346.123
500	513.125	461.955	433.742	1.500	5.407.413	4.758.163	4.665.438
510	536.289	482.464	453.605	1.550	5.788.838	5.092.044	4.996.092
520	559.973	503.427	473.923	1.600	6.183.282	5.437.264	5.338.087
530	584.178	524.843	494.694	1.650	6.590.747	5.793.824	5.691.422
540	608.903	546.712	515.918	1.700	7.011.231	6.161.725	6.056.097
550	634.150	569.036	537.596	1.750	7.444.735	6.540.965	6.432.111
560	659.917	591.812	559.728	1.800	7.891.260	6.931.546	6.819.467
570	686.205	615.043	582.313	1.850	8.350.804	7.333.466	7.218.161
580	713.014	638.727	605.352	1.900	8.823.369	7.746.726	7.628.196
590	740.344	662.865	628.845	1.950	9.308.953	8.171.327	8.049.571
600	768.194	687.456	652.791	2.000	9.807.557	8.607.267	8.482.286
610	796.565	712.501	677.191	2.100	10.843.826	9.513.168	9.381.735
620	825.457	737.999	702.044	2.200	11.932.175	10.464.420	10.326.545
630	854.870	763.951	727.351	2.300	13.072.604	11.461.050	11.316.714
640	884.804	790.357	753.112	2.400	14.265.113	12.503.030	12.352.244
650	915.259	817.216	779.326	2.500	15.509.701	13.590.371	'13.433.133
660·	946.234	844.529	805.994	2.600	16.806.370	14.723.072	14.559.383
670	977.730	872.296	833.115	2.700	18.155.119	15.901.133	15.730.993
680	1.009.747	900.516	860.690	2.800	19.555.948	17.124.554	16.947.902
690	1.042.284	929.190	888.719	2.900	21.008.857	18.393.334	18.210.292
700	1.075.343	958.317	917.201	3.000	22.513.845	19.707.475	19.517.982
710	1.108.922	987.898	946.136	3.100	24.070.914	21.066.976	20.871.031
720	1.143.022	1.017.932	975.626	3.200	25.680.063	22.471.837	22.269.441
730	1.177.643	1.048.420	1.005.369	3.300	27.341.292	23.922.058	23.713.210
740	1.212.785	1.079.362	1.035.665	3.400	29.054.601	25.417.638	25.203.340
750	1.248.447	1.110.757	1.066.416	3.500	30.819.989	26.958.579	26.736.829
760	1.284.631	1.142.606	1.097.619	3.600	32.637.458	28.544.880	28.316.679
770	1.321.335	1.174.909	1.129.277	3.700	34.507.007	30.176.541	29.941.889
780	1.358.560	1.207.665	1.161.388	3.800	36 428.636	31.853.562	31.612.458
790	1.396.305	1.240.874	1.193.952	3.900	38.402.345	33.575.942	33.328.388
800	1.434.572	1.274.538	1.226.970	4.000	40.428.133	35.343.683	35.089.678

4 Cornières 100 × 100 × 15 (Valeurs de I × 10[9])

h m/m	Section pleine	Section avec trou de 24 m/m déduit dans chaque aile — verticale	Section avec trou de 24 m/m déduit dans chaque aile — horizontale	h m/m	Section pleine	Section avec trou de 24 m/m déduit dans chaque aile — verticale	Section avec trou de 24 m/m déduit dans chaque aile — horizontale
210	71.728	68.058	58.012	810	1.567.078	1.390.608	1.330.522
220	80.278	75.852	65.122	820	1.608.928	1.427.382	1.375.612
230	89.383	84.120	72.715	830	1.651.333	1.464.630	1.412.185
240	99.043	92.889	80.791	840	1.694.293	1.502.379	1.449.241
250	109.258	102.132	89.350	850	1.737.808	1.540.602	1.486.780
260	120.028	111.858	98.392	860	1.781.878	1.579.308	1.524.802
270	131.353	122.067	107.917	870	1.826.503	1.618.497	1.563.307
280	143.233	132.759	117.925	880	1.871.683	1.658.169	1.602.295
200	155.668	143.934	128.416	890	1.917.418	1.698.324	1.641.766
300	168.658	155.592	139.390	900	1.963.708	1.738.962	1.681.720
310	182.203	167.733	150.847	910	2.010.553	1.780.083	1.722.157
320	196.303	180.357	162.787	920	2.057.953	1.821.687	1.763.077
330	210.958	193.464	175.210	930	2.105.908	1.863.774	1.804.480
340	226.168	207.054	188.116	940	2.154.418	1.906.344	1.846.366
350	241.933	221.127	201.505	950	2.203.483	1.949.397	1.888.735
360	258.253	235.683	215.377	960	2.253.103	1.992.933	1.931.587
370	275.128	250.722	229.732	970	2.303.278	2.036.952	1.974.922
380	292.558	266.244	244.570	980	2.354.008	2.081.454	2.018.740
390	310.543	282.249	259.891	990	2.405.293	2.126.439	2.063.041
400	329.083	298.737	275.695	1.000	2.457.133	2.171.907	2.107.825
410	348.178	315.708	291.982	1.050	2.724.658	2.406.492	2.338.990
420	367.828	333.162	308.752	1.100	3.006.058	2.653.152	2.582.230
430	388.033	351.099	326.005	1.150	3.301.333	2.911.887	2.837.545
440	408.793	369.519	343.741	1.200	3.610.483	3.182.697	3.104.935
450	430.108	388.422	361.960	1.250	3.933.508	3.465.582	3.384.400
460	451.978	407 808	380.662	1.300	4.270.408	3.760.542	3.675.940
470	474.403	427.677	399.847	1.350	4.621.183	4.067.577	3.979.555
480	497.383	448.029	419.515	1.400	4.985.833	4.386.687	4.295.245
490	520.918	468.864	439.666	1.450	5.364.358	4.717.872	4.623.010
500	545.008	490.182	460.300	1.500	5.756.758	5.061.132	4.962.850
51	569.653	511.983	481.417	1.550	6.163.033	5.416.467	5.314.765
5. 0	594.853	534.267	503.017	1.600	6.583.183	5.783.877	5.678.755
530	620.608	557.034	525.100	1.650	7.017.208	6.163.362	6.054.820
540	646.918	580.284	547.666	1.700	7.465.108	6.554.922	6.442.960
550	673.783	604.017	570.715	1.750	7.926.883	6.958.557	6.843.175
560	701.203	628.233	594.247	1.800	8.402.533	7.374.267	7.255.465
570	729.178	652.932	618.262	1.850	8.892.058	7.802.052	7.679.830
580	757.708	678.114	642.760	1.000	9.395.458	8.241.912	8.116.270
600	786.793	703.779	667.741	1.950	9.912.733	8.693.847	8.564.785
600	816.433	729.927	693.205	2.000	10.443.883	9.157.857	9.025.375
610	846.628	756.558	719.152	2.100	11.547.808	10.122.102	9.982.780
620	877.378	783.672	745.582	2.200	12.707.233	11.134.647	10.988.485
630	908.683	811.269	772.495	2.300	13.922.158	12.195.492	12.042.490
640	940.543	839.349	799.891	2.400	15.192.583	13.304.637	13.144.795
650	972.958	867.912	827.770	2.500	16.518.508	14.462.082	14.295.400
660	1.005.928	896.958	856.132	2.600	17.899.933	15.667.827	15.494.305
670	1.039.453	926.487	884.977	2.700	19.336.858	16.921.872	16.741.510
680	1.073.533	956.499	914.305	2.800	20.829.283	18.224.217	18.037.015
690	1.108.168	986.994	944.116	2.900	22.377.208	19.574.862	19.380.820
700	1.143 358	1.017.972	974.410	3.000	23.980.633	20.973.807	20.772.925
710	1.179.103	1.049.433	1.005.187	3.100	25.639.558	22.421.052	22.213.330
720	1.215.403	1.081.377	1.036.447	3.200	27.353.983	23.916.597	23.702.035
730	1.252.258	1.113.804	1.068.190	3.300	29.123.908	25.460.442	25.239.040
740	1.289.668	1.146.714	1.100.416	3.400	30.949.333	27.052.587	26.824.345
750	1.327.633	1 180.107	1.133.125	3.500	32.830.258	28.693.032	28.457.950
760	1.366.153	1.213.983	1.166.317	3.600	34.766.682	30.381.777	30.139.855
770	1.405.228	1.248.342	1.199.992	3.700	36.758.608	32.118.822	31.870.060
780	1.444.858	1.283.184	1.234.150	3.800	38.806.033	33.904.167	33.648.565
790	1.485.043	1.318.509	1.268.791	3.900	40.908.958	35.737.812	35.475.370
800	1.525.783	1.354.317	1.303.915	4.000	43.067.383	37.619.757	37.350.475

4 Cornières 110 × 110 × 11 (Valeurs de I × 10⁹)

h m/m	Section pleine	Section avec trou de 26 m/m déduit dans chaque aile		h m/m	Section pleine	Section avec trou de 26 m/m déduit dans chaque aile	
		verticale	horizontale			verticale	horizontale
400	271.474	249.306	228.184	900	1.620.745	1.447.569	1.394.701
410	287.104	263.408	241.651	010	1.659.455	1.481.801	1.428.298
420	303.374	277.912	255.520	020	1.698.625	1.516.435	1.462.297
430	320.014	202.819	269.792	030	1.738.255	1.551.472	1.496.699
440	337.114	308.128	284.467	040	1.778.345	1.586.911	1.531.504
450	354.673	323.840	299.544	950	1.818.894	1.622.753	1.566.711
460	372.693	349.955	315.023	960	1.859.904	1.658.998	1.602.320
470	391.172	356.472	330.906	970	1.901.373	1.695.645	1.638.333
480	410.111	373.391	347.190	980	1.943.302	1.732.694	1.674.747
490	429.510	390.714	363.878	990	1.985.691	1.770.147	1.711.565
500	449.368	408.439	380.968	1.000	2 028.530	1.808.002	1.748.785
510	469.686	426.566	398.461	1.050	2.249.679	2.003.316	1.940.024
520	490.464	445.096	416.356	1.100	2.482.313	2.208.694	2.143.128
530	511.702	464.029	434.654	1.150	2.726.443	2.424.138	2.355.397
540	533.400	483.365	453.354	1.200	2.982.067	2.649.647	2.577.732
550	555.558	503.103	472.457	1.250	3.249.187	2.885.221	2.810.131
560	578.175	523.243	491.963	1.300	3.527.802	3.130.860	3.052.595
570	601.252	543.786	511.871	1.350	3.817.911	3.386.563	3.305.124
580	624.789	564.732	532.182	1.400	4.119.516	3.652.332	3.567.718
590	648.786	586.080	552.895	1.450	4.432.615	3.928.166	3.840.378
600	673.242	607.831	574.011	1.500	4.757.210	4.214.065	4.123.102
610	698.159	629.985	595.530	1.550	5.093.300	4.510.029	4.415.891
620	723.535	652.541	617.451	1.600	5.440.884	4.816.057	4.718.745
630	749.371	675.500	639.775	1.650	5.799.964	5.132.151	5.031.664
640	775.666	698.861	662.501	1.700	6.170.538	5.458.310	5.354.649
650	802.422	722.625	685.630	1.750	6.552.608	5.794.534	5.687.698
660	829.637	746.792	709.162	1.800	6.946.173	6.140.823	6.030.812
670	857.312	771.361	733.096	1.850	7.351.232	6.497.176	6.383.901
680	885.447	796.333	757.433	1.900	7.767.787	6.863.595	6.747.235
090	914.042	821.707	782.173	1.050	8.195.836	7.240.079	7.120.845
700	943.096	847.484	807.315	2.000	8.635.381	7.626.628	7.503.919
710	972.611	873.664	832.859	2.100	9.548.955	8.429.920	8.300.862
720	1.002.585	900.246	858.807	2.200	10.508.500	9.273.478	9.138.066
730	1.033.019	927.230	885.156	2.300	11.514.044	10.157.286	10.015.529
740	1.063.913	954.618	911.909	2.400	12.565.558	11.081.358	10.933.252
750	1.095.266	982.408	939.064	2.500	13.663.092	12.045.691	11.891.236
760	1.127.079	1.010.600	966.622	2.600	14.806.626	13.050.283	12.889.470
770	1.159.352	1.039.195	994.582	2.700	15.995.980	14.095.136	13.927.983
780	1.192.085	1.068.193	1.022.945	2.800	17.231.415	15.180.249	15.006.746
700	1.225.278	1.097.594	1.051.710	2.900	18.512.829	16.305.621	16.125.769
800	1.258.931	1.127.397	1.080.878	3.000	19.840.223	17.471.254	17.285.053
810	1.293.043	1.157.602	1.110.449	3.100	21.213.597	18.677.146	18.484.596
820	1.327.615	1.188.210	1.140.422	3.200	22.632.951	19.923.209	19.724.400
830	1.362.647	1.219.221	1.170.798	3.300	24.098.286	21.209.712	21.004.463
840	1.398.139	1.250.634	1.201.576	3.400	25.609.600	22.536.384	22.324.786
850	1.434.090	1.282.450	1.232.757	3.500	27.166.894	23.903.317	23.685.370
860	1.470.502	1.314.669	1.264.341	3.600	28.770.168	25.310.509	25.086.213
870	1.507.373	1.347.290	1.296.327	3.700	30.419.422	26.757.962	26.527.317
880	1.544.704	1.380.314	1.328.716	3.800	32.114.657	28.245.675	28.008.680
800	1.582.494	1.413.740	1.361.507	3.900	33.855.871	29.773.647	29.530.303
900	1.620.745	1.447.569	1.394.701	4.000	35.643.065	31.341.880	31.092.187

4 Cornières 110×110×12 (Valeurs de I×10⁹)

h m/m	Section pleine	Section avec trou de 26 m/m déduit dans chaque aile		h m/m	Section pleine	Section avec trou de 26 m/m déduit dans chaque aile	
		verticale	*horizontale*			*verticale*	*horizontale*
400	293.432	269.249	246.447	900	1.756.520	1.567.001	1.510.470
410	310.454	284.515	261.027	910	1.798.512	1.604.707	1.546.899
420	327.994	300.217	276.042	920	1.841.002	1.642.249	1.583.754
430	346.024	316.356	291.495	930	1.883.992	1.680.223	1.621.047
440	364.553	332.932	307.384	940	1.927.481	1.718.644	1.658.776
450	383.581	349.944	323.714	950	1.971.469	1.757.496	1.696.943
460	403.108	367.394	340.474	960	2.015.956	1.796.786	1.735.546
470	423.135	385.280	357.674	970	2.060.943	1.836.512	1.774.586
480	443.661	403.603	375.310	980	2.106.429	1.876.675	1.814.062
490	464.680	422.363	393.384	990	2.152.414	1.917.275	1.853.976
500	486.210	441.560	411.894	1.000	2.198.898	1.958.312	1.894.326
510	508.233	461.493	430.841	1.050	2.438.807	2.170 047	2.102.629
520	530.756	481.263	450.225	1.100	2.691.105	2.392.702	2.321.852
530	553.777	501.770	470.045	1.150	2.956.064	2.626.277	2.551.995
540	577.298	522.714	490.303	1.200	3.233.413	2.870.772	2.793.059
550	601.319	544.095	510.907	1.250	3.523.242	3.126.488	3.045.042
560	625.838	565.912	532.128	1.300	3.825.551	3.392.523	3.307.945
570	650.857	588.467	553.696	1.350	4.140.340	3.669.778	3.581.768
580	676.374	610.858	575.701	1.400	4.467.608	3.957.953	3.866.511
590	702.391	633.985	598.142	1.450	4.807.357	4.257.048	4.162.175
600	728.907	657.550	621.020	1.500	5.159.586	4.567.064	4.468.758
610	755.923	681.552	644.335	1.550	5.524.295	4.887.999	4.786.261
620	783.437	705.990	668.087	1.600	5.901.483	5.219.854	5.114.684
630	811.451	730.865	692.276	1.650	6.291.152	5.562.629	5.454.027
640	839.964	756.477	716.901	1.700	6.693.301	5.916.324	5.804.291
650	868.976	781.925	741.963	1.750	7.107.930	6.280.940	6.165.474
660	898.488	808.411	767.463	1.800	7.535.039	6.656.475	6.537.577
670	928.498	834.733	793.398	1.850	7.974.627	7.042.930	6.920.600
680	959.008	861.702	819.771	1.900	8.426.696	7.440.305	7.314.543
690	990.017	889.288	846.580	1.950	8.891.245	7.848.660	7.719.407
700	1.021.525	917.220	873.327	2.000	9.368.274	8.267.316	8.135.490
710	1.053.532	945.590	901.510	2.100	10.359.771	9.139.006	8.999.516
720	1.086.039	974.396	929.630	2.200	11.401.189	10.053.876	9.907.523
730	1.119.045	1.003.639	958.186	2.300	12.492.527	11.012.427	10.859.209
740	1.152.550	1.033.319	987.180	2.400	13.633.784	12.014.657	11.854.575
750	1.186.554	1.063.436	1.016.610	2.500	14.824.961	13.060.568	12.893.622
760	1.221.057	1.093.989	1.046.477	2.600	16.066.059	14.150.158	13.976.348
770	1.256.060	1.124.979	1.076.781	2.700	17.357.077	15.283.428	15.102.755
780	1.291.561	1.156.406	1.107.521	2.800	18.698.015	16.460.370	16.272.841
790	1.327.562	1.188.270	1.138.699	2.900	20.088.872	17.681.000	17.486.607
800	1.364.063	1.220.571	1.170.313	3.000	21.529.650	18.945.320	18.744.054
810	1.401.062	1.253.308	1.202.364	3.100	23.020.347	20.253.310	20.045.130
820	1.438.561	1.286.483	1.234.852	3.200	24.560.965	21.604.980	21.389.937
830	1.476.558	1.320.094	1.267.777	3.300	26.151.503	23.000.331	22.778.473
840	1.516.055	1.354.141	1.301.138	3.400	27.791.960	24.439.361	24.210.639
850	1.554.051	1.388.626	1.334.936	3.500	29.482.337	25.922.072	25.686.486
860	1.593.547	1.423.548	1.369.171	3.600	31.222.635	27.448.402	27.206.012
870	1.633.541	1.458.906	1.403.843	3.700	33.012.853	29.018.532	28.769.219
880	1.674.035	1.494.701	1.438.952	3.800	34.852.991	30.632.283	30.376.405
890	1.715.028	1.530.933	1.474.497	3.900	36.743.048	32.289.713	32.026.671
900	1.756.520	1.567.601	1.510.479	4.000	38.683.026	33.990.824	33.720.918

4 Cornières 110 × 110 × 13 (Valeurs de I × 10⁹)

h m/m	Section pleine	Section avec trou de 26 m/m déduit dans chaque aile		h m/m	Section pleine	Section avec trou de 26 m/m déduit dans chaque aile	
		verticale	*horizontale*			*verticale*	*horizontale*
400	314.900	288.762	261.319	900	1.890.417	1.685.755	1.624.470
410	333.284	305.172	270.993	910	1.935.651	1.725.095	1.663.674
420	352.145	322.053	296.137	920	1.981.423	1.766.106	1.703.348
430	371.545	339.405	312.751	930	2.027.732	1.806.988	1.743.492
440	391.483	357.226	329.836	940	2.074.580	1.848.339	1.784.107
450	411.959	375.519	347.392	950	2.121.966	1.890.162	1.825.193
460	432.973	394.282	365.418	960	2.169.890	1.932.455	1.866.749
470	454.525	413.516	383.915	970	2.218.352	1.975.210	1.908.776
480	476.616	433.220	402.883	980	2.267.353	2.018.453	1.951.274
490	499.245	453.395	422.321	990	2.316.892	2.062.158	1.994.242
500	522.412	474.041	442.230	1.000	2.366.969	2.106.334	2.037.681
510	546.117	495.157	462.609	1.050	2.625.427	2.334.271	2.261.933
520	570.360	516.744	483.459	1.100	2.897.340	2.573.972	2.497.951
530	595.142	538.801	504.779	1.150	3.182.708	2.823.439	2.745.733
540	620.462	561.329	526.571	1.200	3.481.532	3.088.671	3.005.281
550	646.320	584.328	548.832	1.250	3.793.810	3.363.668	3.276.594
560	672.716	607.797	571.565	1.300	4.119.543	3.650.430	3.559.671
570	699.651	631.737	594.767	1.350	4.458.731	3.948.956	3.854.514
580	727.123	656.147	618.441	1.400	4.811.374	4.259.248	4.161.121
590	755.134	681.028	642.585	1.500	5.177.473	4.581.305	4.479.494
600	783.693	706.379	667.200	1.500	5.557.026	4.915.127	4.809.632
610	812.770	732.202	692.285	1.550	5.950.034	5.260.714	5.151.534
620	842.396	758.494	717.841	1.600	6.356.497	5.618.065	5.505.202
630	872.560	785.258	743.868	1.650	6.776.415	5.987.182	5.870.634
640	903.261	812.492	770.365	1.700	7.209.789	6.368.064	6.247.832
650	934.501	840.196	797.332	1.750	7.656.617	6.760.711	6.636.795
660	966.280	868.371	824.771	1.800	8.116.900	7.165.123	7.037.522
670	998.596	897.017	852.680	1.850	8.590.638	7.581.299	7.450.015
680	1.031.451	926.134	881.059	1.900	9.077.831	8.009.241	7.874.272
690	1.064.844	955.720	909.909	1.950	9.578.480	8.448.948	8.310.295
700	1.098.775	985.778	939.230	2.000	10.092.583	8.900.420	8.758.083
710	1.133.244	1.016.306	969.021	2.100	11.161.154	9.838.658	9.688.953
720	1.168.251	1.047.305	999.283	2.200	12.283.546	10.823.957	10.666.883
730	1.203.797	1.078.774	1.030.016	2.300	13.459.757	11.856.316	11.691.873
740	1.239.881	1.110.714	1.061.219	2.400	14.689.788	12.935.734	12.763.923
750	1.276.503	1.143.125	1.092.893	2.500	15.973.640	14.062.213	13.883.034
760	1.313.663	1.176.006	1.125.037	2.600	17.311.311	15.235.751	15.049.204
770	1.351.361	1.209.358	1.157.652	2.700	18.702.803	16.456.350	16.262.434
780	1.389.598	1.243.180	1.190.737	2.800	20.148.114	17.724.009	17.522.724
790	1.428.373	1.277.473	1.224.294	2.900	21.647.245	19.038.727	18.830.074
800	1.467.686	1.312.237	1.258.320	3.000	23.200.497	20.400.506	20.184.485
810	1.507.537	1.347.471	1.292.818	3.100	24.806.968	21.809.344	21.585.055
820	1.547.927	1.383.176	1.327.785	3.200	26.467.560	23.265.243	23.034.485
830	1.588.854	1.419.351	1.363.224	3.300	28.181.071	24.768.202	24.530.075
840	1.630.320	1.455.997	1.399.13[illegible]	3.400	29.950.202	26.318.220	26.072.725
850	1.672.324	1.493.113	1.433.51[illegible]	3.500	31.772.254	27.915.299	27.662.436
860	1.714.866	1.530.701	1.472.363	3.600	33.648.125	29.559.437	29.299.206
870	1.757.947	1.568.758	1.500.684	3.700	35.577.817	31.250.636	30.983.036
880	1.801.566	1.607.287	1.547.476	3.800	37.561.328	32.988.895	32.713.926
890	1.845.722	1.646.286	1.585.738	3.900	39.598.659	34.774.213	34.491.876
900	1.890.417	1.685.755	1.624.470	4.000	41.689.811	36.606.593	36.316.887

4 Cornières 110×110×14 (Valeurs de $I \times 10^{9}$)

h m/m	Section pleine	Section avec trou de 26 m/m déduit dans chaque aile		h m/m	Section pleine	Section avec trou de 26 m/m déduit dans chaque aile	
		verticale	horizontale			verticale	horizontale
400	336.064	307.850	281.805	900	2.022.448	1.802.042	1.736.685
410	355.660	325.886	298.555	910	2.070.884	1.844.778	1.778.635
420	375.833	343.426	315.809	920	2.119.897	1.888.018	1.821.089
430	396.582	361.970	333.566	930	2.169.486	1.931.762	1.864.046
440	417.909	381.018	351.828	940	2.219.653	1.976.010	1.907.508
450	439.812	400.570	370.593	950	2.270.396	2.021.762	1.951.473
460	462.292	420.625	389.863	960	2.321.716	2.066.017	1.995.943
470	485.349	441.185	409.637	970	2.373.613	2.111.777	2.040.917
480	508.983	462.249	429.914	980	2.426.087	2.158.041	2.086.394
490	533.193	483.817	450.696	990	2.479.137	2.204.809	2.132.376
500	557.981	505.889	471.981	1.000	2.532.765	2.252.081	2.178.861
510	583.345	528.465	493.771	1.050	2.809.553	2.496.000	2.418.849
520	609.286	551.544	516.065	1.100	3.100.761	2.752.519	2.671.437
530	635.803	575.128	538.862	1.150	3.406.390	3.021.638	2.936.625
540	662.898	599.216	562.164	1.200	3.726.438	3.303.858	3.214.413
550	690.569	623.808	585.969	1.250	4.060.907	3.597.677	3.504.801
560	718.817	648.904	610.279	1.300	4.409.795	3.904.596	3.807.789
570	747.642	674.504	635.093	1.350	4.773.103	4.224.115	4.123.377
580	777.044	700.607	660.410	1.400	5.150.832	4.556.234	4.451.565
590	807.022	727.215	686.232	1.450	5.542.980	4.900.954	4.792.353
600	837.577	754.327	712.557	1.500	5.949.549	5.258.273	5.145.741
610	868.709	781.943	739.387	1.550	6.370.537	5.628.192	5.511.729
620	900.418	810.063	766.721	1.600	6.805.945	6.010.711	5.890.317
630	932.704	838.687	794.558	1.650	7.255.774	6.405.830	6.281.505
640	965.566	867.815	822.000	1.700	7.720.022	6.813.550	6.685.293
650	999.006	897.446	851.745	1.750	8.198.691	7.233.869	7.101.681
660	1.033.022	927.582	881.095	1.800	8.691.779	7.666.788	7.530.609
670	1.067.615	958.222	910.949	1.850	9.199.287	8.112.307	7.972.257
680	1.102.784	989.366	941.306	1.900	9.721.216	8.570.426	8.426.445
690	1.138.531	1.021.014	972.168	1.950	10.257.564	9.041.146	8.893.233
700	1.174.854	1.053.166	1.003.533	2.000	10.808.333	9.524.465	9.372.621
710	1.211.754	1.085.821	1.035.403	2.100	11.953.129	10.528.903	10.369.197
720	1.249.231	1.118.981	1.067.777	2.200	13.155.606	11.583.742	11.416.173
730	1.287.285	1.152.645	1.100.654	2.300	14.415.703	12.688.980	12.513.549
740	1.325.916	1.186.813	1.134.036	2.400	15.733.600	13.844.618	13.661.325
750	1.365.123	1.221.485	1.167.921	2.500	17.109.117	15.050.657	14.859.501
760	1.404.907	1.256.661	1.202.311	2.600	18.542.313	16.307.095	16.108.077
770	1.445.268	1.292.340	1.237.205	2.700	20.033.190	17.613.934	17.407.053
780	1.486.205	1.328.524	1.272.602	2.800	21.581.747	18.971.172	18.756.429
790	1.527.720	1.365.212	1.308.504	2.900	23.187.984	20.378.810	20.156.205
800	1.569.811	1.402.404	1.344.909	3.000	24.851.901	21.836.849	21.606.881
810	1.612.479	1.440.100	1.381.819	3.100	26.573.407	23.345.287	23.106.957
820	1.655.724	1.478.300	1.419.233	3.200	28.352.774	24.904.126	24.657.933
830	1.699.546	1.517.003	1.457.150	3.300	30.189.731	26.513.364	26.259.309
840	1.743.944	1.556.211	1.495.572	3.400	32.084.368	28.173.002	27.911.086
850	1.788.919	1.595.923	1.534.497	3.500	34.036.685	29.883.041	29.613.261
860	1.834.471	1.636.139	1.573.927	3.600	36.046.681	31.643.479	31.365.837
870	1.880.600	1.676.859	1.613.861	3.700	38.114.358	33.454.318	33.168.813
880	1.927.306	1.718.083	1.654.298	3.800	40.239.715	35.318.556	35.022.189
890	1.974.588	1.759.811	1.695.240	3.900	42.422.752	37.227.194	36.925.965
900	2.022.448	1.802.042	1.736.685	4.000	44.663.469	39.189.283	38.880.141

4 Cornières 110 × 110 × 15 (Valeurs de I × 10⁶)

h m/m	Section pleine	Section avec trou de 26 m/m déduit dans chaque aile — verticale	Section avec trou de 26 m/m déduit dans chaque aile — horizontale	h m/m	Section pleine	Section avec trou de 26 m/m déduit dans chaque aile — verticale	Section avec trou de 26 m/m déduit dans chaque aile — horizontale
400	356.747	326.518	298.910	900	2.152.622	1.916.474	1.847.135
410	377.597	345.161	316.718	910	2.204.222	1.961.966	1.891.793
420	399.062	364.341	335.063	920	2.256.437	2.007.996	1.936.988
430	421.142	384.058	353.945	930	2.309.267	2.054.563	1.982.720
440	443.837	404.311	373.364	940	2.362.712	2.101.666	2.028.989
450	467.147	425.102	393.320	950	2.416.772	2.149.307	2.075.795
460	491.072	446.429	413.813	960	2.471.447	2.197.484	2.123.138
470	515.612	468.294	434.843	970	2.526.737	2.246.199	2.171.018
480	540.767	490.696	456.410	980	2.582.642	2.295.451	2.219.435
490	566.537	513.634	478.514	990	2.639.162	2.345.239	2.268.389
500	592.922	537.110	501.155	1.000	2.696.297	2.395.565	2.317.880
510	619.922	561.122	524.333	1.050	2.991.197	2.655.248	2.573.390
520	647.537	585.672	548.048	1.100	3.301.472	2.928.356	2.842.325
530	675.767	610.759	572.300	1.150	3.627.122	3.214.839	3.124.685
540	704.612	636.382	597.089	1.200	3.968.147	3.514.847	3.420.470
550	734.072	662.543	622.415	1.250	4.324.547	3.828.230	3.729.680
560	764.147	689.240	648.278	1.300	4.696.322	4.155.038	4.052.315
570	794.837	716.475	674.678	1.350	5.083.472	4.495.271	4.388.375
580	826.142	744.247	701.615	1.400	5.485.997	4.848.929	4.737.860
590	858.062	772.555	729.089	1.450	5.903.897	5.216.012	5.100.770
600	890.597	801.401	757.100	1.500	6.337.172	5.596.520	5.477.105
610	923.747	830.783	785.648	1.550	6.785.822	5.990.453	5.866.865
620	957.512	860.703	814.733	1.600	7.249.847	6.397.811	6.270.050
630	991.892	891.160	844.355	1.650	7.729.247	6.818.594	6.686.660
640	1.026.887	922.153	874.514	1.700	8.224.022	7.252.802	7.116.695
650	1.062.497	953.684	905.210	1.750	8.734.172	7.700.435	7.560.155
660	1.098.722	985.751	936.443	1.800	9.259.697	8.161.493	8.017.040
670	1.135.562	1.018.356	968.213	1.850	9.800.597	8.635.976	8.487.350
680	1.173.017	1.051.498	1.000.520	1.900	10.356.872	9.123.884	8.971.085
690	1.211.087	1.085.176	1.033.364	1.950	10.928.522	9.625.217	9.468.245
700	1.249.772	1.119.392	1.066.745	2.000	11.515.547	10.139.975	9.978.830
710	1.289.072	1.154.144	1.100.663	2.100	12.735.722	11.209.766	11.040.275
720	1.328.987	1.189.434	1.135.118	2.200	14.017.397	12.333.257	12.155.420
730	1.369.517	1.225.261	1.170.110	2.300	15.360.572	13.510.448	13.324.265
740	1.410.662	1.261.624	1.205.639	2.400	16.765.247	14.741.389	14.546.810
750	1.452.422	1.298.525	1.241.705	2.500	18.231.422	16.025.930	15.823.055
760	1.494.797	1.335.962	1.278.308	2.600	19.759.097	17.364.221	17.153.000
770	1.537.787	1.373.937	1.315.448	2.700	21.348.272	18.756.212	18.536.645
780	1.581.392	1.412.449	1.353.125	2.800	22.998.947	20.201.903	19.973.990
790	1.625.612	1.451.497	1.391.339	2.900	24.711.122	21.701.204	21.463.035
800	1.670.447	1.491.083	1.430.090	3.000	26.484.797	23.254.385	23.009.780
810	1.715.897	1.531.205	1.469.378	3.100	28.319.072	24.861.176	24.608.225
820	1.761.962	1.571.865	1.509.203	3.200	30.216.647	26.521.667	26.260.370
830	1.808.642	1.613.062	1.549.565	3.300	32.174.822	28.235.858	27.966.215
840	1.855.937	1.654.795	1.590.464	3.400	34.194.497	30.003.749	29.725.760
850	1.903.847	1.697.066	1.631.900	3.500	36.275.672	31.825.340	31.539.005
860	1.952.372	1.739.873	1.673.873	3.600	38.418.347	33.700.631	33.405.950
870	2.001.512	1.783.215	1.716.383	3.700	40.622.522	35.629.622	35.320.595
880	2.051.267	1.827.100	1.759.430	3.800	42.888.107	37.612.313	37.300.940
890	2.101.637	1.871.518	1.803.014	3.900	45.215.372	39.648.704	39.328.985
900	2.152.623	1.916.474	1.847.135	4.000	47.604.047	41.738.793	41.410.730

4 Cornières 120 × 120 × 12 (Valeurs de I × 10⁹)

h m/m	Section pleine	Section avec trou de 26 m/m déduit dans chaque aile — verticale	horizontale	h m/m	Section pleine	Section avec trou de 26 m/m déduit dans chaque aile — verticale	horizontale
400	314.975	292.829	267.991	900	1.905.023	1.721.885	1.658.983
410	333.370	309.533	283.933	910	1.950.778	1.762.829	1.699.465
420	352.31[illegible]	326.721	300.360	920	1.997.080	1.804.257	1.739.832
430	371.801	344.304	317.272	930	2.043.929	1.846.170	1.780.984
440	391.837	362.552	334.668	940	2.091.325	1.888.568	1.822.620
450	412.420	381.195	352.530	950	2.139.268	1.931.451	1.864.742
460	433.551	400.322	370.916	960	2.187.759	1.974.818	1.907.848
470	455.228	419.934	389.767	970	2.236.796	2.018.670	1.950.439
480	477.453	440.032	409.103	980	2.286.381	2.063.008	1.994.015
490	500.225	460.614	428.923	990	2.336.513	2.107.830	2.038.075
500	523.545	481.680	449.229	1.000	2.387.193	2.153.136	2.082.621
510	547.411	503.232	470.019	1.050	2.648.798	2.386.942	2.312.620
520	571.825	525.268	491.294	1.100	2.924.082	2.632.867	2.554.7[illegible]9
530	596.786	547.789	513.054	1.150	3.213.047	2.890.913	2.808.979
540	622.294	570.795	535.299	1.200	3.515.692	3.161.079	3.075.338
550	648.350	594.286	558.028	1.250	3.832.017	3.443.364	3.353.817
560	674.952	618.261	581.242	1.300	4.162.022	3.737.770	3.644.416
570	702.102	642.722	604.941	1.350	4.505.706	4.044.295	3.947.135
580	729.799	667.667	629.125	1.400	4.863.071	4.362.941	4.261.075
590	758.043	693.097	653.794	1.450	5.234.116	4.693.707	4.588.934
600	786.834	719.011	678.947	1.500	5.618.841	5.036.592	4.928.013
610	816.173	745.411	704.586	1.550	6.017.246	5.391.598	5.279.212
620	846.059	772.295	730.709	1.600	6.429.330	5.758.724	5.642.531
630	876.492	799.664	757.316	1.650	6.855.095	6.137.969	6.017.971
640	907.472	827.518	784.409	1.700	7.294.540	6.529.335	6.405.530
650	938.999	855.857	811.987	1.750	7.747.665	6.932.820	6.805.209
660	971.074	884.681	840.049	1.800	8.214.470	7.348.426	7.217.008
670	1.003.696	913.989	868.596	1.850	8.694.954	7.776.152	7.640.927
680	1.036.865	943.782	897.628	1.900	9.189.119	8.215.997	8.076.967
690	1.070.581	974.060	927.144	1.950	9.696.964	8.667.963	8.525.126
700	1.104.844	1.004.823	957.146	2.000	10.218.489	9.132.048	8.985.405
710	1.139.655	1.036.070	987.632	2.100	11.302.578	10.096.580	9.942.323
720	1.175.012	1.067.802	1.018.603	2.200	12.441.388	11.109.591	10.947.722
730	1.210.917	1.100.020	1.050.059	2.300	13.634.918	12.171.082	12.001.600
740	1.247.369	1.132.722	1.081.999	2.400	14.883.167	13.281.053	13.103.959
750	1.284.369	1.165.908	1.114.425	2.500	16.186.137	14.439.504	14.254.797
760	1.321.915	1.199.580	1.147.335	2.600	17.543.826	15.646.436	15.454.115
770	1.360.009	1.233.736	1.180.730	2.700	18.956.236	16.901.847	16.701.914
780	1.398.650	1.268.377	1.214.610	2.800	20.423.366	18.205.738	17.998.402
790	1.437.838	1.303.503	1.248.975	2.900	21.945.215	19.558.409	19.342.951
800	1.477.574	1.339.114	1.283.824	3.000	23.521.785	20.958.960	20.736.189
810	1.517.856	1.375.209	1.319.158	3.100	25.153.074	22.408.291	22.177.907
820	1.558.686	1.411.790	1.354.977	3.200	26.839.084	23.906.102	23.668.106
830	1.600.063	1.448.855	1.391.281	3.300	28.579.814	25.452.393	25.206.784
840	1.641.987	1.486.405	1.428.070	3.400	30.375.263	27.047.465	26.793.943
850	1.684.458	1.524.439	1.465.343	3.500	32.225.433	28.690.416	28.420.581
860	1.727.477	1.562.959	1.503.102	3.600	34.130.322	30.382.447	30.113.699
870	1.771.043	1.601.963	1.541.343	3.700	36.089.032	32.122.358	31.846.298
880	1.815.156	1.641.452	1.580.072	3.800	38.104.262	33.911.049	33.627.376
890	1.859.810	1.681.426	1.619.285	3.900	40.173.311	35.748.221	35.456.035
900	1.905.023	1.721.885	1.658.983	4.000	42.297.081	37.633.872	37.334.973

4 Cornières 120 × 120 × 13 (Valeurs de I × 10⁶)

h m/m	Section pleine	Section avec trou de 26 m/m déduit dans chaque aile		h m/m	Section pleine	Section avec trou de 26 m/m déduit dans chaque aile	
		verticale	*horizontale*			*verticale*	*horizontale*
400	338.199	314.207	287.558	900	2.051.066	1.852.666	1.785.119
410	357.996	332.173	304.706	910	2.100.373	1.896.762	1.828.397
420	378.384	350.661	322.376	920	2.150.271	1.941.380	1.872.197
430	399.362	369.672	340.568	930	2.200.759	1.986.521	1.916.519
440	420.930	389 205	359.284	940	2.251.837	2.032.184	1.961.365
450	443.088	409.261	378.522	950	2.303.505	2.078.370	2.006.733
460	465.837	429.839	398.282	960	2.355.764	2.125.078	2.052.623
470	489.175	450.940	418.565	970	2.408.612	2.172.303	2.099.036
480	513.104	472.564	439.371	980	2.462.051	2.220.063	2.145.972
490	537.623	494.710	460.699	990	2.516.080	2.268.339	2.193.430
500	562.732	517.379	482.550	1.000	2.570.699	2.317.138	2.241.411
510	588.432	540.571	504.924	1.050	2.852.049	2.568.972	2.489.155
520	614.722	564.285	527.820	1.100	3.149.353	2.833.870	2.749.963
530	641.601	588.521	551.239	1.150	3.460.812	3.111 833	3.023.837
540	669.071	613.281	575.180	1.200	3.787.026	3.402.862	3.310.776
550	697.132	638.563	599.644	1.250	4 127.995	3.706.055	3.610.779
560	725.782	664.367	624.630	1.300	4.483.719	4.024.113	3.923.848
570	755.023	690.694	650.140	1.350	4.854.199	4.354.337	4.249.981
580	784.854	717.544	676.171	1.400	5.239.433	4.697.625	4.589.180
590	815.275	744.916	702.726	1.450	5.639.422	5.053.979	4.941.444
600	846.286	772.811	729.802	1.500	6.054.166	5.423.397	5.306.772
610	877.887	801.228	757.402	1.550	6.483.600	5.805.881	5.685.166
620	910.079	830.169	785.524	1.600	6.927.920	6.201.189	6.076.624
630	942.861	859.631	814.169	1.650	7.386.929	6.610.042	6.481.148
640	976.233	889.616	843.336	1.700	7.860.693	7.031.721	6.898.737
650	1.010.195	920.124	873.026	1.750	8.349.212	7.466.464	7.329.390
660	1.044.747	951.155	903.239	1.800	8.852.487	7.914.273	7.773.109
670	1.079.890	982.708	933.974	1.850	9.370.516	8.375.146	8.220.892
680	1.115.623	1.014.784	965.231	1.900	9.903.300	8.849.084	8.699.741
690	1.151.946	1.047.382	997.012	1.950	10.450.839	9.336.088	9.182.655
700	1.188.859	1.080.903	1.029.315	2.000	11.013.433	9.836.156	9.678.683
710	1.226.363	1.114.146	1.062 140	2.100	12.181.987	10.875.488	10.709.785
720	1.264.456	1.148.312	1.095.488	2.200	13.409.860	11.967.080	11.798.198
730	1.303.140	1.183.001	1.120.359	2.300	14.696.754	13.110.932	12.928.870
740	1.342.414	1.218.212	1.163.752	2.400	16.042.667	14.307.043	14.116.802
750	1.382.278	1.253.946	1.198.668	2.500	17.447.600	15.555.414	15.356.994
760	1.422.733	1.290.233	1.234.107	2.600	18.911.554	16.856.047	16.649.446
770	1.463.778	1.326.982	1.270.068	2.700	20.434.527	18.208.939	17.994.159
780	1.505.412	1.364.283	1.306.552	2.800	22.016.521	19.614.091	19.891.131
790	1.547.637	1.402.108	1.343.558	2.900	23.657.534	21.071.502	20.840.363
800	1.590.453	1.440.455	1.381.087	3.000	25.357.567	22.581.174	22.341.855
810	1.633.858	1.479.324	1.419.138	3.100	27.110.621	24.143.106	23.895.607
820	1.677.854	1.518.716	1.457.713	3.200	28.934.694	25.757.298	25.501.620
830	1.722.440	1.558.631	1.496.809	3.300	30.811.788	27.423.750	27.159.892
840	1.767.616	1.599.068	1.536.429	3.400	32.747.901	29.142.461	28.870.424
850	1.813.382	1.640.028	1.576.570	3.500	34.743.034	30.913.433	30.633.216
860	1.859.738	1.681.510	1.617.235	3.600	36.797.188	32.736.665	32.448.268
870	1.906.685	1.723.516	1.658.422	3.700	38.910.361	34.612.157	34.315.581
880	1.954.222	1.766.043	1.700.132	3.800	41.082.555	36.539.909	36.235.153
890	2.002.349	1.809.093	1.742.364	3.900	43.313.768	38.519.920	38.206.985
900	2.051.066	1.852.666	1.785.119	4.000	45.604.001	40.552.192	40.231.077

4 Cornières 120 × 120 × 14 (Valeurs de I × 10⁹)

h m/m	Section pleine	Section avec trou de 26 m/m déduit dans chaque aile		h m/m	Section pleine	Section avec trou de 26 m/m déduit dans chaque aile	
		verticale	*horizontale*			*verticale*	*horizontale*
400	360.983	335.146	306.725	900	2.195.207	1,981.546	1.909.445
410	382.164	354.354	325.059	910	2.248.028	2.028.764	1.955.779
420	403.978	374.122	343.953	920	2.301.482	2.076.522	2.002.673
430	426.424	394.450	363.408	930	2.355.568	2.124.850	2.050.128
440	449.503	415.338	383.422	940	2.410.287	2.173.738	2.098.142
450	473.215	436.786	403.997	950	2.465.639	2.223.186	2.146.717
460	497.560	458.794	425.131	960	2.521.624	2.273.194	2.195.851
470	522.538	481.362	446.825	970	2.578.242	2.323.762	2 245.545
480	548.148	504.490	469.080	980	2.635.492	2.374.890	2.295.800
490	574.392	528.178	491.894	990	2.693.376	2.426.578	2.346.614
500	601.268	552.426	515.269	1.000	2.751.892	2.478.826	2.397.989
510	628.777	577.234	539.203	1.030	3.053.964	2.748.466	2.663.261
520	656.918	602.602	563.097	1.100	3.371.857	3.032.106	2.942.533
530	685.693	628.530	588.752	1.150	3.705.569	3.320.746	3.235.805
540	715 100	655.018	614.366	1.200	4.055.101	3.641.386	3.543.077
550	745.140	682.066	640.541	1.250	4.420.454	3.967.026	3.864.349
560	775.813	709.674	667.275	1.300	4.801.626	4.306.666	4.199.621
570	807 119	737.842	694.569	1.350	5.198.619	4.660.306	4.548.893
580	839.057	766.570	722.424	1.400	5.611.431	5.027.946	4.912.165
590	871.629	795.858	750.838	1.450	6,040.063	5.409.586	5,289.437
600	904.833	825.706	779.813	1.500	6.484.516	5.805.226	6.080.709
610	958.669	856.114	809.347	1.550	6.944.788	6.214.866	6.085.981
620	973.139	887.082	839.441	1.600	7.426.881	6.638.506	6.505.253
630	1.008.242	918.610	870.096	1.650	7.912.793	7.076.146	6.938.525
640	1.043.977	950.698	901.310	1.700	8.420.525	7.527.786	7.385.797
650	1.080.345	983.346	933.085	1.750	8.944.078	7.993.426	7.847.069
660	1.117.346	1.016.554	965.419	1.800	9.483.450	8.473.066	8.322.341
670	1.154.980	1.050.322	998.313	1.850	10.038.643	8.960.706	8.811.613
680	1.193.246	1.084.650	1.031.768	1.900	10.609.655	9.474.346	9.314.885
690	1,232.145	1.119.538	1.065.782	1.950	11.196.487	9.995.986	9.832.157
700	1.271.677	1.154.986	1.100.357	2.000	11.799.140	10.531.626	10.863.429
710	1.311.842	1.190.994	1.135.491	2.100	13.051.905	11.644.906	11.467.973
720	1.352.640	1.227.562	1.171.185	2.200	14.367.949	12.814.186	12.628.517
730	1.394.070	1.264.690	1.207.440	2.300	15.747.274	14.039.466	13.845,061
740	1.436.134	1.302.378	1.241.254	2.400	17.189.879	15.320.746	15.117.605
750	1.478.830	1.340.626	1.281.629	2.500	18.695.764	16 658.026	16.446.149
760	1.522.159	1.370.434	1.319.563	2.600	20.264.929	18.051.306	17.830.693
770	1.566.120	1.418.802	1.358.057	2.700	21.897.373	19.500.586	19.271.237
780	1.610.715	1.458.730	1.397.112	2.800	23.593.098	21.005.866	20.767.781
790	1.655.942	1.499.218	1.436.726	2.900	25.352.103	22.567.146	22.320.325
800	1 701.802	1.540.266	1.476.901	3.000	27.174.388	24.184.426	23.928.869
810	1.748.295	1.581.874	1.517.035	3.100	29.039.953	25.857.706	25.593.413
820	1.795.421	1.621.042	1.555.929	3.200	31.008.797	27.586.986	27.313.957
830	1.843.179	1.666.770	1.600.784	3.300	33.020.922	29.372.266	29.090.501
840	1.891.571	1.710.058	1.643.198	3.400	35.096.327	31.213.546	30.923.045
850	1.940.595	1.753.906	1.686.173	3.500	37.235.012	33.110.826	32.811.589
860	1.990.251	1.798.314	1.729.707	3.600	39.430.977	35.064.106	34.756.133
870	2.040.541	1 843.282	1.773.801	3.700	41.702.221	37.073.386	36.756.677
880	2.091.464	1.888.810	1.818.456	3.800	44.030.746	39.138.666	38.813.221
890	2.143.019	1.934.898	1.863.670	3.900	46.422.551	41.259.946	40.925.765
900	2.193.207	1.931.546	1.909.445	4.000	48.877.636	43.437.226	43.094.809

4 Cornières 120 × 120 × 15 (Valeurs de I × 10⁹)

h m/m	Section pleine	Section avec trou de 26 m/m déduit dans chaque aile		h m/m	Section pleine	Section avec trou de 26 m/m déduit dans chaque aile	
		verticale	*horizontale*			*verticale*	*horizontale*
400	383.332	355.650	325.495	900	2.337.457	2.108.535	2.031.970
410	405.877	376.081	344.998	910	2.393.752	2.158.816	2.081.323
420	429.097	397.109	365.098	920	2.450.722	2.209.694	2.131.273
430	452.992	418.734	385.795	930	2.508.367	2.261.169	2.181.820
440	477.562	440.957	407.089	940	2.566.687	2.313.242	2.232.964
450	502.807	463.776	428.980	950	2.625.682	2.365.914	2.284.705
460	528.727	487.192	451.468	960	2.685.352	2.419.177	2.337.043
470	555.322	511.205	474.553	970	2.745.697	2.473.040	2.389.978
480	582.592	535.815	498.235	980	2.806.717	2.527.500	2.443.510
490	610.537	561.023	522.514	990	2.868.412	2.582.558	2.497.639
500	639.157	586.827	547.390	1.000	2.930.782	2.638.212	2.552.364
510	668.452	613.228	572.863	1.050	3.252.757	2.925.438	2.834.950
520	698.422	640.226	598.933	1.100	3.591.607	3.227.589	3.132.460
530	729.067	667.821	625.600	1.150	3.947.332	3.544.665	3.444.895
540	760.387	696.014	652.864	1.200	4.319.932	3.876.666	3.772.255
550	792.382	724.803	680.725	1.250	4.709.407	4.223.592	4.114.540
560	825.052	754.189	709.183	1.300	5.115.757	4.585.443	4.471.750
570	858.397	784.172	738.238	1.350	5.538.982	4.962.219	4.843.885
580	892.417	814.752	767.890	1.400	5.979.082	5.353.920	5.230.945
590	927.112	845.930	798.139	1.450	6.436.057	5.760.546	5.632.930
600	962.482	877.704	828.985	1.500	6.909.907	6.182.097	6.049.840
610	998.527	910.075	860.428	1.550	7.400.632	6.618.573	6.481.675
620	1.035.247	943.043	892.468	1.600	7.908.232	7.069.974	6.928.435
630	1.072.642	976.608	925.105	1.650	8.432.707	7.536.300	7.390.120
640	1.110.712	1.010.771	958.339	1.700	8.974.057	8.017.551	7.866.730
650	1.149.457	1.045.530	992.170	1.750	9.532.282	8.513.727	8.358.265
660	1.188.877	1.080.886	1.026.598	1.800	10.107.382	9.024.828	8.864.725
670	1.228.972	1.116.839	1.061.623	1.850	10.699.357	9.550.854	9.386.110
680	1.269.742	1.153.389	1.097.245	1.900	11.308.207	10.091.805	9.922.420
690	1.311.187	1.190.537	1.133.464	1.950	11.933.932	10.647.681	10.473.655
700	1.353.307	1.228.281	1.170.280	2.000	12.576.532	11.218.482	11.039.815
710	1.396.102	1.266.022	1.207.693	2.100	13.912.357	12.404.859	12.216.910
720	1.439.572	1.305.560	1.245.703	2.200	15.315.682	13.650.936	13.453.705
730	1.483.717	1.345.095	1.284.310	2.300	16.786.507	14.956.713	14.750.200
740	1.528.537	1.385.228	1.323.514	2.400	18.324.832	16.322.190	16.106.395
750	1.574.032	1.425.957	1.363.315	2.500	19.930.657	17.747.367	17.522.290
760	1.620.202	1.467.283	1.403.713	2.600	21.603.982	19.232.244	18.997.885
770	1.667.047	1.509.206	1.444.708	2.700	23.344.807	20.776.821	20.533.180
780	1.714.567	1.551.726	1.486.300	2.800	25.153.132	22.381.098	22.128.175
790	1.762.762	1.594.844	1.528.489	2.900	27.028.957	24.045.075	23.782.870
800	1.811.632	1.638.558	1.571.275	3.000	28.972.282	25.768.752	25.497.265
810	1.861.177	1.682.869	1.614.658	3.100	30.983.107	27.552.129	27.271.360
820	1.911.397	1.727.777	1.658.638	3.200	33.061.432	29.395.206	29.105.155
830	1.962.292	1.773.282	1.703.215	3.300	35.207.257	31.297.983	30.998.650
840	2.013.862	1.819.385	1.748.389	3.400	37.420.582	33.260.460	32.951.845
850	2.066.107	1.866.084	1.794.160	3.500	39.701.407	35.282.637	34.964.740
860	2.119.027	1.913.380	1.840.528	3.600	42.049.732	37.364.514	37.037.335
870	2.172.622	1.961.273	1.887.493	3.700	44.465.557	39.506.091	39.169.630
880	2.226.892	2.009.763	1.935.055	3.800	46.948.882	41.707.368	41.361.625
890	2.281.837	2.058.851	1.983.214	3.900	49.499.707	43.968.345	43.613.320
900	2.337.457	2.108.535	2.031.970	4.000	52.118.032	46.289.022	45.924.715

Semelles de 0 m,100 de largeur ($I \times 10^9$)

Épaisseur e m/m	Hauteur entre semelles, hors cornières (h m/m) 100	150	200	250	300	350	Épaisseur e m/m
1	510	1.140	2.020	3.150	4.530	6.160	1
2	1.041	2.311	4.081	6.351	9.121	12.391	2
3	1.592	3.512	6.182	9.002	13.772	18.092	3
4	2.164	4.744	8.324	12.904	18.484	25.064	4
5	2.758	6.008	10.508	16.258	23.258	31.508	5
6	3.374	7.304	12.734	19.664	28.094	38.024	6
7	4.013	8.633	15.003	23.123	32.993	44.613	7
8	4.674	9.994	17.314	26.634	37.954	51.274	8
9	5.359	11.389	19.669	30.109	42.979	58.009	9
10	6.067	12.817	22.067	33.817	48.067	64.817	10
11	6.799	14.279	24.509	37.489	53.219	71.699	11
12	7.555	15.775	26.995	41.215	58.435	78.655	12
13	8.336	17.306	29.526	44.996	63.716	85.686	13
14	9.143	18.873	32.103	48.833	69.063	92.793	14
15	9.975	20.475	34.725	52.725	74.475	99.975	15
16	10.833	22.113	37.393	56.073	79.953	107.233	16
17	11.718	23.788	40.108	60.678	85.498	114.568	17
18	12.629	25.499	42.869	64.739	91.109	121.979	18
19	13.567	27.247	45.677	68.857	96.787	129.467	19
20	14.533	29.033	48.533	73.038	102.583	137.033	20
21	15.527	30.857	51.437	77.267	108.347	144.677	21
22	16.550	32.720	54.390	81.560	114.230	152.400	22
23	17.601	34.621	57.391	85.911	120.181	160.201	23
24	18.682	36.562	60.442	90.322	126.202	168.082	24
25	19.792	38.542	63.542	94.792	132.202	176.042	25
26	20.932	40.562	66.692	99.322	138.452	184.082	26
27	22.102	42.622	69.892	103.912	144.682	192.202	27
28	23.303	44.723	73.143	108.563	150.983	200.403	28
29	24.536	46.866	76.446	113.276	157.356	208.086	29
30	25.800	49.050	79.800	118.050	163.800	217.050	30
31	27.096	51.276	83.206	122.886	170.316	225.496	31
32	28.425	53.545	86.665	127.785	176.905	234.025	32
33	29.786	55.856	90.176	132.746	183.566	242.636	33
34	31.180	58.210	93.740	137.770	190.300	251.330	34
35	32.608	60.608	97.358	142.858	197.108	260.108	35
36	34.070	63.050	101.030	148.010	203.990	268.970	36
37	35.567	65.537	104.757	153.227	210.947	277.917	37
38	37.098	68.068	108.538	158.508	217.978	286.948	38
39	38.665	70.645	112.375	163.855	225.085	296.065	39
40	40.267	73.267	116.267	169.207	232.267	305.267	40
41	41.905	75.935	120.215	174.745	239.525	314.555	41
42	43.579	78.649	124.219	180.289	246.859	323.929	42
43	45.290	81.410	128.280	185.900	254.270	333.390	43
44	47.039	84.219	132.399	191.579	261.759	342.939	44
45	48.825	87.075	136.575	197.325	269.325	352.575	45
46	50.649	89.979	140.809	203.139	276.969	362.299	46
47	52.512	92.932	145.102	209.022	284.692	372.442	47
48	54.413	95.933	149.453	214.973	292.493	382.013	48
49	56.353	98.983	153.863	220.993	300.573	392.003	49
50	58.333	102.083	158.333	227.083	308.333	402.083	50
	Rectangles compris entre les semelles.						
1	8.333	28.125	66.667	130.208	225.000	357.292	e, h, I, 0,100

Semelles de 0 m,100 de largeur (I × 10⁹)

Épaisseur e m/m	Hauteur entre semelles, hors cornières (h m/m) 400	450	500	550	600	650	Épaisseur e m/m
1	8.040	10.170	12.550	15.180	18.060	21.190	1
2	16.161	20.431	25.201	30.471	36.241	42.511	2
3	24.362	30.782	37.952	45.872	54.542	63.962	3
4	32.644	41.224	50.804	61.384	72.964	85.544	4
5	41.008	51.758	63.758	77.008	91.508	107.258	5
6	49.454	62.384	76.814	92.744	110.174	129.104	6
7	57.983	73.103	89.973	108.593	128.963	151.083	7
8	66.594	83.914	103.234	124.554	147.874	173.194	8
9	75.289	94.819	116.599	140.629	166.909	195.439	9
10	84.067	105.817	130.067	156 817	186.067	217.817	10
11	92.929	116.909	143.639	173.119	205.349	240.329	11
12	101.875	128.095	157.315	189.535	224.755	262.975	12
13	110.906	139.376	171.096	206.066	244.286	285.756	13
14	120.023	150.753	184.983	222.713	263.943	308.673	14
15	129.225	162.225	198.975	239.475	283.725	331.725	15
16	138.513	173.793	213.073	256.353	303.633	354.913	16
17	147.888	185.458	227.278	273.348	323.668	378.238	17
18	157.349	197.219	241.589	290.459	343.829	401.699	18
19	166.897	209.077	256.007	307.687	364.117	425.297	19
20	176.533	221.033	270.533	325.033	384.533	449.033	20
21	186.257	233.087	285.167	342.497	405.077	472.907	21
22	196.070	245.240	299.910	360.080	425.750	496.920	22
23	205.971	257.491	314.761	377.781	446.551	521.071	23
24	215.962	269.842	329.722	395.602	467.482	545.362	24
25	226.042	282.292	344.792	413.542	488.542	569.792	25
26	236.212	294.842	359.972	431.602	509.732	594.362	26
27	246.472	307.492	375.262	449.782	531.052	619.072	27
28	256.823	320.243	390.663	468.083	552.503	643.923	28
29	267.266	333.096	406.176	486.506	574.086	668.916	29
30	277.800	346 050	421.800	505.050	595.800	694.050	30
31	288.426	359.106	437.536	523.716	617.646	719.326	31
32	299.145	372.265	453.385	542.505	639.625	744.745	32
33	309.956	385.526	469.346	561.416	661.736	770.306	33
34	320.860	398.890	485.420	580.450	683.980	796.010	34
35	331.858	412.358	501.608	599.608	706.358	821.858	35
36	342.950	425.930	517.910	618.890	728.870	847.850	36
37	354.137	439.607	534.327	638.297	751.517	873.987	37
38	365.418	453.388	550.858	657.828	774.298	900.268	38
39	376.795	467.275	567.505	677.485	797.215	926.695	39
40	388.267	481.267	584.267	697.267	820.267	953.267	40
41	399.835	495.365	601.145	717.175	843.455	979.985	41
42	411.499	509.569	618.139	737.209	866.779	1.006.849	42
43	423.260	523.880	635.250	757.370	890.240	1.033.860	43
44	435.119	538.299	652.479	777.659	913.839	1.061.019	44
45	447.075	552.825	669.825	798.075	937.575	1.088.325	45
46	459.129	567.459	687.289	818.619	961.449	1.115.779	46
47	471.282	582.202	704.872	839.292	985.462	1.143.382	47
48	483.533	597.053	722.573	860.093	1.009.613	1.171.133	48
49	495.883	612.013	740.393	881.023	1.033.903	1.199.033	49
50	508.333	627.083	758.333	902.083	1.058.333	1.227.083	50
Rectangles compris entre les semelles.							e / h / e, 0.100
I	533.333	759.375	1.041.667	1.386.458	1.800.000	2.288.542	

Semelles de 0 m,100 de largeur ($I \times 10^9$)

Épaisseur e m/m	Hauteur entre semelles, hors cornières (*h* m/m) 700	750	800	850	900	950	Épaisseur e m/m
1	24.570	28.200	32.080	36.210	40.590	45.220	1
2	49.281	56.551	64.321	72.591	81.361	90.631	2
3	74.132	85.052	96.722	109.142	122.312	136.232	3
4	99.124	113.704	129.284	145.864	163.444	182.024	4
5	124.258	142.508	162.008	182.758	204.758	228.008	5
6	149.534	171.464	194.894	219.824	246.254	274.184	6
7	174.953	200.573	227.913	257.063	287.933	320.553	7
8	200.514	229.834	261.154	294.474	329.794	367.114	8
9	226.219	259.249	294.529	332.059	371.839	413.869	9
10	252.067	288.817	328.067	309.817	414.067	460.817	10
11	278.059	318.539	361.769	407.749	456.479	507.959	11
12	304.195	348.415	395.635	445.855	499.075	555.295	12
13	330.476	378.446	429.666	484.136	541.856	602.826	13
14	356.903	408.633	463.863	522.593	584.823	650.553	14
15	383.475	438.975	498.225	561.225	627.975	698.475	15
16	410.493	469.473	532.753	600.033	671.313	746.593	16
17	437.058	500.128	567.448	639.018	714.838	794.908	17
18	464.069	530.939	602.309	678.179	758.549	843.419	18
19	491.227	561.907	637.337	717.517	802.447	892.127	19
20	518.533	593.033	672.533	757.033	846.533	941.033	20
21	545.987	624.317	707.897	706.727	890.807	990.137	21
22	573.590	655.760	743.430	836.600	935.270	1.039.440	22
23	601.341	687.381	779.131	876.651	979.921	1.088.941	23
24	629.242	719.122	815.002	916.882	1.024.762	1.138.642	24
25	657.292	751.042	851.042	957.292	1.069.792	1.188.542	25
26	685.492	783.122	887.252	997.882	1.115.012	1.238.642	26
27	713.842	815.362	923.632	1.038.652	1.160.422	1.288.942	27
28	742 343	847.763	960.183	1.079.603	1.206.023	1.339.443	28
29	770.996	880.326	996.906	1.120.736	1.251.816	1.390.146	29
30	799.800	913.050	1.033.800	1.162.050	1.297.800	1.441.050	30
31	828.756	945.936	1.070.866	1.203.546	1.343.976	1.492.156	31
32	857.865	978.985	1.108.105	1.245.225	1.390.345	1.543.465	32
33	887.126	1.012.196	1.145.516	1.287.086	1.436.906	1.594.976	33
34	916.540	1.045.570	1.183.100	1.329.130	1.483.660	1.646.690	34
35	946.108	1.079.108	1.220.858	1.371.358	1.530.608	1.698.608	35
36	975.830	1.112.810	1.258.790	1.413.770	1.577.750	1.750.730	36
37	1.005.707	1.146.677	1.296.897	1.456.367	1.625.087	1.803.057	37
38	1.035.738	1.180.708	1.335.178	1.499.148	1.672.618	1.855.588	38
39	1.065.925	1.214.905	1.373.635	1.542.115	1.720.345	1.908.325	39
40	1.096.267	1.249.267	1.412.267	1.585.267	1.768.267	1.961.267	40
41	1.126.765	1.283.795	1.451.075	1.628.605	1.816.385	2.014.415	41
42	1.157.419	1.318.489	1.400.059	1.672.129	1.864.699	2.067.769	42
43	1.188.230	1.353.350	1.529.220	1.715.840	1.913.210	2.121.330	43
44	1.219.199	1.388.379	1.568.559	1.759.739	1.961.919	2.175.099	44
45	1.250.325	1.423.575	1.608.075	1.803.825	2.010.827	2.229.075	45
46	1.281.609	1.458.939	1.647.769	1.848.099	2.059.929	2.283.259	46
47	1.313.052	1.494.472	1.687.642	1.892.562	2.109.232	2.337.652	47
48	1.344.653	1.530.173	1.727.693	1.937.213	2.158.733	2.392.253	48
49	1.376.413	1.566.043	1.767.923	1.982.053	2.208.433	2.447.003	49
50	1.408.333	1.602.083	1.808.333	2.027 083	2.258.333	2.502 083	50
	Rectangles compris entre les semelles.						
1	2.838.333	3.515.625	4.266.667	5.117.708	6.075.000	7.144.792	

Semelles de 0m,100 de largeur ($I \times 10^9$)

Épaisseur e m/m	Hauteur entre semelles, hors cornières (h m/m) 1.000	1.050	1.100	1.150	1.200	1.250	Épaisseur e m/m
1	50.100	55.230	60.610	66.240	72.120	78.250	1
2	100.401	110.671	121.441	132.711	144.481	156.751	2
3	150.902	166.322	182.492	199.412	217.082	235.502	3
4	201.604	222.184	243.764	266.344	289.924	314.504	4
5	252.508	278.258	305.258	333.508	363.008	393.758	5
6	303.614	334.544	366.974	400.904	436.334	473.264	6
7	354.923	391.043	428.913	468.533	509.903	553.023	7
8	406.434	447.754	491.074	536.394	583.714	633.034	8
9	458.149	504.679	553.459	604.489	657.769	713.299	9
10	510.067	561.817	616.067	672.817	732.067	793.817	10
11	562.189	619.169	678.809	741.379	806.609	874.589	11
12	614.515	676.735	741.935	810.175	881.395	955.615	12
13	667.046	734.516	805.236	879.206	956.426	1.036.896	13
14	719.783	792.513	868.743	948.473	1.031.703	1.118.433	14
15	772.725	850.725	932.475	1.017.975	1.107.225	1.200.225	15
16	825.873	909.153	996.433	1.087.713	1.182.993	1.282.273	16
17	879.228	967.798	1.060.618	1.157.688	1.259.008	1.364.578	17
18	932.789	1.026.659	1.125.029	1.227.899	1.335.269	1.447.139	18
19	986.557	1.085.737	1.189.667	1 298.347	1.411.777	1.529.957	19
20	1.040 533	1.145.033	1.254.533	1.369.033	1.488.533	1.613.033	20
21	1.094.717	1.204 547	1.319.627	1.439.957	1.565.537	1.696.367	21
22	1.149.110	1.264.280	1.384.950	1.511.120	1.642.790	1.779.960	22
23	1.203.711	1.324.231	1.450.501	1.582.521	1.720.291	1.863.811	23
24	1.258.522	1.384.402	1.516.282	1.654.162	1.798.042	1.947.922	24
25	1.313.542	1.444.792	1.582.292	1.726.042	1.876.042	2.032.292	25
26	1.368.772	1.505.402	1.648 532	1.798.162	1.954.292	2.116.922	26
27	1.424.212	1.566.232	1.715.002	1.870.522	2.032.792	2.201.812	27
28	1.479.863	1.627.283	1.781.703	1.943 423	2.111.543	2.286.963	28
29	1.535.726	1.688.556	1.848.636	2.015.966	2.190.516	2.372.376	29
30	1.591.800	1.750.050	1.915.800	2.089.050	2.269.800	2.458.050	30
31	1.648.046	1.811.766	1.983.196	2.162.376	2.349.300	2.543.986	31
32	1.704.585	1.873.705	2.050.825	2.235.945	2.429.065	2.630.185	32
33	1.761.296	1.935.866	2.118.686	2.309.756	2.509.076	2.716.646	33
34	1.818.220	1.998.250	2.186.780	2.383.810	2.589.340	2.803.370	34
35	1.875.358	2.060 858	2.255.108	2.458.108	2.669.858	2.890.358	35
36	1.932.710	2.123.600	2.323.670	2.532.650	2.750.630	2.977.610	36
37	1.990.277	2.186.747	2.392.467	2.607.437	2.831.657	3.065.127	37
38	2.048.058	2.250.028	2.461.498	2.682.468	2.912.938	3.152.908	38
39	2.106.055	2.313.535	2.530.765	2.757.745	2.994.475	3.240.955	39
40	2.164.267	2.377.267	2.600.267	2.833.267	3.076.267	3.329.267	40
41	2.222.695	2.441.225	2.670.005	2.909.035	3.158.315	3.417.845	41
42	2.281.339	2.505.409	2.739.979	2.985.049	3.240.619	3.506.689	42
43	2.340.200	2.569.820	2.810.190	3.061.310	3.323.180	3.595.800	43
44	2.399.279	2.634.459	2 880.639	3.137.819	3.405.999	3.685.179	44
45	2.458.575	2.699.325	2.951.325	3.214.575	3.489.075	3.774.825	45
46	2.518.089	2.764.419	3.022.249	3.291.579	3.572.409	3.864.739	46
47	2.577.822	2.829.742	3.093.412	3.368.832	3.656.002	3.954.922	47
48	2.637.773	2.895.293	3.164.813	3.446.333	3.739.853	4.045.373	48
49	2.697.943	2.961.073	3.236.453	3.524.083	3.823.063	4.136.093	49
50	2.758.333	3.027.083	3.308.333	3.602.083	3.908.333	4.227.083	50
Rectangles compris entre les semelles.							
I	8.333.333	9.646.875	11.091.667	12.673.958	14.400.000	16.276.042	e h e 0,100

Semelles de 0 m,100 de largeur (I × 10⁹)

Épaisseur e m/m	Hauteur entre semelles, hors cornières (h m/m)						Épaisseur e m/m
	1.300	1.350	1.400	1.450	1.500	1.550	
1	84.630	91.260	98.140	105.270	112.650	120.280	1
2	169.521	182.791	196.561	210.831	225.601	240.871	2
3	254.672	274.592	295.262	316.682	338.852	361.772	3
4	340.084	366.664	394.244	422.824	452.404	482.984	4
5	425.758	459.008	493.508	529.258	566.258	604.508	5
6	511.694	551.624	593.054	635.984	680.414	726.344	6
7	597.893	614.513	692.883	743.003	794.873	848.493	7
8	684.354	737.674	792.994	850.314	909.634	970.954	8
9	771.079	831.109	893.389	957.919	1.024.699	1.093.729	9
10	858.067	924.817	994.067	1.065.817	1.140.067	1.216.817	10
11	945.319	1.018.799	1.095.029	1.174.009	1.255.739	1.340.219	11
12	1.032.835	1.113.055	1.196.275	1.282.495	1.371.715	1.463.935	12
13	1.120.616	1.207.586	1.207.806	1.391.276	1.487.996	1.587.966	13
14	1.208.663	1.302.393	1.309.023	1.500.353	1.604.583	1.712.313	14
15	1.296.975	1.397.475	1.501.725	1.609.725	1.721.475	1.836.975	15
16	1.385.553	1.492.833	1.604.413	1.719.393	1.838.073	1.961.953	16
17	1.474.398	1.588.468	1.706.788	1.829.358	1.956.178	2.087.248	17
18	1.563.509	1.684.379	1.809.749	1.939.619	2.073.989	2.212.859	18
19	1.052.887	1.780.567	1.912.997	2.050.177	2.192.107	2.338.787	19
20	1.742.533	1.877.033	2.016.533	2.161.033	2.310.533	2.465.033	20
21	1.832.447	1.973.777	2.120.357	2.272.187	2.429.267	2.591.597	21
22	1.922.630	2.070.800	2.224.470	2.383.640	2.548.310	2.718.480	22
23	2.013.081	2.168.101	2.328.871	2.495.391	2.667.661	2.845.681	23
24	2.103.802	2.265.682	2.433.562	2.607.442	2.787.322	2.973.202	24
25	2.194.792	2.363.542	2.538.542	2.719.792	2.907.292	3.101.042	25
26	2.286.052	2.461.682	2.643.812	2.832.442	3.027.572	3.229.202	26
27	2.377.582	2.560.102	2.749.372	2.945.392	3.148.162	3.357.682	27
28	2.469.383	2.658.803	2.855.223	3.058.643	3.269.063	3.486.483	28
29	2.561.456	2.757.786	2.961.366	3.172.196	3.390.276	3.615.606	29
30	2.653.800	2.857.050	3.067.800	3.286.050	3.511.800	3.745.050	30
31	2.746.416	2.956.596	3.174.526	3.400.206	3 633.636	3.874.816	31
32	2.839.305	3.056.425	3.281.545	3.514.665	3.755.785	4.004.905	32
33	2.932.466	3.156.536	3.388.856	3.629.426	3.878.246	4.135.316	33
34	3.025.900	3.256.930	3.496.460	3.744.490	4.001.020	4.266.050	34
35	3.119.608	3.357.608	3.604.358	3.859.858	4.124.108	4.397.108	35
36	3.213.590	3.458.570	3.712.550	3.975.530	4.247.510	4.528.490	36
37	3.307.847	3.550.817	3.821.037	4.091.507	4.371.227	4.660.197	37
38	3.402.378	3.661.348	3.929.818	4.207.788	4.495.258	4.792.228	38
39	3.497.185	3.763.165	4.038.895	4.324.375	4.619.605	4.924.585	39
40	3.592.267	3.865.267	4.148.267	4.441.267	4.744.267	5.057.267	40
41	3.687.625	3.967.655	4.257.935	4.558.465	4.869.245	5.190.275	41
42	3.783.259	4.070.329	4.367.899	4.675.969	4.994.539	5.323.609	42
43	3.879.170	4.173.290	4 478.160	4.793.780	5.120.150	5.457.270	43
44	3.975.359	4.276.539	4.588.719	4.911.809	5.246.079	5.591.259	44
45	4.071.825	4.380.075	4.699.575	5.030.325	5.372.325	5.725.575	45
46	4.168.569	4.483.899	4.810.729	5.149.059	5.498.889	5.860.219	46
47	4.265.592	4.588.012	4.922.182	5 268.102	5.625.772	5.995.192	47
48	4.362.893	4.692.413	5.033.933	5.387.453	5.752.973	6.130.493	48
49	4.460.473	4.797.103	5.145.983	5.507.113	5.880.493	6.266.123	49
50	4.558.333	4.902.083	5.258.333	5.627.083	6.008.333	6.402.083	50
	Rectangles compris entre les semelles.						
1	18.308.333	20.503.125	22.866.667	25.405.208	28.125.000	31.032.292	

Semelles de 0 m,100 de largeur (I × 10⁹)

Épaisseur e m/m	Hauteur entre semelles, hors cornières (h m/m) 1.600	1.650	1.700	1.750	1.800	1.850	Épaisseur e m/m
1	128.160	136.290	144.670	153.300	162.180	171.310	1
2	256.641	272.911	289.681	306.951	324 721	342.991	2
3	385.442	409.862	435.032	460.952	487.622	515.042	3
4	514.564	547.144	580.724	615.304	650.884	687.464	4
5	644.008	684.758	726.758	770.008	814.508	860.258	5
6	773.774	822.704	873.134	925.064	978.494	1.033.424	6
7	903.863	960.983	1.019.853	1.080.473	1.142.843	1.206.963	7
8	1.034.274	1.099.594	1.166.914	1.236.234	1.307.554	1.380.874	8
9	1.165.009	1.238.539	1.314.349	1.392.349	1.472.629	1.555.159	9
10	1.296.067	1.377.817	1.462.067	1.548.817	1.638.067	1.720.817	10
11	1.427.449	1.517.429	1.610.159	1.705.639	1.803.869	1.904.849	11
12	1.559.155	1.657.375	1.758.595	1.862.815	1.970.035	2.080.255	12
13	1.691.186	1.797.656	1.907.376	2.020.346	2.136.566	2.256.036	13
14	1.823.543	1.938.273	2.056.503	2.178.233	2.303.463	2.432.193	14
15	1.956.225	2.079.225	2.205.975	2.336.475	2.470.725	2.608.725	15
16	2.089.233	2.220.513	2.355.793	2.495.073	2.638.353	2.785.633	16
17	2.222.568	2.362.138	2.505.958	2.654.028	2.806.348	2.962.918	17
18	2.356.229	2.504.099	2.656.469	2.813.339	2.974.709	3.140.579	18
19	2.490.217	2.646.397	2.807.327	2.973.007	3.143.437	3.318.617	19
20	2.624.533	2.789.033	2.958.533	3.133 033	3.312.533	3.497.033	20
21	2.759.177	2.932.007	3.110.087	3.293.417	3.481.997	3.675.827	21
22	2.894.150	3.075.320	3.261.990	3.454.160	3.651.830	3.855.000	22
23	3.029.451	3.218.971	3.414.241	3.615.261	3.822.031	4.034.551	23
24	3.165.082	3.362.962	3.566.842	3.776.722	3.992.602	4.214.482	24
25	3.301.042	3.507.292	3.719.792	3.938.542	4.163.542	4.394.792	25
26	3.437.332	3.651.962	3.873.092	4.100.722	4.334.852	4.575.482	26
27	3.573.952	3.796.972	4.026.742	4.263.262	4.506.532	4.756.552	27
28	3.710.903	3.942.323	4.180.743	4.426.163	4.678.583	4.938.003	28
29	3.848.196	4.088.016	4.335.096	4.589.426	4.851.006	5.119.836	29
30	3.985.800	4.234.050	4.489.800	4.753.050	5.023.800	5.302.050	30
31	4.123.746	4.380.426	4.644.856	4.917.036	5.196.966	5.484.646	31
32	4.262.025	4.527.145	4.800.265	5.081.385	5.370.505	5.667.625	32
33	4.400.636	4.674.206	4.956.026	5.246.096	5.544.416	5.850.986	33
34	4.539.580	4.821.610	5.112.140	5.411.170	5.718.700	6.034.730	34
35	4.678.858	4.969.358	5.268.608	5.576.608	5.893 358	6.218.858	35
36	4.818.470	5.117.450	5.425.430	5.742.410	6.068.390	6.403.370	36
37	4.958.417	5.265.887	5.582.607	5.908.577	6.243.797	6.588.267	37
38	5.098.698	5.414.668	5.740.138	6.075.108	6.419.578	6.773.548	38
39	5.239.315	5.563.795	5.898.025	6.242.005	6.595.735	6.959.215	39
40	5.380.267	5.713.267	6.056.267	6.409.267	6.772.267	7.145.267	40
41	5.521.555	5.863.085	6.214.865	6.576.895	6.949.175	7.331.705	41
42	5.663.179	6.013.249	6.373.819	6.744.889	7.126.459	7.518.529	42
43	5.805.140	6.163.760	6.533.130	6.913.250	7.304.120	7.705.740	43
44	5.947.439	6.314.619	6.692.799	7.081.979	7.482.160	7.893.339	44
45	6.090.075	6.465.825	6.852.825	7.251.075	7.660.575	8.081.325	45
46	6.233.049	6.617.379	7.013.209	7.420.539	7.839.369	8.269.699	46
47	6.376.362	6.769.282	7.173.952	7.590.372	8.018.542	8.458.462	47
48	6.520.013	6.921.533	7.335.053	7.760.573	8.198.093	8.647.613	48
49	6.664.003	7.074.133	7.496.513	7.931.143	8.378.023	8.837.153	49
50	6.808.333	7.227.083	7.658.333	8.102.083	8.558.333	9.027.083	50
Rectangles compris entre les semelles.							
1	34.133.333	37.434.375	40.941.667	44.661.458	48.600.000	52.763.542	

c
h
c
0,100

Semelles de 0 m,100 de largeur (I × 10⁹)

Épaisseur e m/m	Hauteur entre semelles, hors cornières (*h* m/m)						Épaisseur e m/m
	1.900	1.950	2.000	2.100	2.200	2.300	
1	180.690	190.320	200.200	220.710	242.220	264.730	1
2	361.761	381.031	400.801	441.841	484.881	529.921	2
3	543.212	572.132	601.802	663.302	727.082	795.572	3
4	725.044	763.624	803.204	885.364	971.524	1.061.684	4
5	907.258	955.508	1.005.008	1.107.758	1.215.508	1.328.258	5
6	1.089.854	1.147.784	1.207.214	1.330.574	1.459.934	1.595.294	6
7	1.272.833	1.340.453	1.409.823	1.553.813	1.704.803	1.862.793	7
8	1.456.194	1.533.514	1.612.834	1.777.474	1.950.114	2.130.754	8
9	1.639.939	1.726.969	1.816.249	2.001.559	2.195.869	2.399.179	9
10	1.824.067	1.920.817	2.020.067	2.226.067	2.442.067	2.668.067	10
11	2.008.579	2.115.059	2.224.289	2.450.099	2.688.709	2.937.419	11
12	2.193.475	2.309.695	2.428.915	2.676.355	2.935.795	3.207.235	12
13	2.378.756	2.504.726	2.633.946	2.902.136	3.183.326	3.477.516	13
14	2.564.423	2.700.153	2.839.383	3.128.343	3.431.303	3.748.263	14
15	2.750.475	2.895.975	3.045.225	3.354 975	3.679.725	4.019.475	15
16	2.936.913	3.092.193	3.251.473	3.582.033	3.928.593	4.291.153	16
17	3.123.738	3.288.808	3.458.128	3.809.518	4.177.908	4.563.298	17
18	3.310.949	3.485.819	3.665.189	4.037.429	4.427.669	4.835 909	18
19	3.498.517	3.683.227	3.872.657	4.265.767	4 671.877	5.108.987	19
20	3.686.533	3.881.033	4.080.533	4.494.533	4.928.533	5.382.533	20
21	3.874.907	4.079.237	4.288.817	4.723.727	5.179.637	5.656.547	21
22	4.063.670	4.277.840	4.497.510	4.953.350	5.431.190	5.931.030	22
23	4.252.821	4.476.841	4.706.611	5.183.401	5.683.191	6.205.981	23
24	4.442.362	4 676.242	4.916.122	5.413.882	5.935.642	6.481.402	24
25	4.632.292	4.876.042	5.126.042	5.644.792	6.188.542	6.757.292	25
26	4.822.612	5.076.242	5.336.372	5.876.132	6.441.892	7.033.652	26
27	5.013.322	5.276.842	5.547.112	6.107.902	6.695.692	7.310.482	27
28	5.204.423	5.477.843	5.758.263	6.340.103	6.949.943	7.587.783	28
29	5.395.916	5.679.246	5.969.826	6.572.736	7.204.616	7.865.556	29
30	5.587.800	5.881.050	6.181.800	6.805.800	7.459.800	8.143.800	30
31	5.780.076	6.083.256	6.394.186	7.039.296	7.715.406	8.422.516	31
32	5.972.745	6.285.865	6.606.985	7.273.225	7.971.465	8.701.705	32
33	6.165.806	6.488.876	6.820.196	7.507.586	8.227.976	8.981.366	33
34	6.359.260	6.692.290	7 033.820	7.742.380	8.484.940	9.261.500	34
35	6.553.108	6.896.108	7.247.858	7.977.608	8.742.358	9.542.108	35
36	6.747.350	7.100.330	7.462.310	8.213.270	9.000.230	9.823.190	36
37	6.941.987	7.304.957	7.677.177	8.449.367	9.258.557	10.104.747	37
38	7.137.018	7.509.988	7.892.458	8.685 898	9.517.338	10.386.778	38
39	7.332.445	7.715.425	8.108.155	8.922.865	9.776.575	10.669.285	39
40	7.528.267	7.921.267	8.324 267	9.160.267	10.036.267	10.952.267	40
41	7.724.485	8.127.515	8.540.795	9.398.405	10 296.415	11.235.725	41
42	7.921.099	8.334.169	8.757.739	9.636.379	10.557.019	11.519.659	42
43	8.118.110	8.541.230	8.975.100	9.875.090	10.818.080	11.804.070	43
44	8.315.519	8.748.699	9.192.879	10.114.239	11.079.599	12.088.959	44
45	8.513.325	8.956.575	9.411.075	10.353.825	11.341.575	12.374.325	45
46	8.711.529	9.164.859	9.629.689	10.593.849	11.604.009	12.660.169	46
47	8.910.132	9.373.552	9 848.722	10.834.312	11.866.902	12.946.492	47
48	9.109.133	9.582.653	10.068.173	11.075.213	12.130.253	13.233.293	48
49	9.308.533	9.792.163	10.288.043	11.316.553	12.394.063	13.520.573	49
50	9.508.333	10.002.083	10.508.333	11.558.333	12.658.333	13.808.333	50
	Rectangles compris entre les semelles.						
I	57.158.333	61.700.625	66.666.667	77.175.000	88.733.333	101.391.667	I h c

Semelles de 0 m,100 de largeur (I × 10⁹)

Épaisseur e m/m	Hauteur entre semelles, hors cornières (h m/m)						Épaisseur e m/m
	2.400	2.500	2.600	2.700	2.800	2.900	
1	288.240	312.750	338.260	364.770	392.280	420.790	1
2	576.961	626.001	677.041	730.081	785.121	842.161	2
3	866.162	939.752	1.016.342	1.095.932	1.178.522	1.264.112	3
4	1.155.844	1.254.004	1.356.164	1.462.324	1.572.484	1.086.644	4
5	1.446.008	1.568.758	1.696.508	1.829.258	1.967.008	2.109.758	5
6	1.736.654	1.884.014	2.037.374	2.196.734	2.362.094	2.533.454	6
7	2.027.783	2.199.773	2.378.763	2.564.753	2.757.743	2.057.733	7
8	2.319.394	2.516.034	2.720.674	2.933.314	3.153.954	3.382.594	8
9	2.611.489	2.832.799	3.063.109	3.302.419	3.550.729	3.808.039	9
10	2.904.067	3.150.067	3.406.067	3.672.067	3.948.067	4.234.067	10
11	3.197.129	3.467.839	3.749.549	4.042.259	4.345.969	4.660.679	11
12	3.490.675	3.786.115	4.093.555	4.412.995	4.744.435	5.087.875	12
13	3.784.706	4.104.896	4.438.086	4.784.276	5.143.466	5.515.656	13
14	4.079.223	4.424.183	4.783.143	5.156.103	5.543.003	5.944.023	14
15	4.374.225	4.743.975	5.128.725	5.528.475	5.943.225	6.372.975	15
16	4.669.713	5.064.273	5.474.833	5.901.393	6.343.953	6.802.513	16
17	4.965.688	5.385.078	5.821.468	6.274.858	6.745.248	7.232.638	17
18	5.262.149	5.706.389	6.168.629	6.648.869	7.147.109	7.663.349	18
19	5.559.097	6.028.207	6.516.317	7.023.427	7.549.537	8.094.647	19
20	5.856.533	6.350.533	6.864.533	7.398.533	7.952.533	8.526.533	20
21	6.154.457	6.673.367	7.213.277	7.774.187	8.356.097	8.959.007	21
22	6.452.870	6.996.710	7.562.550	8.150.390	8.760.230	9.392.070	22
23	6.751.771	7.320.561	7.912.351	8.527.141	9.164.931	9.825.721	23
24	7.051.162	7.644.922	8.262.682	8.904.442	9.570.202	10.259.962	24
25	7.351.042	7.969.792	8.613.542	9.282.292	9.976.042	10.694.792	25
26	7.651.412	8.295.172	8.964.932	9.660.692	10.382.452	11.130.212	26
27	7.952.272	8.621.062	9.316.852	10.039.642	10.789.432	11.566.222	27
28	8.253.623	8.947.463	9.669.303	10.419.143	11.196.983	12.002.823	28
29	8.555.466	9.274.376	10.022.286	10.799.196	11.605.106	12.440.016	29
30	8.857.800	9.601.800	10.375.800	11.179.800	12.013.800	12.877.800	30
31	9.160.626	9.929.736	10.729.846	11.560.956	12.423.066	13.316.176	31
32	9.463.945	10.258.185	11.084.425	11.942.065	12.832.905	13.755.145	32
33	9.767.756	10.587.146	11.439.536	12.324.926	13.243.316	14.194.706	33
34	10.072.060	10.916.620	11.795.180	12.707.740	13.654.300	14.634.860	34
35	10.376.858	11.246.608	12.151.358	13.091.108	14.065.858	15.075.608	35
36	10.682.150	11.577.110	12.508.070	13.475.030	14.477.990	15.516.950	36
37	10.987.937	11.908.127	12.865.317	13.859.507	14.890.697	15.958.887	37
38	11.294.218	12.239.658	13.223.098	14.244.538	15.303.978	16.401.418	38
39	11.600.995	12.571.705	13.581.415	14.630.125	15.717.835	16.844.545	39
40	11.908.267	12.904.267	13.940.267	15.016.267	16.132.267	17.288.267	40
41	12.216.035	13.237.345	14.299.655	15.402.965	16.547.275	17.732.585	41
42	12.524.299	13.570.939	14.659.579	15 790.219	16.962 859	18.177.499	42
43	12.833.060	13.905.050	15.020.040	16.178.030	17.379.020	18.623.010	43
44	13.142.319	14.239.679	15.381.039	16.566.399	17.795.759	19.069.119	44
45	13.452.075	14.574.825	15.742.575	16.955.325	18.213.075	19.515.825	45
46	13.762.329	14.910.489	16.104.649	17.344.809	18.630.969	19.063.120	46
47	14.073.082	15.246.672	16.467.262	17.734.852	19.049 442	20.411.032	47
48	14.384.333	15.583.373	16.830.413	18.125.453	10.468.493	20.859.533	48
49	14.696.083	15.920.593	17.194.103	18.516.613	19.888.123	21.308.633	49
50	15.008.333	16.258.333	17.558.333	18.908.333	20.308.333	21.758.333	50
Rectangles compris entre les semelles.							
I	115:200.000	130.208.333	146.466.667	164.025.000	182.933.333	203.241.667	

Semelles de 0 m,100 de largeur ($I \times 10^9$)

Épaisseur e m/m	Hauteur entre semelles, hors cornières (h m/m)					
	3.000	3.100	3.200	3.300	3.400	3.500
1	450.300	480.810	512.320	544.830	578.340	612.850
2	901.201	962.241	1.025.281	1.090.321	1.157.361	1.226.401
3	1.352.702	1.444.292	1.538.882	1.636.472	1.737.062	1.840.652
4	1.804.804	1.926.964	2.053.124	2.183.284	2.317.444	2.455.604
5	2.257.508	2.410.258	2.568.008	2.730.758	2.898.508	3.071.258
6	2.710.814	2.894.474	3.083.534	3.278.894	3.480.254	3.687.614
7	3.164.723	3.378.713	3.559.973	3.827.693	4.062.683	4.304.673
8	3.619.234	3.863.874	4.116.514	4.377.154	4.645.794	4.922.434
9	4.074.349	4.349.659	4.633.969	4.927.279	5.229.589	5.540.899
10	4.530.067	4.836.067	5.152.067	5.478.067	5.814.067	6.160.067
11	4.086.389	5.323.099	5.670.809	6.029.519	6.399.229	6.779.939
12	5.443.315	5.810.755	6.190.195	6.581.635	6.985.075	7.400.515
13	5.900.846	6.299.036	6.710.226	7.134.416	7.571.606	8.021.796
14	6.358.983	6.787.943	7.230.903	7.687.863	8.158.823	8.643.783
15	6.817.725	7.277.475	7.752.225	8.241.975	8.746.725	9.266.475
16	7.277.073	7.767.633	8.274.193	8.796.753	9.335.313	9.889.873
17	7.737.028	8.258.418	8.796.808	9.352.198	9.924.588	10.513.978
18	8.197.589	8.749.829	9.320.069	9.908.309	10.514.549	11.138.789
19	8.658.757	9.241.867	9.843.977	10.465.087	11.105.197	11.764.307
20	9.120.533	9.734.533	10.368.533	11.022.533	11.696.533	12.390.533
21	9.582.917	10.227.827	10.893.737	11.580.647	12.288.557	13.017.467
22	10.045.910	10.721.750	11.419.590	12.139.430	12.881.270	13.645.110
23	10.509.511	11.216.301	11.946.091	12.698.881	13.474.671	14.273.461
24	10.973.722	11.711.482	12.473.242	13.259.002	14.068.762	14.902.522
25	11.438.542	12.207.292	13.001.042	13.819.792	14.663.542	15.532.292
26	11.903.972	12.703.732	13.529.492	14.381.252	15.259.012	16.162.772
27	12.370.012	13.200.802	14.058.592	14.943.382	15.855.172	16.793.962
28	12.836.663	13.698.503	14.588.343	15.506.183	16.452.023	17.425.863
29	13.303.926	14.196.836	15.118.746	16.069.656	17.049.566	18.058.476
30	13.771.800	14.695.800	15.649.800	16.633.800	17.647.800	18.691.800
31	14.240.286	15.195.396	16.181.506	17.198.616	18.246.726	19.325.836
32	14.709.385	15.695.625	16.713.865	17.764.105	18.846.345	19.960.585
33	15.179.096	16.196.486	17.246.876	18.330.266	19.446.656	20.596.046
34	15.649.420	16.697.980	17.780.540	18.897.100	20.047.660	21.232.220
35	16.120.358	17.200.108	18.314.858	19.464.608	20.649.358	21.869.108
36	16.591.910	17.702.870	18.849.830	20.032.790	21.251.750	22.500.710
37	17.064.077	18.206.267	19.385.457	20.601.647	21.854.837	23.145.027
38	17.536.858	18.710.298	19.921.738	21.171.178	22.458.618	23.784.058
39	18.010.255	19.214.065	20.458.675	21.741.385	23.063.095	24.423.805
40	18.484.267	19.720.267	20.996.267	22.312.267	23.668.267	25.064.267
41	18.958.895	20.226.205	21.534.515	22.883.825	24.274.135	25.705.445
42	19.434.139	20.732.779	22.073.419	23.456.059	24.880.699	26.347.339
43	10.910.000	21.239.990	22.612.980	24.028.970	25.487.960	26.989.950
44	20.386.479	21.747.839	23.153.199	24.602.559	26.095.919	27.633.279
45	20.863.575	22.256.325	23.694.075	25.176.825	26.704.575	28.277.325
46	21.341.289	22.765.449	24.235.609	25.751.769	27.313.929	28.922.089
47	21.819.622	23.275.212	24.777.802	26.327.392	27.923.982	29.567.572
48	22.298.573	23.785.613	25.320.653	26.903.693	28.534.733	30.213.773
49	22.778.143	24.296.653	25.864.163	27.480.673	29.146.483	30.860.693
50	23.258.333	24.808.333	26.408.333	28.058.333	29.758.333	31.508.333

	Rectangles compris entre les semelles.						e / I / h / e
I	225.000.000	248.258.333	273.066.667	299.475.000	327.533.333	357.291.667	

Semelles de 0m,100 de largeur (I × 10⁹)

Épaisseur e m/m	Hauteur entre semelles, hors cornières (h m/m) 3.600	3.700	3.800	3.900	4.000	4.100	Épaisseur e m/m
1	648.360	684.870	722.380	760.890	800.400	840.910	1
2	1.297.441	1.370.481	1.445.521	1.522.561	1.601.601	1.682.641	2
3	1.947.242	2.056.832	2.169.422	2.285.012	2.403.602	2.525.192	3
4	2.597.764	2.743.024	2.894.084	3.048.244	3.206 404	3.368.564	4
5	3.249.008	3.431.758	3.619.508	3.812.258	4.010.008	4.212.758	5
6	3.900.074	4.120.334	4.345.694	4.577.054	4.814.414	5.057.774	6
7	4.553.663	4.809.653	5.072.643	5.342.633	5.610.623	5.903.613	7
8	5.207.074	5.499.714	5.800.354	6.108.994	6.425.634	6.750.274	8
9	5.861.209	6.190.519	6.528.829	6.876.139	7.232.449	7.597.759	9
10	6.516.067	6.882.067	7.258.067	7.644.067	8.040.067	8.446.067	10
11	7.171.649	7.574.359	7.988.069	8.412.779	8.848.489	9.295.199	11
12	7.827.955	8.267.395	8.718.835	9.182.275	9.657.715	10.145.155	12
13	8.484.986	8.961.176	9.450.366	9.952.556	10.467.746	10.995.936	13
14	9.142.743	9.655.703	10.182.603	10.723.623	11.278.583	11.847.543	14
15	9.801.225	10.350.975	10.915.725	11.493.475	12.090.225	12.699.975	15
16	10.460.433	11.046.993	11.649.553	12.268.113	12.902.673	13.553.233	16
17	11.120.368	11.743.758	12.384.148	13.041.538	13.715.928	14.407.318	17
18	11.781.029	12.441.269	13.119.509	13.815.749	14.529.989	15.262.229	18
19	12.442.417	13.139.527	13.855.637	14.590.747	15.344.857	16.117.967	19
20	13.104.533	13.838.533	14.592.533	15.366.533	16.160.533	16.974.533	20
21	13.767.377	14.538.287	15.330.197	16.143.107	16.077.017	17.831.927	21
22	14.430.950	15.238.790	16.068.630	16.920.470	17.794.310	18.690.150	22
23	15.095.251	15.940.041	16.807.831	17.698.621	18.612.411	19.549.201	23
24	15.760.282	16.642.042	17.547.802	18.477.562	19.431.322	20.409.082	24
25	16.426.042	17.344.792	18.288.542	19.257.292	20.251.042	21.269.792	25
26	17.092.532	18.048.292	19.030.052	20.037.812	21.071.572	22.131.332	26
27	17.759.752	18.752.542	19.772.332	20.819.122	21.892.912	22.993.702	27
28	18.427.703	19.457.543	20.515.383	21.601.223	22.715.063	23.856.903	28
29	19.096.386	20.163.296	21.259.206	22.384.116	23.538.026	24.720.936	29
30	19.765.800	20.869.800	22.003.800	23.167.800	24.361.800	25.585.800	30
31	20.435.946	21.577.056	22.749.166	23.952.276	25.186.386	26.451.496	31
32	21.106.825	22.285.065	23.495.305	24.737.545	26.011.785	27.318.025	32
33	21.778.436	22.993.826	24.242.216	25.523.606	26.837.996	28.185.386	33
34	22.450.780	23.703.340	24.989.900	26.310.460	27.665.020	29.053.580	34
35	23.123.858	24.413.608	25.738.358	27.098.108	28.492.858	29.922.608	35
36	23.797.670	25.124.630	26.487.590	27.886.550	29.321.510	30.792.470	36
37	24.472.217	25.836.407	27.237.597	28.675.787	30.150.977	31.663.467	37
38	25.147.498	26.548.938	27.988.378	29.465.818	30.981.258	32.534.698	38
39	25.823.515	27.262.225	28.739.935	30.256.645	31.812.355	33.407.065	39
40	26.500.267	27.976.267	29.492.267	31.048.267	32.644.267	34.280.267	40
41	27.177.755	28.691.065	30.245.375	31.840.685	33.476.995	35.154.305	41
42	27.855.979	29.406.619	30.999.259	32.633.899	34.310.539	36.029.179	42
43	28.534.940	30.122.930	31.753.920	33.427.910	35.144.900	36.904.890	43
44	29.214.639	30.839.999	32.509.359	34.222.719	35.980.079	37.781.439	44
45	29.895.075	31.557.825	33.265.575	35.018.325	36.816.075	38.658.825	45
46	30.576.249	32.276.409	34.022.569	35.814.729	37.652.889	39.537.049	46
47	31.258.162	32.995.752	34.780.342	36.611.932	38.490.522	40.416.112	47
48	31.940.813	33.715.853	35.538.893	37.409.933	39.328.973	41.296.013	48
49	32.624.203	34.436.713	36.298.223	38.208.733	40.168.243	42.176.753	49
50	33.308.333	35.158.333	37.058.333	39.008.333	41.008.333	43.058.333	50
Rectangles compris entre les semelles.							
I	388.800.000	422.108.333	457.266.667	494.325.000	533.333.333	574.341.667	

c
I h
c

Cornières isolées (Branches égales) Feuille nº 1

Ailes m/m	Épaisseur.	Section m/m²	v'' m/m	$I \times 10^9$	k m/m	v' m/m	$I' \times 10^9$	k' m/m	v m/m	$I'' \times 10^9$	k'' m/m
30	3	171	8,61	15	9,23	12,17	6	5,90	21,21	23	11,65
	4	224	8,96	19	9,10	12,68	8	5,86	21,21	29	11,46
	5	275	9,32	22	8,98	13,18	9	5,81	21,21	35	11,27
	6	324	9,67	25	8,86	13,67	11	5,84	21,21	40	11,09
35	4	264	10,22	30	10,71	14,45	12	6,86	24,75	48	13,50
	5	325	10,58	36	10,58	14,96	15	6,83	24,75	58	13,31
	6	384	10,93	42	10,45	15,46	18	6,81	24,75	66	13,12
	7	441	11,28	47	10,34	15,95	20	6,81	24,75	74	12,94
40	4	304	11,47	46	12,31	16,23	19	7,86	28,28	73	15,53
	5	375	11,83	56	12,18	16,73	23	7,82	28,28	88	15,34
	6	444	12,19	64	12,05	17,24	27	7,80	28,28	102	15,15
	7	511	12,54	73	11,93	17,74	31	7,78	28,28	115	14,97
45	4	344	12,73	67	13,92	18,00	27	8,87	31,82	106	17,57
	5	425	13,09	81	13,78	18,51	33	8,82	31,82	128	17,38
	6	504	13,45	94	13,65	19,02	39	8,79	31,82	149	17,19
	7	581	13,80	106	13,53	19,52	45	8,77	31,82	168	17,00
50	5	475	14,34	118	15,39	20,28	46	9,83	35,36	179	19,42
	6	564	14,70	131	15,26	20,79	54	9,70	35,36	208	19,23
	7	651	15,06	149	15,13	21,30	62	9,76	35,36	236	19,04
	8	736	15,41	166	15,00	21,80	70	9,74	35,36	262	18,85
55	5	525	15,60	152	17,00	22,05	62	10,84	38,89	242	21,46
	6	624	15,96	177	16,86	22,57	73	10,79	38,89	282	21,26
	7	721	16,32	202	16,73	23,07	83	10,75	38,89	320	21,07
	8	816	16,67	225	16,60	23,58	94	10,73	38,89	356	20,88
60	6	684	17,21	233	18,47	24,34	95	11,79	42,43	371	23,30
	7	791	17,57	266	18,33	24,85	109	11,75	42,43	422	23,11
	8	896	17,93	297	18,20	25,35	123	11,72	42,43	471	22,92
	9	999	18,28	326	18,08	25,86	137	11,69	42,43	516	22,73
65	7	861	18,83	342	19,94	26,62	140	12,76	45,96	544	25,15
	8	976	19,18	383	19,81	27,13	158	12,72	45,96	608	24,96
	9	1.089	19,54	422	19,68	27,64	175	12,69	45,96	668	24,77
	10	1.200	19,90	459	19,55	28,14	192	12,66	45,96	725	24,58
70	7	931	20,08	432	21,55	28,40	176	13,76	49,50	688	27,19
	8	1.056	20,44	484	21,41	28,91	199	13,72	49,50	769	26,99
	9	1.179	20,79	534	21,28	29,41	221	13,68	49,50	847	26,80
	10	1.300	21,15	582	21,15	29,92	242	13,65	49,50	924	26,61
	11	1.419	21,51	627	21,03	30,42	264	13,64	49,50	991	26,43
75	7	1.001	21,33	537	23,15	30,17	218	14,77	53,03	857	29,22
	8	1.136	21,69	602	23,02	30,68	246	14,72	53,03	957	29,03
	9	1.269	22,05	664	22,88	31,19	273	14,68	53,03	1.055	28,84
	10	1.400	22,41	725	22,75	31,69	300	14,65	53,03	1.149	28,65
	11	1.529	22,76	783	22,63	32,20	327	14,62	53,03	1.239	28,46

Cornières isolées (Branches égales) Feuille n° 2

Ailes m/m	Épaisseur	Section m/m²	v'' m/m	I × 10⁹	k m/m	v' m/m	I' × 10⁹	k' m/m	v m/m	I'' × 10⁹	k'' m/m
80	7	1.074	22,59	657	24,76	31,94	267	15,79	56,57	1.047	31,26
	8	1.216	22,95	737	24,62	32,45	301	15,73	56,57	1.174	31,07
	9	1.359	23,31	915	24,49	32,96	334	15,68	56,57	1.296	30,88
	10	1.500	23,67	890	24,36	33,47	367	15,65	56,57	1.413	30,69
	11	1.639	24,02	962	24,23	33,97	400	15,62	56,57	1.524	30,50
	12	1.776	24,38	1.032	24,10	34,48	432	15,59	56,57	1.632	30,31
85	9	1.449	24,56	987	26,09	34,74	403	16,69	60,10	1.570	32,92
	10	1.600	24,92	1.078	25,96	35,24	448	16,65	60,10	1.713	32,72
	11	1.749	25,27	1.167	25,83	35,75	482	16,61	60,10	1.851	32,53
	12	1.896	25,64	1.252	25,70	36,25	521	16,58	60.10	1.984	32,34
	13	2.041	25,99	1.335	25,58	36,76	560	16,56	60,10	2.111	32,16
90	9	1.539	25,82	1.181	27,70	36,51	482	17,69	63,64	1.880	34,95
	10	1.700	26,18	1.292	27,57	37,02	529	17,65	63,64	2.054	34,76
	11	1.859	26,54	1.399	27,43	37,53	576	17,61	63,64	2.222	34,57
	12	2.016	26,89	1.503	27,30	38,03	623	17,58	63,64	2.383	34,38
	13	2.171	27,25	1.603	27,18	38,53	669	17,55	63,64	2.538	34,19
	14	2.324	27,60	1.701	27,05	39,04	714	17,53	63,64	2.687	34,00
95	10	1.800	27,43	1.531	29,17	38,79	626	18,65	67,18	2.438	36,80
	11	1.960	27,79	1.660	29,04	39,30	682	18,61	67,18	2.639	36,61
	12	2 136	28,15	1.785	28,91	39,81	737	18,57	67,18	2.833	36,42
	13	2.301	28,50	1.906	28,78	40,31	791	18.55	67,18	3.020	36,23
	14	2.464	28,86	2.023	28,65	40,81	845	18,52	67,18	3.200	36,04
	15	2.625	29,21	2.137	28,53	41,31	899	18,50	67,18	3.374	35,85
100	10	1.900	28,68	1.800	30,78	40,57	734	19,66	70,71	2.866	38.84
	11	2,079	29,04	1.952	30,64	41,08	800	19,61	70,71	3.105	38,64
	12	2.256	29,40	2.100	30,51	41,58	864	19,57	70,71	3.336	38,45
	13	2.431	29.76	2.244	30,38	42,09	928	19,54	70,71	3.559	38,26
	14	2.604	30,12	2.383	30,25	42,59	991	19,51	70,71	3.775	38,07
	15	2.775	30,47	2.519	30,13	43,10	1.054	19,49	70,71	3.983	37,89
	16	2.944	30,82	2.650	30,01	43,59	1.117	19,47	70,71	4.184	37,70
	17	3.111	31,18	2.779	29,89	44,09	1.179	19,46	70,71	4.378	37,52
110	10	2.100	31,19	2.427	34,00	44,41	987	21,67	77,78	3.868	42,91
	11	2.299	31,55	2.635	33,86	44,62	1.075	21,62	77,78	4.196	42,72
	12	2.496	31,91	2.838	33,72	45,13	1.162	21,58	77,78	4.514	42,53
	13	2.091	32,27	3.036	33,59	45,64	1.248	21,54	77,78	4.823	42,34
	14	2.884	32,63	3.228	33,46	46,15	1.334	21,50	77,78	5.123	42,15
	15	3.075	32,99	3.416	33,33	46,65	1.418	21,47	77,78	5.413	41,96
	16	3.264	33,34	3.598	33,20	47,15	1.502	21,45	77,78	5.695	41,77
120	11	2.519	34,06	3.462	37,07	48,17	1.408	23,64	84,85	5.517	46,80
	12	2.730	34,42	3.733	36,94	48,68	1.523	23,59	84,85	5.913	46,60
	13	2.951	34,78	3.996	36,80	49,19	1.636	23,54	84,85	6.357	46,41
	14	3.164	35.14	4.254	36,67	49,70	1.748	23,50	84,85	6.759	46,22
	15	3.375	35,50	4.505	36,53	50,20	1.859	23,47	84,85	7.151	46,03
	16	3.584	35,86	4.750	36,40	50,71	1.969	23,44	84,85	7.531	45,84
	17	3.791	36,21	4.989	36,28	51,21	2.078	23,41	84,85	7,901	45,65

Cornières isolées (Branches inégales)

Ailes m/m	Épaisseurs.	Section m/m²	POIDS au mètre courant kg.	tg.α.	v'' m/m	I×10⁹	k m/m
50×35	5	400	3,120	0,479	16,56	100	15,80
	6	474	3,697	0,473	16,92	116	15,67
60×40	5	475	3,705	0,440	19,87	174	19,14
	6	564	4,399	0,436	20,23	204	19,00
	7	651	5,078	0,431	20,60	232	18,86
	8	736	5,741	0,426	20,96	258	18,73
70×50	6	684	5,335	0,502	22,65	338	22,24
	7	791	6,170	0,498	23,01	386	22,10
	8	896	6,989	0,494	23,38	432	21,96
	9	999	7,792	0,490	23,73	476	21,83
80×50	7	861	6,716	0,389	27,24	561	25,52
	8	976	7,613	0,385	27,61	629	25,38
	9	1.089	8,494	0,382	27,97	694	25,24
	10	1.200	9,360	0,378	28,33	757	25,11
80×60	7	931	7,262	0,552	25,45	597	25,33
	8	1.056	8,237	0,549	25,82	670	25,19
	9	1.179	9,196	0,546	26,18	740	25,06
	10	1.300	10,140	0,543	26,54	808	24,93
90×60	8	1.136	8,861	0,439	29,99	931	28,63
	9	1.269	9,898	0,436	30,35	1.030	28,50
	10	1.400	10,920	0,433	30,71	1.126	28,36
	11	1.529	11,926	0,429	31,08	1.218	28,23
90×70	9	1.359	10,600	0,591	28,64	1.087	28.28
	10	1.500	11,700	0,598	29,00	1.189	28,15
	11	1.639	12,784	0,586	29,36	1.286	28,02
	12	1.776	13,853	0,583	29,72	1.381	27,89
100×70	9	1.449	11,302	0,482	32,76	1.460	31,74
	10	1.600	12,480	0,479	33,13	1.598	31,60
	11	1.749	13,642	0,476	33,49	1.732	31,46
	12	1.896	14,789	0,473	33,85	1.861	31,33
100×80	9	1.539	12,004	0,628	31,11	1.528	31,51
	10	1.700	13,260	0,626	31,47	1.673	31,37
	11	1.859	14,500	0,624	31,83	1.814	31,23
	12	2.016	15,725	0,622	32,19	1.950	31,10
120×80	9	1.719	13,408	0,443	39,37	2.537	38,42
	10	1.900	14,820	0,440	39,74	2.783	38,27
	11	2.079	16,216	0,438	40,10	3.023	38,13
	12	2.256	17,597	0,436	40,47	3.257	37,99
130×90	10	2.100	16,380	0,475	42,14	3.620	41,52
	11	2.299	17,932	0,473	42,51	3.936	41,38
	12	2.496	19,469	0,471	42,88	4.245	41,24
	13	2.691	20,990	0,469	43,24	4.540	41,10

Cornières isolées (Branches inégales)

v'' m/m	$I' \times 10^9$	k' m/m	v_a m/m	$I_a \times 10^9$	v_b m/m	$I_b \times 10^9$	Épaisseurs.	Ailes m/m
9,06	40	10,06	18,40	23	34,07	118	5	50×35
9,42	47	9,94	18,44	27	33,93	136	6	
9,87	63	11,49	21,58	36	40,71	201	5	60×40
10,23	73	11,36	21,60	42	40,54	234	6	
10,60	82	11,24	21,62	48	40,38	266	7	
10,96	91	11,13	21,65	54	40,22	295	8	
12,65	145	14,57	25,91	80	47,99	403	6	70×50
13,01	165	14,44	25,96	92	47,86	460	7	
13,38	184	14,32	26,01	103	47,72	513	8	
13,73	201	14,20	26,07	114	47,59	563	9	
12,24	171	14,09	27,85	102	53,61	630	7	80×50
12,61	191	13,97	27,84	114	53,42	705	8	
12,97	209	13,85	27,83	126	53,23	777	9	
13,33	227	13,74	27,83	139	53,05	845	10	
15,45	290	17,65	30,07	155	55,22	732	7	80×60
15,82	324	17,52	30,15	175	55,11	820	8	
16,18	357	17,39	30,23	194	54,99	903	9	
16,54	388	17,27	30,31	212	54,88	983	10	
14,99	335	17,17	32,38	193	60,98	1.074	8	90×60
15,35	369	17,04	32,40	214	60,82	1.186	9	
15,71	401	16,92	32,42	234	60,65	1.293	10	
16,08	432	16,81	32,45	254	60,49	1.396	11	
18,64	577	20,60	34,22	302	62,31	1.361	9	90×70
19,00	629	20,47	34,32	332	62,21	1.485	10	
19,36	678	20,35	34,42	361	62,11	1.604	11	
19,72	727	20,23	34,52	390	62,01	1.718	12	
17,76	594	20,25	36,75	332	68,28	1.721	9	100×70
18,13	648	20,12	36,79	365	68,14	1.881	10	
18,49	699	20,00	36,84	397	68,00	2.034	11	
18,85	749	19,88	36,89	428	67,86	2.182	12	
21,11	872	23,81	38,11	445	69,57	1.955	9	100×80
21,47	953	23,68	38,22	489	69,48	2.137	10	
21,83	1.031	23,55	38,33	532	69,39	2.312	11	
22,19	1.106	23,42	38,44	575	69,31	2.481	12	
19,37	918	23,11	43,15	524	81,57	2.931	9	120×80
19,74	1.003	22,98	43,17	575	81,41	3.212	10	
20,10	1.085	22,85	43,18	625	81,25	3.483	11	
20,47	1.165	22,73	43,20	675	81,09	3.747	12	
22,14	1.440	26,19	47,50	805	88,86	4.255	10	130×90
22,51	1.561	26,06	47,54	876	88,71	4.621	11	
22,88	1.678	25,93	47,57	946	88,57	4.976	12	
23 24	1.791	25,80	47,61	1.016	88,42	5.321	13	

Fers ⊔

Hauteur m/m	Largeur.	Épaisseur Ame.	Épaisseur Ailes.	Section m/m²	POIDS au mètre courant. kg.	$I \times 10^9$	k m/m	$\frac{I}{v} \times 10^9$	v″ m/m	$I' \times 10^9$	k′ m/m
80	40	6	7	956	7,457	892	30,55	22.304	12,96	144	12,26
100	40	7	8	1,228	9,578	1.703	37,25	34.068	12,10	171	11,81
100	50	7	8	1,388	10,826	2.043	38,36	40.856	15,89	326	15,31
120	40	8	10	1,600	12,480	3.093	43,97	51.556	12,00	213	11,50
120	50	8	9	1,716	13,385	3.486	45,07	58.096	15,01	331	14,90
120	60	8	9	1,896	14,789	4.041	46,17	67.357	18,81	643	18,41
140	50	7	9	1,754	13,681	4.927	53,00	70.379	14,53	393	14,98
140	51	8	9	1,894	14,773	5.155	52,17	73.646	14,42	421	14,92
140	52	9	9	2,034	15,865	5.384	51,44	76.913	14,39	451	14,90
140	53	10	9	2,174	16,957	5.613	50,81	80.179	14,44	482	14,89
140	54	11	9	2,314	18,049	5.841	50,24	83.446	14,53	510	14,85
140	55	12	9	2,454	19,141	6.070	49,73	86.713	14,67	539	14,83
140	60	8	9	2,056	16,037	5.851	53,35	83.590	17,66	670	18,14
140	61	9	9	2,196	17,129	6.080	52,62	86.857	17,50	719	18,09
140	62	10	9	2,336	18,221	6.309	51,97	90.124	17,42	761	18,05
140	63	11	9	2,476	19,313	6.537	51,38	93.390	17,41	805	18,03
160	60	8	10	2,320	18,096	8.589	60,85	107.367	17,45	758	18,07
160	61	9	10	2,480	19,344	8.931	60,01	111.633	17,29	806	18,02
160	62	10	10	2,640	20,592	9.272	59,26	115.900	17,21	853	18,08
160	63	11	10	2,800	21,840	9.613	58,59	120.167	17,20	901	17,94
160	64	12	10	2,960	23,088	9.955	58,34	124.433	17,24	947	17,90
175	60	8	10	2,440	19,032	10.660	66,10	121.830	16,79	780	17,87
175	61	9	10	2,615	20,397	11.107	65,17	126.934	16,63	828	17,79
175	62	10	10	2,790	21,762	11.553	64,34	132.038	16,56	877	17,73
175	63	11	10	2,965	23,127	12.000	63,51	137.142	16,55	924	17,65
175	64	12	10	3,140	24,492	12.447	62,96	142.246	16,60	972	17,60
200	70	8	11	2,964	23,119	17.528	76,90	175.279	20,11	1.348	21,32
200	71	9	11	3,164	24,679	18.195	75,83	181.946	19,80	1.426	21,23
200	72	10	11	3,364	26,239	18.861	74,88	188.613	19,60	1.506	21,11
200	73	11	11	3,564	27,799	19.528	74,02	195.279	19,47	1.581	21,06
200	74	12	11	3,764	29,359	20.195	73,25	201.946	19,41	1.657	20,98
220	70	10	12	3,640	28,392	24.460	81,98	222.415	18,85	1.518	20,42
220	71	11	12	3,860	30,108	25.353	81,04	230.482	18,74	1.596	20,33
220	72	12	12	4,080	31,824	26.240	80,20	238.548	18,71	1.673	20,25
220	73	13	12	4,300	33,540	27.128	79,43	246.615	18,72	1.747	20,15
220	74	14	12	4,520	35,256	28.015	78,73	254.682	18,79	1.827	20,10
220	75	15	12	4,740	36,972	28.902	78,09	262.748	18,89	1.903	20,04
250	80	10	11	4,040	31,512	35.028	93,11	280.223	20,25	2.176	23,21
250	81	11	11	4,290	33,402	36.330	92,02	200.630	20,04	2.277	23,04
250	82	12	11	4,540	35,412	37.632	91,04	301.056	19,91	2.377	22,88
250	83	13	11	4,790	37,362	38.934	90,16	311.472	19,84	2.473	22,72
250	84	14	11	5,040	39,319	40.236	89,35	321.889	19,83	2.570	22,58
250	85	15	11	5,290	41,262	41.538	88,61	332.306	19,87	2.669	22,46

Fers ⊥

Hauteur m/m	Largeur	Épaisseur Ame.	Épaisseur Ailes.	Section m/m²	POIDS au mètre courant, kg.	$I \times 10^9$	k m/m	$\frac{I \times 10^9}{v}$	$I' \times 10^9$	k' m/m	$\frac{I' \times 10^9}{v}$
80	55	4	7	1.034	8,065	1.125	32,98	28.120	194	13,71	7.071
100	60	5	7	1.270	9,906	2.085	40,52	41.695	253	14,11	8.431
120	70	5	9	1.770	13,806	4.332	49,47	72.197	516	17,07	14.731
140	80	6	10	2.320	18,096	7.637	57,37	109.105	855	19,20	21.387
160	90	7	11	2.946	22,979	12.543	65,25	156.781	1.340	21,33	29.787
180	100	7	11	3.306	25,787	18.032	73,85	200.351	1.838	23,58	36.757
200	100	7	12	3.632	28,330	24.415	81,99	244.154	2.005	23,50	40.101
200	110	8	13	4.252	33,166	28.555	81,95	285.551	2.891	26,08	52.568
220	100	8	12	3.908	30,950	31.007	88,40	281.881	2.008	22,50	40.167
220	110	8	13	4.412	34,414	35.545	89,76	323.135	2.892	25,60	52.583
230	110	8	13	4.652	36,286	47.694	101,25	381.552	2.893	24,94	52.607
250	120	8	13	4.912	38,314	51.349	102,24	410.790	3.754	27,64	62.559
260	120	9	15	5.670	44,226	63.215	105,59	486.271	4.334	27,65	72.233
300	130	10	15	6.600	51,480	95.670	120,40	637.800	5.515	28,91	84.846
350	140	12	18	8.808	68,702	169.977	138,92	971.300	8.277	30,66	118.246
400	140	14	19	10.388	81,026	248.568	154,69	1.242.842	8.772	29,06	125.316

Fers ⊥ pour vitrages et fers Zorès.

Hauteur m/m	Largeur.	Épaisseur Ame.	Épaisseur Ailes.	Section m/m²	$I \times 10^9$	$\frac{I \times 10^9}{v'}$	$\frac{I \times 10^9}{v''}$	$I' \times 10^9$	$\frac{I' \times 10^9}{v}$	POIDS au mètre courant kg.
45	40	6	6	474	90	2.925	6.406	33	1.635	3,697
45	90	10	10	1.250	171	5.068	15.115	610	13.565	9,750
50	40	5	5	425	105	3.051	6.645	27	1,357	3,315
50	45	7	7	616	144	4.196	9.154	54	2.417	4,805
55	40	5	5	450	137	3.668	7.680	27	1.359	3,510
55	50	7	7	686	196	5.142	11.525	74	2.072	5,351
55	55	6 1/2	6 1/2	673	190	4.882	11.758	91	3.317	5,249
60	55	8	8	856	289	6.965	15.528	113	4.114	6,677
60	55	9	9	954	317	7.723	16.751	128	4.650	7,441
60	60	6 1/2	6 1/2	738	250	5.862	14.362	118	3.941	5,756
60	100	9	10	1.450	381	8.346	26.640	836	10.727	11,310
60	125	10	9	1.635	434	9.406	31.317	1.469	23.506	12,753
65	55	10	10	1.100	434	9.913	20.409	143	5.208	8,580
65	125	10	10	1.800	552	11.032	36.993	1.032	26.115	14,040
70	100	9	9	1.449	594	11.372	33.447	754	15.074	11,302
75	130	10	9	1.830	841	14.760	46.055	1.653	25.435	14,274
90	65	9	9	1.314	1.060	17.507	85.967	211	6.489	10,249
Profils Nos			(1).....	560	203	7.179	9.278	38	1.909	4,868
			(2).....	744	382	11.808	13.715	57	2.518	5,803
			(3).....	1.077	1.046	24.078	28.583	147	4.908	8,397
			(4).....	1.418	2.283	38.907	44.487	»	»	11,060
			(5).....	2.373	5.070	84.492	84.492	»	»	18,509
			(6).....	2.818	5.486	91.440	91.440	»	»	21,980

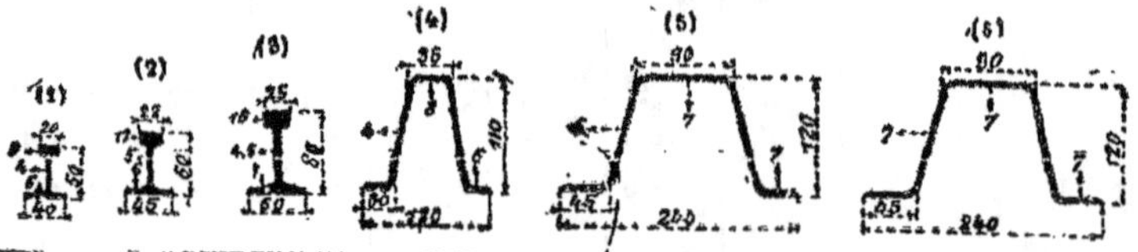

Rivets

Nombre de sections	Section totale des rivets S' m/m²	Section nette de la partie attachée. $S=\frac{4}{5}S'$ m/m²	Efforts de cisaillement $R'=\frac{4}{5}R$ admissibles pour les différentes valeurs de R prescrites par le Règlement. (R=4k) R'=3k20	(R=5k50) R'=4k40	(R=6k) R'=4k80	(R=6k50) R'=5k20	(R=7k50) R'=6k00	(R=8k50) R'=6k80	(R=9k50) R'=7k60
			Rivets de 14 m/m.						
1	153,9	123,12	492k	677k	739k	800k	923k	1047k	1170k
2	307,8	246,24	985	1354	1477	1601	1847	2093	2339
3	461,7	369,36	1477	2031	2216	2401	2770	3140	3509
4	615,6	492,48	1970	2709	2955	3201	3694	4186	4679
5	769,5	615,60	2462	3386	3694	4001	4617	5233	5848
6	923,4	738,72	2955	4063	4432	4802	5540	6279	7018
7	1077,3	861,84	3447	4740	5171	5602	6464	7326	8187
8	1231,2	984,96	3940	5417	5910	6402	7387	8372	9357
			Rivets de 16 m/m.						
1	201,1	160,88	644	885	965	1046	1207	1367	1528
2	402,2	321,76	1287	1770	1931	2091	2413	2735	3057
3	603,3	482,64	1931	2655	2896	3137	3620	4102	4585
4	804,4	643,52	2574	3539	3861	4183	4826	5470	6113
5	1005,5	804,40	3218	4424	4826	5229	6033	6837	7642
6	1206,6	965,28	3861	5309	5792	6274	7240	8205	9170
7	1407,7	1126,16	4505	6194	6757	7320	8446	9572	10699
8	1608,8	1287,04	5148	7079	7722	8366	9653	10940	12227
9	1809,9	1447,92	5792	7964	8688	9411	10859	12307	13755
10	2011,0	1608,80	6435	8848	9653	10457	12066	13675	15284
11	2212,1	1769,68	7079	9733	10618	11503	13273	15042	16812
12	2413,2	1930,56	7722	10618	11583	12549	14479	16410	18340
13	2614,3	2091,44	8366	11503	12549	13594	15686	17777	19869
14	2815,4	2252,32	9009	12388	13514	14640	16892	19145	21397
			Rivets de 18 m/m.						
1	254,5	203,6	814	1120	1222	1323	1527	1731	1934
2	509,0	407,2	1629	2240	2443	2647	3054	3461	3868
3	763,5	610,8	2443	3359	3665	3970	4581	5192	5803
4	1018,0	814,4	3258	4479	4886	5294	6108	6922	7737
5	1272,5	1018,0	4072	5599	6108	6617	7635	8653	9671
6	1527,0	1221,6	4886	6719	7330	7940	9162	10384	11605
7	1781,5	1425,2	5701	7839	8551	9264	10689	12114	13539
8	2036,0	1628,8	6515	8958	9773	10587	12216	13845	15474
9	2290,5	1832,4	7330	10078	10994	11911	13743	15575	17408
10	2545,0	2036,0	8144	11198	12216	13234	15270	17306	19342
11	2799,5	2239,6	8958	12318	13438	14557	16797	19037	21276
12	3054,0	2443,2	9773	13438	14659	15881	18324	20767	23210
13	3308,5	2646,8	10587	14557	15881	17204	19851	22498	25145
14	3563,0	2850,4	11402	15677	17102	18528	21378	24228	27079
15	3817,5	3054,0	12216	16797	18324	19851	22905	25959	29013
16	4072,0	3257,6	13030	17917	19546	21174	24432	27690	30947
17	4326,5	3461,2	13845	19037	20767	22498	25959	29420	32881
18	4581,0	3664,8	14659	20156	21989	23821	27486	31151	34816
19	4835,5	3868,4	15474	21276	23210	25145	29013	32881	36750
20	5090,0	4072,0	16288	22396	24432	26468	30540	34612	38684

Pour des rivets en fer attachant des pièces en fer, on a : $S'=1,25\ S$.
Pour des rivets en acier attachant des pièces en acier, on a : $S'=1,25\ S$.
Pour des rivets en fer attachant des pièces en acier, on a : $S'=1,875\ S=1,705\ S=1,635\ S=1,583\ S$.
suivant que R = 6k 7k50 8k50 9k50.

Rivets

Nombre de sections	Section totale des rivets S' m/m²	Section nette de la partie attachée $S = \frac{4}{5} S'$ m/m²	Efforts de cisaillement $R' = \frac{4}{5} R$ admissibles pour les différentes valeurs de R prescrites par le Règlement (R=4k) R'=3k20	(R=5k50) R'=4k40	(R=6k) R'=4k80	(R=6k50) R'=5k20	(R=7k50) R'=6k00	(R=8k50) R'=6k80	(R=9k50) R'=7k6(
			Rivets de 20 m/m.						
1	314,2	251,36	1005k	1382k	1508k	1634k	1885k	2137k	2388k
2	628,4	502,72	2011	2763	3016	3268	3770	4273	4776
3	942,6	754,08	3016	4147	4524	4902	5656	6410	7164
4	1256,8	1005,44	4022	5530	6033	6535	7541	8546	9552
5	1571,0	1256,80	5027	6912	7541	8169	9426	10683	11940
6	1885,2	1508,16	6033	8295	9049	9803	11311	12819	14328
7	2199,4	1759,52	7038	9677	10557	11437	13196	14956	16715
8	2513,6	2010,88	8044	11060	12065	13071	15082	17092	19103
9	2827,8	2262,24	9049	12442	13573	14705	16967	19229	21491
10	3142,0	2513,60	10054	13825	15082	16338	18852	21366	23879
11	3456,2	2764,96	11060	15207	16590	17972	20737	23502	26267
12	3770,4	3016,32	12065	16590	18098	19606	22622	25639	28655
13	4084,6	3267,68	13071	17972	19606	21240	24508	27775	31043
14	4398,8	3519,04	14076	19355	21114	22874	26393	29912	33431
15	4713,0	3770,40	15082	20737	22622	24508	28278	32048	35819
16	5027,2	4021,76	16087	22120	24131	26141	30163	34185	38207
17	5341,4	4273,12	17092	23502	25639	27775	32048	36322	40595
18	5655,6	4524,48	18098	24885	27147	29409	33934	38458	42983
19	5969,8	4775,84	19103	26267	28655	31043	35819	40595	45370
20	6284,0	5027,20	20109	27650	30163	32677	37704	42731	47758
21	6598,2	5278,56	21114	29032	31671	34311	39589	44868	50146
22	6912,4	5529,92	22120	30415	33180	35944	41474	47004	52534
			Rivets de 22 m/m.						
1	380,1	304,08	1216	1672	1824	1977	2281	2585	2889
2	760,2	608,16	2433	3345	3649	3953	4561	5169	5778
3	1140,3	912,24	3649	5017	5473	5930	6842	7754	8666
4	1520,4	1216,32	4865	6690	7298	7906	9122	10339	11555
5	1900,5	1520,40	6082	8362	9122	9883	11403	12923	14444
6	2280,6	1824,48	7298	10035	10947	11859	13684	15508	17333
7	2660,7	2128,56	8514	11707	12771	13836	15964	18093	20221
8	3040,8	2432,64	9731	13380	14596	15812	18245	20677	23110
9	3420,9	2736,72	10947	15052	16420	17789	20525	23262	25999
10	3801,0	3040,80	12163	16724	18245	19765	22806	25847	28888
11	4181,1	3344,88	13380	18397	20069	21742	25087	28431	31776
12	4561,2	3648,96	14596	20069	21894	23718	27367	31016	34665
13	4941,3	3953,04	15812	21742	23718	25695	29648	33601	37554
14	5321,4	4257,12	17028	23414	25543	27671	31928	36186	40443
15	5701,5	4561,20	18245	25087	27367	29648	34209	38770	43331
16	6081,6	4865,28	19461	26759	29192	31624	36490	41355	46220
17	6461,7	5169,36	20677	28431	31016	33601	38770	43940	49109
18	6841,8	5473,44	21894	30104	32841	35577	41051	46524	51998
19	7221,9	5777,52	23110	31776	34665	37554	43331	49109	54886
20	7602,0	6081,60	24326	33449	36490	39530	45612	51694	57775
21	7982,1	6385,68	25543	35121	38314	41507	47893	54278	60664
22	8362,2	6689,76	26759	36794	40139	43483	50173	56863	63553

Pour des rivets en fer attachant des pièces en fer, on a : S' = 1,25 S.

Pour des rivets en acier attachant des pièces en acier, on a : S' = 1,25 S.

Pour des rivets en fer attachant des pièces en acier, on a : S' = 1,875 S. = 1,705 S = 1,635 S = 1,583 S,
suivant que R = 6k 7k50 8k50 9k50.

Rivets

Nombre de sections	Section totale des rivets S' m/m²	Section nette de la partie attachée. $S=\frac{4}{5}S'$ m/m²	Efforts de cisaillement $R'=\frac{4}{5}R$ admissibles pour les différentes valeurs de R prescrites par le Règlement.						
			(R=4k) R'=3k20	(R=5k50) R'=4k40	(R=6k) R'=4k80	(R=6k50) R'=5k20	(R=7k50) R'=6k00	(R=8k50) R'=6k80	(R=9k50) R'=7k60
Rivets de 23 m/m.									
1	415,5	332,40	1330k	1828k	1994k	2161k	2493k	2825k	3158k
2	831,0	664,80	2659	3656	3989	4321	4986	5651	6316
3	1246,5	997,20	3989	5485	5983	6482	7479	8476	9473
4	1662,0	1329,60	5318	7313	7978	8642	9972	11302	12631
5	2077,5	1662,00	6648	9141	9972	10803	12465	14127	15789
6	2493,0	1994,40	7978	10969	11966	12964	14958	16952	18947
7	2908,5	2326,80	9307	12797	13961	15124	17451	19778	22105
8	3324,0	2659,20	10637	14626	15955	17285	19944	22603	25262
9	3739,5	2991,60	11966	16454	17950	19445	22437	25429	28420
10	4155,0	3324,00	13296	18282	19944	21606	24930	28254	31578
11	4570,5	3656,40	14626	20110	21938	23767	27423	31079	34736
12	4986,0	3988,80	15955	21938	23933	25927	29916	33905	37894
13	5401,5	4321,20	17285	23767	25927	28088	32409	36730	41051
14	5817,0	4653,60	18614	25595	27922	30248	34902	39556	44209
15	6232,5	4986,00	19944	27423	29916	32409	37395	42381	47367
16	6648,0	5318,40	21274	29251	31910	34570	39888	45206	50525
17	7063,5	5650,80	22603	31079	33905	36730	42381	48032	53683
18	7479,0	5983,20	23933	32908	35899	38891	44874	50857	56840
19	7894,5	6315,60	25262	34736	37894	41051	47367	53683	59998
20	8310,0	6648,00	26592	36564	39888	43212	49860	56508	63156
21	8725,5	6980,40	27922	38392	41882	45373	52353	59333	66314
22	9141,0	7312,80	29251	40220	43877	47533	54846	62159	69472
Rivets de 25 m/m.									
1	490,9	392,72	1571	2160	2356	2553	2945	3338	3731
2	981,8	785,44	3142	4320	4713	5105	5891	6676	7462
3	1472,7	1178,16	4713	6480	7069	7658	8836	10014	11193
4	1963,6	1570,88	6284	8640	9425	10211	11782	13352	14923
5	2454,5	1963,60	7854	10800	11782	12763	14727	16691	18654
6	2945,4	2356,32	9425	12960	14138	15316	17672	20029	22385
7	3436,3	2749,04	10996	15120	16494	17869	20618	23367	26116
8	3927,2	3141,76	12567	17280	18851	20421	23563	26705	29847
9	4418,1	3534,48	14138	19440	21207	22974	26509	30043	33578
10	4909,0	3927,20	15709	21600	23563	25527	29454	33381	37308
11	5399,9	4319,92	17280	23760	25920	28079	32399	36719	41039
12	5890,8	4712,64	18851	25920	28276	30632	35345	40057	44770
13	6381,7	5105,36	20421	28079	30632	33185	38290	43396	48501
14	6872,6	5498,08	21992	30239	32988	35738	41236	46734	52232
15	7363,5	5890,80	23563	32399	35345	38290	44181	50072	55963
16	7854,4	6283,52	25134	34559	37701	40843	47126	53410	59693
17	8345,3	6676,24	26705	36719	40057	43396	50072	56748	63424
18	8836,2	7068,96	28276	38879	42414	45948	53017	60086	67155
19	9327,1	7461,68	29847	41039	44770	48501	55963	63424	70886
20	9818,0	7854,40	31418	43199	47126	51054	58908	66762	74617
21	10308,9	8247,12	32988	45359	49483	53606	61853	70101	78348
22	10799,8	8639,84	34559	47519	51839	56159	64799	73439	82078

Pour des rivets en fer attachant des pièces en fer, on a : $S' = 1,25\ S$.
Pour des rivets en acier attachant des pièces en acier, on a : $S' = 1,25\ S$.
Pour des rivets en acier attachant des pièces en acier, on a : $S' = 1,875\ S = 1,705\ S = 1,635\ S = 1,583\ S$.
suivant que R = 6k 7k50 8k50 9k50

Fers plats (Poids au mètre courant)

Épaisseur m/m	Largeur en millimètres. 50	55	60	65	70	75	80	Épaisseur m/m
5	1k950	2k145	2k340	2k535	2k730	2k925	3k120	5
6	2,340	2,574	2,808	3,042	3,276	3,510	3,744	6
7	2,730	3,003	3,276	3,549	3,822	4,095	4,368	7
8	3,120	3,432	3,744	4,056	4,368	4,680	4,992	8
9	3,510	3,861	4,212	4,563	4,914	5,265	5,616	9
10	3,900	4,290	4,680	5,070	5,460	5,850	6,240	10
11	4,290	4,719	5,148	5,577	6,006	6,435	6,864	11
12	4,680	5,148	5,616	6,084	6,552	7,020	7,488	12
13	5,070	5,577	6,084	6,591	7,098	7,605	8,112	13
14	5,460	6,006	6,552	7,098	7,644	8,190	8,736	14
15	5,850	6,435	7,020	7,605	8,190	8,775	9,360	15
16	6,240	6,864	7,488	8,112	8,736	9,360	9,984	16
17	6,630	7,293	7,956	8,619	9,282	9,945	10,608	17
18	7,020	7,722	8,424	9,126	9,828	10,530	11,232	18
19	7,410	8,151	8,892	9,633	10,374	11,115	11,856	19
20	7,800	8,580	9,360	10,140	10,920	11,700	12,480	20
21	8,190	9,009	9,828	10,647	11,466	12,285	13,104	21
22	8,580	9,438	10,296	11,154	12,012	12,870	13,728	22
23	8,970	9,867	10,764	11,661	12,558	13,455	14,352	23
24	9,360	10,296	11,232	12,168	13,104	14,040	14,976	24
25	9,750	10,725	11,700	12,675	13,650	14,625	15,600	25
26	10,140	11,154	12,168	13,182	14,196	15,210	16,224	26
27	10,530	11,583	12,636	13,689	14,742	15,795	16,848	27
28	10,920	12,012	13,104	14,196	15,288	16,380	17,472	28
29	11,310	12,441	13,572	14,703	15,834	16,965	18,096	29
30	11,700	12,870	14,040	15,210	16,380	17,550	18,520	30

Épaisseur m/m	Largeur en millimètres. 85	90	95	100	105	110	115	Épaisseur m/m
5	3k315	3k510	3k705	3k900	4k095	4k290	4k485	5
6	3,978	4,212	4,446	4,680	4,914	5,148	5,382	6
7	4,641	4,914	5,187	5,460	5,733	6,006	6,279	7
8	5,304	5,616	5,928	6,240	6,552	6,864	7,176	8
9	5,967	6,318	6,669	7,020	7,371	7,722	8,073	9
10	6,630	7,020	7,410	7,800	8,190	8,580	8,970	10
11	7,293	7,722	8,151	8,580	9,009	9,438	9,867	11
12	7,956	8,424	8,892	9,360	9,828	10,296	10,764	12
13	8,610	9,126	9,633	10,140	10,647	11,154	11,661	13
14	9,282	9,828	10,374	10,920	11,466	12,012	12,558	14
15	9,945	10,530	11,115	11,700	12,285	12,870	13,455	15
16	10,608	11,232	11,856	12,480	13,104	13,728	14,352	16
17	11,271	11,934	12,597	13,260	13,923	14,586	15,249	17
18	11,934	12,636	13,338	14,040	14,742	15,444	16,146	18
19	12,597	13,338	14,079	14,820	15,561	16,302	17,043	19
20	13,260	14,040	14,820	15,600	16,380	17,160	17,940	20
21	13,923	14,742	15,561	16,380	17,199	18,018	18,837	21
22	14,586	15,444	16,302	17,160	18,018	18,876	19,734	22
23	15,249	16,146	17,043	17,940	18,837	19,734	20,631	23
24	15,912	16,848	17,784	18,720	19,656	20,592	21,528	24
25	16,575	17,550	18,525	19,500	20,475	21,450	22,425	25
26	17,238	18,252	19,266	20,280	21,294	22,308	23,322	26
27	17,901	18,954	20,007	21,060	22,113	23,166	24,219	27
28	18,564	19,656	20,748	21,840	22,932	24,024	25,116	28
29	19,227	20,358	21,489	22,620	23,751	24,882	26,013	29
30	19,890	21,060	22,230	23,400	24,570	25,740	26,910	30

Fers plats (Poids au mètre courant)

Epaisseur m/m	Largeur en millimètres. 120	125	130	135	140	145	150	Epaisseur m/m
5	4k680	4k875	5k070	5k265	5k460	5k655	5k850	5
6	5,616	5,850	6,084	6,318	6,552	6,786	7,020	6
7	6,552	6,825	7,098	7,371	7,644	7,917	8,190	7
8	7,488	7,800	8,112	8,424	8,736	9,048	9,360	8
9	8,424	8,775	9,126	9,477	9,828	10,179	10,530	9
10	9,360	9,750	10,140	10,530	10,920	11,310	11,700	10
11	10,296	10,725	11,154	11,583	12,012	12,441	12,870	11
12	11,232	11,700	12,168	12,636	13,104	13,572	14,040	12
13	12,168	12,675	13,182	13,689	14,196	14,703	15,210	13
14	13,104	13,650	14,196	14,742	15,288	15,834	16,380	14
15	14,040	14,625	15,210	15,795	16,380	16,965	17,550	15
16	14,976	15,600	16,224	16,848	17,472	18,096	18,720	16
17	15,912	16,575	17,238	17,901	18,564	19,227	19,890	17
18	16,848	17,550	18,252	18,954	19,656	20,358	21,060	18
19	17,784	18,525	19,266	20,007	20,748	21,489	22,230	19
20	18,720	19,500	20,280	21,060	21,840	22,620	23,400	20
21	19,656	20,475	21,294	22,113	22,932	23,751	24,570	21
22	20,592	21,450	22,308	23,166	24,024	24,882	25,749	22
23	21,528	22,425	23,322	24,219	25,116	26,013	26,910	23
24	22,464	23,400	24,336	25,272	26,208	27,144	28,080	24
25	23,400	24,375	25,350	26,325	27,300	28,275	29,250	25
26	24,336	25,350	26,364	27,378	28,392	29,406	30,429	26
27	25,272	26,325	27,378	28,431	20,484	30,537	31,599	27
28	26,208	27,300	28,392	29,484	30,576	31,668	32,760	28
29	27,144	28,275	29,406	30,537	31,668	32,799	33,930	29
30	28,080	29,250	30,420	31,590	32,760	33,930	35,100	30

Epaisseur m/m	Largeur en millimètres. 155	160	165	170	175	180	185	Epaisseur m/m
5	6k045	6k240	6k435	6k630	6k825	7k020	7k215	5
6	7,254	7,488	7,722	7,956	8,190	8,424	8,658	6
7	8,463	8,736	9,009	9,282	9,555	9,828	10,101	7
8	9,672	9,984	10,296	10,608	10,920	11,232	11,544	8
9	10,881	11,232	11,583	11,934	12,285	12,636	12,987	9
10	12,090	12,480	12,870	13,260	13,650	14,040	14,430	10
11	13,299	13,728	14,157	14,586	15,015	15,444	15,873	11
12	14,508	14,976	15,444	15,912	16,380	16,848	17,316	12
13	15,717	16,224	16,731	17,238	17,745	18,252	18,759	13
14	16,926	17,472	18,018	18,564	19,110	19,656	20,202	14
15	18,135	18,720	19,305	19,890	20,475	21,060	21,645	15
16	19,344	19,968	20,592	21,216	21,840	22,464	23,088	16
17	20,553	21,210	21,879	22,542	23,205	23,868	24,531	17
18	21,762	22,464	23,166	23,868	24,570	25,272	25,974	18
19	22,971	23,712	24,453	25,194	25,935	26,676	27,417	19
20	24,480	24,960	25,740	26,520	27,300	28,080	28,860	20
21	25,380	26,208	27,027	27,846	28,665	29,484	30,303	21
22	26,598	27,456	28,314	29,172	30,030	30,888	31,746	22
23	27,807	28,704	29,601	30,498	31,395	32,292	33,189	23
24	29,016	29,952	30,888	31,824	32,760	33,696	34,632	24
25	30,225	31,200	32,175	33,150	34,125	35,100	36,075	25
26	31,434	32,448	33,462	34,476	35,490	36,504	37,518	26
27	32,643	33,696	34,749	35,802	36,855	37,908	38,961	27
28	33,852	34,944	36,036	37,128	38,220	39,312	40,404	28
29	35,061	36,192	37,323	38,454	39,585	40,716	41,847	29
30	36,270	37,440	38,610	39,780	40,950	42,120	43,290	30

Fers plats (Poids au mètre courant)

Epaisseur m/m	Largeur en millimètres.							Epaisseur m/m
	190	195	200	205	210	215	220	
5	7k410	7k605	7k800	7k995	8k190	8k385	8k580	5
6	8,892	9,126	9,360	9,594	9,828	10,062	10,296	6
7	10,374	10.647	10,920	11,193	11,466	11,739	12,012	7
8	11,856	12,168	12,480	12,792	13,104	13,416	13,728	8
9	13,338	13,689	14,040	14,391	14,742	15,093	15,444	9
10	14,820	15,810	15,600	15,990	16,380	16,770	17.160	10
11	16,302	16.731	17,160	17,589	18,018	18,447	18,876	11
12	17,784	18,252	18,720	19.188	19,656	20,124	20,592	12
13	19,266	19,773	20,280	20,787	21,294	21,801	22,308	13
14	20,748	21,294	21,840	22,386	22,932	23,478	24,024	14
15	22,230	22,815	23,400	23,985	24,570	25,155	25,740	15
16	23,712	24,336	24,960	25,584	26,208	26,832	27,456	16
17	25,194	25,857	26,520	27,183	27,846	28,509	29.172	17
18	26,676	27,378	28,080	28,782	29,484	30,186	30,888	18
19	28,158	28,899	29,640	30,381	31,122	31,863	32,604	19
20	29,640	30,420	31,200	31,980	32,760	33,540	34,320	20
21	31,122	31,911	32,760	33,579	34,398	35,217	36,036	21
22	32,604	33,462	34,320	35,178	36,036	36,894	37,752	22
23	34,086	34,983	35,880	36,777	37,674	38,571	39,468	23
24	35,568	36,504	37,440	38,376	39,312	40,248	41,184	24
25	37,050	38,025	39,000	39,975	40,950	41,925	42,900	25
26	38,532	39.546	40,560	41,574	42,588	43,602	44,616	26
27	40,014	41,067	42,120	43,173	44,226	45,279	46,332	27
28	41,496	42,588	43,680	44,772	45,864	46,956	48,048	28
29	42,978	44,109	45,240	46,371	47,502	48,633	49,764	29
30	44,460	45,630	46,800	47,970	49,140	50,310	51,480	30

Epaisseur m/m	Largeur en millimètres.							Epaisseur m/m
	225	230	235	240	245	250	255	
5	8k775	8k970	9k165	9k360	9k555	9k750	0k945	5
6	10,530	10,764	10,998	11,232	11,466	11,700	11,934	6
7	12.285	12,558	12,831	13,104	13,377	13,650	13,923	7
8	14,040	14,352	14,664	14,976	15,288	15,600	15,912	8
9	15,795	16,146	16,497	16,848	17,199	17,550	17,901	9
10	17,550	17,940	18,330	18,720	10,110	19,500	19,890	10
11	19,305	19,734	20,163	20,592	21,021	21,450	21,879	11
12	21.000	21,528	21,996	22,464	22.932	23,400	23,868	12
13	22,815	23,322	23,829	24.336	24,843	25,350	25,857	13
14	24,570	25,116	25,662	26,208	26,754	27,300	27,846	14
15	26,325	26,910	27,495	28,080	28,665	29,250	29,835	15
16	28,080	28,704	29,328	29,952	30,576	31,200	31,824	16
17	20.835	30,498	31,161	31,824	32,487	33,150	33,813	17
18	31,590	32,292	32,994	33,696	34,398	35,100	35,802	18
19	33,345	34,086	34,827	35,568	36,309	37,050	37,791	19
20	85,100	35,880	36,660	37,440	38,220	39,000	39,780	20
21	36,855	37,674	38,493	30,312	40,131	40,950	41,769	21
22	38,610	39,468	40,326	41,184	42,042	42,900	43,758	22
23	40,365	41,262	42,159	43,056	43,953	44,850	45,747	23
24	42,120	43,056	43,992	44,928	45,864	46,800	47,736	24
25	43,875	44,850	45,825	46,800	47,775	48,750	49,725	25
26	45,630	46,644	47,658	48,672	49,686	50,709	51,714	26
27	47,385	48,438	49,491	50,544	51,597	52,650	53,703	27
28	49,140	50,232	51,324	52,416	53,508	54,600	55,692	28
29	50,895	52,026	53,157	54,288	55,419	56,550	57,681	29
30	52.650	53,820	54,990	56,100	57,330	58,500	59,670	30

Fers plats (Poids au mètre courant).

Epaisseur m/m	Largeur en millimètres.							Epaisseur m/m
	260	265	270	275	280	285	290	
5	10k140	10k335	10k530	10k725	10k920	11k115	11k310	5
6	12,168	12,402	12,636	12,870	13,104	13,338	13,572	6
7	14,196	14,469	14,742	15,015	15,288	15,561	15,834	7
8	16,224	16,536	16,848	17,160	17,472	17,784	18,096	8
9	18,252	18,603	18,954	19,305	19,656	20,007	20,358	9
10	20,280	20,670	21,060	21,450	21,840	22,230	22,620	10
11	22,308	22,737	23,166	23,595	24,024	24,453	24,882	11
12	24,336	24,804	25,272	25,740	26,208	26,676	27,144	12
13	26,364	26,871	27,378	27,885	28,392	28,899	29,406	13
14	28,392	28,938	29,484	30,030	30,576	31,122	31,668	14
15	30,420	31,005	31,590	32,175	32,760	33,345	33,930	15
16	32,448	33,072	33,696	34,320	34,944	35,568	36,192	16
17	34,476	35,139	35,802	36,465	37,128	37,791	38,454	17
18	36,504	37,206	37,908	38,610	39,312	40,014	40,716	18
19	38,532	39,273	40,014	40,755	41,496	42,237	42,978	19
20	40,560	41,340	42,120	42,900	43,680	44,460	45,240	20
21	42,588	43,407	44,226	45,045	45,864	46,683	47,502	21
22	44,616	45,474	46,332	47,190	48,048	48,906	49,764	22
23	46,644	47,541	48,438	49,335	50,232	51,129	52,026	23
24	48,672	49,608	50,544	51,480	52,416	53,352	54,288	24
25	50,700	51,675	52,650	53,625	54,600	55,575	56,550	25
26	52,728	53,742	54,756	55,770	56,784	57,798	58,812	26
27	54,756	55,809	56,862	57,915	58,968	60,021	61,074	27
28	56,784	57,876	58,968	60,060	61,152	62,244	63,336	28
29	58,812	59,943	61,074	62,205	63,336	64,467	65,598	29
30	60,840	62,010	63,180	64,350	65,520	66,690	67,860	30

Epaisseur m/m	Largeur en millimètres.							Epaisseur m/m
	295	300	305	310	315	320	325	
5	11k505	11k700	11k895	12k090	12k285	12k480	12k675	5
6	13,806	14,040	14,274	14,508	14,742	14,976	15,210	6
7	16,107	16,380	16,653	16,926	17,199	17,472	17,745	7
8	18,408	18,720	19,032	19,344	19,656	19,968	20,280	8
9	20,709	21,060	21,411	21,762	22,113	22,464	22,815	9
10	23,010	23,400	23,790	24,180	24,570	24,960	25,350	10
11	25,311	25,740	26,169	26,598	27,027	27,456	27,885	11
12	27,612	28,080	28,548	29,016	29,484	29,952	30,420	12
13	29,913	30,420	30,927	31,434	31,941	32,448	32,955	13
14	32,214	32,760	33,306	33,852	34,398	34,944	35,490	14
15	34,515	35,100	35,685	36,270	36,855	37,440	38,025	15
16	36,816	37,440	38,064	38,688	39,312	39,936	40,560	16
17	39,117	39,780	40,443	41,106	41,769	42,432	43,095	17
18	41,418	42,120	42,822	43,524	44,226	44,928	45,630	18
19	43,719	44,460	45,201	45,942	46,683	47,424	48,165	19
20	46,020	46,800	47,580	48,360	49,140	49,920	50,700	40
21	48,321	49,140	49,959	50,778	51,597	52,416	53,235	21
22	50,622	51,480	52,338	53,196	54,054	54,912	55,770	22
23	52,923	53,820	54,717	55,614	56,511	57,408	58,305	23
24	55,224	56,160	57,096	58,032	58,968	59,904	60,840	24
25	57,525	58,500	59,475	60,450	61,425	62,400	63,375	25
26	59,826	60,840	61,854	62,868	63,882	64,896	65,910	26
27	62,127	63,180	64,233	65,286	66,339	67,392	68,445	27
28	64,428	65,520	66,612	67,704	68,796	69,888	70,980	28
29	66,729	67,860	68,991	70,122	71,253	72,384	73,515	29
30	69,030	70,200	71,370	72,540	73,710	74,880	76,050	30

Fers plats (Poids au mètre courant)

Epaisseur m/m	Largeur en millimètres. 330	335	340	345	350	355	360	Epaisseur m/m
5	12k870	13k065	13k260	13k455	13k650	13k845	14k040	5
6	15,444	15,678	15,912	16,146	16,380	16,614	16,848	6
7	18,018	18,291	18,564	18,837	19,110	19,383	19,656	7
8	20,592	20,904	21,216	21,528	21,840	22,152	22,464	8
9	23,166	23,517	23,868	24,219	24,570	24,921	25,272	9
10	25,740	26,130	26,520	26,910	27,300	27,690	28,080	10
11	28,314	28,743	29,172	29,601	30,030	30,459	30,888	11
12	30,888	31,356	31,824	32,292	32,760	33,228	33,696	12
13	33,462	33,969	34,476	34,983	35,490	35,997	36,504	13
14	36,036	36,582	37,128	37,674	38,220	38,766	39,312	14
15	38,610	39,195	39,780	40,365	40,950	41,535	42,120	15
16	41,184	41,808	42,432	43,056	43,680	44,304	44,928	16
17	43,758	44,421	45,084	45,747	46,410	47,073	47,736	17
18	46,332	47,034	47,736	48,438	49,140	49,842	50,544	18
19	48,906	49,647	50,388	51,129	51,870	52,611	53,352	19
20	51,480	52,260	53,040	53,820	54,600	55,380	56,160	20
21	54,054	54,873	55,692	56,511	57,330	58,149	58,968	21
22	56,628	57,486	58,344	59,202	60,060	60,918	61,776	22
23	59,202	60,099	60,996	61,893	62,790	63,687	64,584	23
24	61,776	62,712	63,648	64,584	65,520	66,456	67,392	24
25	64,350	65,325	66,300	67,275	68,250	69,225	70.200	25
26	66,924	67,938	68,952	69,966	70,980	71,994	73,008	26
27	69,498	70,551	71,604	72,657	73,710	74,763	75,816	27
28	72,072	73,164	74,256	75,348	76,440	77,532	78,624	28
29	74,646	75.777	76,908	78,039	79,170	80,301	81,432	29
30	77,220	78,390	79,560	80,730	81,900	83,070	84,240	30

Epaisseur m/m	Largeur en millimètres. 365	370	375	380	385	390	395	Epaisseur m/m
5	14k235	14k430	14k625	14k820	15k015	15k210	15k405	5
6	17.082	17,316	17,550	17,784	18,018	18,252	18,486	6
7	19,929	20,202	20,475	20,748	21,021	21,294	21,567	7
8	22,776	23,088	23,400	23,712	24,024	24,336	24,648	8
9	25,623	25,974	26,325	26,676	27,027	27,378	27,729	9
10	28,470	28,860	29,250	29,640	30,030	30,420	30,810	10
11	31.317	31,746	32,175	32,604	33,033	33,462	33.891	11
12	34,164	34,632	35,100	35,568	36,036	36,504	36,972	12
13	37,011	37,518	38,025	38,532	39,039	39,546	40,053	13
14	39,858	40,404	40,950	41,496	42,042	42,588	43,134	14
15	42,705	43,290	43,875	44,460	45,045	45,630	46,215	15
16	45,552	46,176	46,800	47,424	48,048	48,672	49,296	16
17	48,399	49,062	49,725	50,388	51,051	51,714	52,377	17
18	51,246	51,948	52,650	53,352	54,054	54,756	55,458	18
19	54,093	54,834	55,575	56,316	57,057	57,798	58,539	19
20	56,940	57,720	58,500	59,280	60,060	60,840	61,620	20
21	59,787	60,606	61,425	62,244	63,063	63,882	64,701	21
22	62,634	63,492	64,350	65,208	66,066	66,924	67,782	22
23	65,481	66,378	67,275	68,172	69,069	69,966	70,863	23
24	68,328	69,264	70,200	71,136	72,072	73,008	73,944	24
25	71,175	72,150	73,125	74,100	75,075	76,050	77,025	25
26	74,022	75,036	76,050	77,064	78,078	79,092	80,106	26
27	76,869	77,922	78,975	80,028	81,081	82,134	83,187	27
28	79,716	80,808	81,900	82,992	84,084	85,176	86,268	28
29	82,563	83,694	84,825	85,956	87,087	88,218	89,349	29
30	85,410	86,580	87,750	88,920	90,090	91,260	92,430	30

Fers plats (Poids au mètre courant)

Epaisseur m/m	Largeur en millimètres.							Epaisseur m/m
	400	405	410	415	420	425	430	
5	15k600	15k795	15k990	16k185	16k380	16k575	16k770	5
6	18,720	18,954	19,188	19,422	19,656	19,890	20,124	6
7	21,840	22,113	22,386	22,659	22,932	23,205	23,478	7
8	21,960	25,272	25,584	25,895	26,208	26,520	26,832	8
9	28,080	28,431	28,782	29,133	29,484	29,835	30,186	9
10	31,200	31,590	31,980	32,370	32,760	33,150	33,540	10
11	34,320	34,749	35,178	35,607	36,036	36,465	36,894	11
12	37,440	37,908	38,376	38,844	39,312	39,780	40,248	12
13	40,560	41,067	41,574	42,081	42,588	43,095	43,602	13
14	43,680	44,226	44,772	45,318	45,864	46,410	46,956	14
15	46,800	47,385	47,970	48,555	49,140	49,725	50,310	15
16	49,920	50,544	51,168	51,792	52,416	53,040	53,664	16
17	53,040	53,703	54,366	55,029	55,692	56,355	57,018	17
18	56,160	56,862	57,564	58,266	58,968	59,670	60,372	18
19	59,280	60,021	60,762	61,503	62,244	62,985	63,726	19
20	62,400	63,180	63,960	64,740	65,520	66,300	67,080	20
21	65,520	66,339	67,158	67,977	68,796	69,515	70,434	21
22	68,640	69,498	70,356	71,214	72,072	72,930	73,788	22
23	71,760	72,657	73,554	74,451	75,348	76,245	77,142	23
24	74,880	75,816	76,552	77,688	78,624	79,560	80,496	24
25	78,000	78,975	79,950	80,925	81,900	82,875	83,850	25
26	81,120	82,134	83,148	84,162	85,176	86,190	87,204	26
27	84,240	85,293	86,366	87,399	88,452	89,505	90,558	27
28	87,360	88,452	89,544	90,636	91,728	92,820	93,912	28
29	90,480	91,611	92,742	93,873	95,004	96,135	97,266	29
30	93,600	94,770	95,940	97,110	98,280	99,450	100,620	30

Epaisseur m/m	Largeur en millimètres.							Epaisseur m/m
	435	440	445	450	455	460	465	
5	16k965	17k160	17k355	17k550	17k745	17k940	18k135	5
6	20,358	20,592	20,826	21,060	21,294	21,528	21,762	6
7	23,751	24,024	24,297	24,570	24,843	25,116	25,389	7
8	27,144	27,456	27,768	28,080	28,392	28,704	29,016	8
9	30,537	30,888	31,239	31,590	31,941	32,292	32,643	9
10	33,930	34,320	34,710	35,100	35,490	35,880	36,270	10
11	37,323	37,752	38,181	38,610	39,039	39,468	39,897	11
12	40,716	41,184	41,652	42,120	42,588	43,056	43,524	12
13	44,109	44,616	45,123	45,630	46,137	46,644	47,151	13
14	47,502	48,048	48,596	49,140	49,686	50,232	50,778	14
15	50,895	51,480	52,065	52,650	53,235	53,820	54,405	15
16	54,288	54,912	55,536	56,160	56,784	57,408	58,032	16
17	57,681	58,344	59,007	59,670	60,333	60,996	61,659	17
18	61,074	61,776	62,478	63,180	63,882	64,584	65,286	18
19	64,467	65,208	65,949	66,690	67,431	68,172	68,913	19
20	67,860	68,640	69,420	70,200	70,980	71,760	72,540	20
21	71,253	72,072	72,891	73,710	74,529	75,348	76,167	21
22	74,646	75,504	76,362	77,220	78,078	78,936	79,794	22
23	78,039	78,936	79,833	80,730	81,627	82,524	83,421	23
24	81,432	82,368	83,304	84,240	85,176	86,112	87,048	24
25	84,825	85,800	86,775	87,750	88,725	89,700	90,675	25
26	88,218	89,232	90,246	91,260	92,274	93,288	94,302	26
27	91,611	92,664	93,717	94,770	95,823	96,876	97,929	27
28	95,004	96,096	97,188	98,280	99,372	100,464	101,556	28
29	98,397	99,528	100,659	101,790	102,921	104,052	105,183	29
30	101,790	102,960	104,130	105,300	106,470	107,640	108,810	30

Fers plats (Poids au mètre courant)

Epaisseur m/m	Largeur en millimètres.							Epaisseur m/m
	470	475	480	485	490	495	500	
5	18k330	18k525	18k720	18k915	19k110	19k305	19k500	5
6	21,996	22,230	22,464	22,698	22,932	23,166	23,409	6
7	25,662	25,935	26,208	26,481	26,754	27,027	27,300	7
8	29,328	29,640	29,952	30,264	30,576	30,888	31,200	8
9	32,994	33,345	33,696	34,047	34,398	34,749	35,100	9
10	36,660	37,050	37,440	37,830	38,220	38,610	39,000	10
11	40,320	40,755	41,184	41,613	42,042	42,471	42,900	11
12	43,992	44,460	44,928	45,396	45,864	46,332	46,800	12
13	47,658	48,165	48,672	49,179	49,686	50,193	50,700	13
14	51,324	51,870	52,416	52,962	53,508	54,054	54,600	14
15	54,990	55,575	56,160	56,745	57,330	57,915	58,500	15
16	58,656	59,280	59,904	60,528	61,152	61,776	62,400	16
17	62,322	62,985	63,648	64,311	64,974	65,637	66,300	17
18	65,988	66,690	67,392	68,094	68,796	69,498	70,200	18
19	69,654	70,395	71,136	71,877	72,618	73,359	74,100	19
20	73,320	74,100	74,880	75,660	76,440	77,220	78,000	20
21	76,986	77,805	78,624	79,443	80,262	81,081	81,900	21
22	80,652	81,510	82,368	83,226	84,084	84,942	85,800	22
23	84,318	85,215	86,112	87,009	87,906	88,803	89,700	23
24	87,984	88,920	89,856	90,792	91,728	92,664	93,600	24
25	91,650	92,625	93,600	94,575	95,550	96,525	97,500	25
26	95,316	96,330	97,344	98,358	99,372	100,386	101,400	26
27	98,982	100,035	101,088	102,141	103,194	104,247	105,300	27
28	102,648	103,740	104,832	105,924	107,016	108,108	109,200	38
29	106,314	107,445	108,576	109,707	110,838	111,969	113,100	29
30	109,080	111,150	112,320	113,490	114,660	115,830	117,000	30

Epaisseur m/m	Largeur en millimètres.							Epaisseur m/m
	505	510	515	520	525	530	535	
5	19k695	19k890	20k085	20,280	20k475	20k670	20k865	5
6	23,634	23,868	24,102	24,336	24,570	24,804	25,038	6
7	27,573	27,846	28,119	28,392	28,665	28,938	29,211	7
8	31,512	31,824	32,136	32,448	32,760	33,072	33,384	8
9	35,451	35,802	36,153	36,504	36,855	37,206	37,557	9
10	39,390	39,780	40,170	40.560	40,950	41,340	41,730	10
11	43,329	43,758	44,187	44,616	45,045	45,474	45.903	11
12	47,268	47,736	48,204	48,672	49,140	49,608	50,076	12
13	51,207	51,714	52,221	52,723	53,235	53,742	54,249	13
14	55,146	55,692	5[illegible]38	56,784	57,330	57,876	58,422	14
15	59,085	59,670	60,255	60,840	61,425	62,010	62,595	15
16	63,024	63,648	64,272	64,896	65,520	66,144	66,768	16
17	66,963	67,626	68,289	68,952	69,615	70,278	70,941	17
18	70,902	71,604	72,306	73,008	73,710	74,412	75,114	18
19	74,841	75,582	76,323	77,064	77,805	78,516	79,287	19
20	78,780	79,560	80,340	81,120	81,900	82,680	83,460	20
21	82,719	83,538	84,357	85,176	85,995	86,814	87,633	21
22	86,658	87,516	88,374	89,232	90,090	90,948	91,806	22
23	90,597	91,494	92,301	93,288	94,185	95,082	95,979	23
24	94.536	95,472	96,408	97,344	98,280	99,216	100,152	24
25	98,475	99,450	100,425	101,400	102,375	103,350	104,325	25
26	102,414	103,428	104,442	105,456	106,470	107,484	108,498	26
27	106,353	107,406	108,459	109,512	110,565	111,618	112,671	27
28	110,292	111,384	112,476	113,568	114,660	115,752	116,844	28
29	114,231	115,362	116,493	117,624	118,755	119,886	121,017	29
30	118,170	119,340	120,510	121,680	122.850	124,020	125,190	30

Fers ronds et fers carrés (Poids au mètre courant)

Diamètre ou côté m/m	FERS RONDS Section m/m²	FERS RONDS Poids du mètre.	FERS CARRÉS Section m/m²	FERS CARRÉS Poids du mètre.	Diamètre ou côté m/m	FERS RONDS Section m/m²	FERS RONDS Poids du mètre.	FERS CARRÉS Section m/m²	FERS CARRÉS Poids du mètre.
1	1	0k006	1	0k008	26	531	4k141	676	5k273
2	3	0,024	4	0,031	27	573	4,466	729	5,686
3	7	0,055	9	0,070	28	616	4,803	784	6,115
4	13	0,098	16	0,125	29	661	5,152	841	6,560
5	20	0,153	25	0,195	30	707	5,514	900	7,020
6	28	0,221	36	0,281	31	755	5,887	961	7,496
7	38	0,300	49	0,382	32	804	6,273	1024	7,987
8	50	0,392	64	0,499	33	855	6,671	1089	8,494
9	64	0,496	81	0,632	34	908	7,082	1156	9,017
10	79	0,613	100	0,780	35	962	7,504	1225	9,555
11	95	0,741	121	0,944	36	1018	7,939	1296	10,109
12	113	0,882	144	1,123	37	1075	8,387	1369	10,678
13	132	1,035	169	1,318	38	1134	8,846	1444	11,263
14	154	1,201	196	1,529	39	1195	9,318	1521	11,864
15	177	1,378	225	1,755	40	1257	9,802	1600	12,480
16	201	1,568	256	1,997	41	1320	10,298	1681	13,112
17	227	1,770	289	2,254	42	1385	10,806	1764	13,759
18	254	1,985	324	2,527	43	1452	11,327	1849	14,422
19	284	2,212	361	2,816	44	1521	11,860	1936	15,101
20	314	2,450	400	3,120	45	1590	12,405	2025	15,795
21	346	2,702	441	3,440	46	1662	12,963	2116	16,505
22	380	2,965	484	3,775	47	1735	13,533	2209	17,230
23	415	3,241	529	4,126	48	1810	14,115	2304	17,971
24	452	3,529	576	4,493	49	1886	14,709	2401	18,728
25	490	3,829	625	4,875	50	1963	15,315	2500	19,500

Dimensions des rivets et boulons

et trusquinage des cornières correspondantes.

Dimension des cornières	Trusquinage des cornières t	Diamètre des rivets ou boulons d	Sections m/m²	Rivets. Largeur des têtes d' m/m	Rivets. Épaisseur des têtes e m/m	Rivets. Rayon r m/m	Rivets. Poids des 100 têtes	BOULONS Poids des 100 têtes. Têtes hautes	BOULONS Poids des 100 têtes. Têtes basses	Observations
35 × 35	20 m/m	8 m/m	50,3	13	4,8	6,9	0k30	1k04	0k69	
40 × 40	22	10	78,5	17	6,0	8,6	0,58	2,03	1,35	
45 × 45	25	12	113,1	20	7,2	10,3	1,00	3,50	2,33	
50 × 50 55 × 55	28 30	14	153,9	23	8,4	12,0	1,59	5,56	3,71	
60 × 60 65 × 65	33 36	16	201,1	27	9,6	13,8	2,39	8,30	5,53	
70 × 70 75 × 75	40 42	18	254,5	30	10,8	15,6	3,40	11,82	7,88	d = diam. du rivet. s = 1/3 de d. e = 0.60 de d. r = 0.80 de d.
80 × 80 85 × 85	45 48	20	314,2	33	12,0	17,2	4,66	16,21	10,81	
90 × 90 95 × 95	50 53	22	380,1	37	13,2	18,9	6,19	21,58	14,39	
100 × 100	58	23	415,5	38	13,8	19,8	7,93	24,66	16,44	
110 × 110 120 × 120	61 67	25	490,9	42	15,0	21,5	9,10	31,66	21,11	h tête basse = 2/3 d. h tête haute = d.

Poids théoriques du mètre courant des cornières égales
(Pour les cornières inégales, voir pages 76 et 77).

Côtés m/m	Epaisseur en millimètres.								
	3	4	5	6	7	8	9	10	11
	kg	kg	kg	kg	kg	kg	kg	kg	kg
15	0,632	0,811	»	»	»	»	»	»	»
20	0,866	1,123	1,365	1,591	»	»	»	»	»
25	1,100	1,435	1,755	2,059	»	»	»	»	»
30	1,334	1,747	2,145	2,527	2,894	»	»	»	»
35	»	2,059	2,535	2,995	3,440	3,869	»	»	»
40	»	2,371	2,925	3,463	3,986	4,493	»	»	»
45	»	2,683	3,315	3,931	4,532	5,117	5,686	»	»
50	»	»	3,705	4,399	5,078	5,741	6,388	7,020	»
55	»	»	4,095	4,867	5,624	6,365	7,090	7,800	8,494
60	»	»	4,485	5,335	6,170	6,989	7,792	8,580	9,352
65	»	»	4,875	5,803	6,716	7,613	8,494	9,360	10,210

Côtés m/m	Epaisseur en millimètres.								
	7	8	9	10	11	12	13	14	15
	kg	kg	kg	kg	kg	kg	kg	kg	kg
70	7,262	8,23	9,196	10.140	11,068	11,9[illegible]1	»	»	»
75	7,808	8,861	9,898	10.920	11,926	12,917	»	»	»
80	8,354	9,485	10.600	11,700	12,784	13,853	14,906	15,943	16,965
85	»	10,109	11,302	12,480	13,612	14,789	15,920	17,035	18,135
90	»	10,733	12,004	13,260	14,500	15,725	16,934	18,127	19,305
95	»	»	12,706	14,040	15,358	16,661	17,948	19,219	20,475
100	»	»	13,408	14,[illegible]20	16,216	17,597	18,962	20,311	21,645
110	»	»	»	16,380	17,932	19,469	20,990	22,495	23,985
120	»	»	»	»	19,648	21,341	23,018	24,679	26,325

CHAPITRE III

FORMULES ET RENSEIGNEMENTS

§ 1. — FORMULES SERVANT AU CALCUL DU CISAILLEMENT LONGITUDINAL

Les formules employées dans les calculs qui suivent sont presque toutes d'un usage courant, et elles ne nécessitent pas de développements ; il y a peut-être une exception à faire

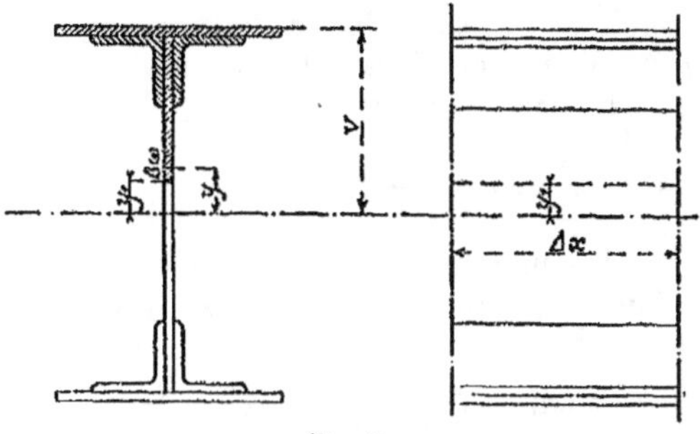

Fig. 8.

pour celles qui se rapportent au cisaillement longitudinal et qui sont moins connues ; elles peuvent s'établir comme suit :

Considérons une section de poutre (fig. 8).

Désignons par :

T l'effort tranchant agissant dans la section,

μ le moment fléchissant,

$\Delta\omega$ un élément très petit de surface de la section,

y l'ordonnée du centre de gravité de l'élément $\Delta\omega$ par rapport à la fibre moyenne prise comme axe,

R le coefficient de travail dans l'élément $\Delta\omega$,

v l'ordonnée de la fibre extrême.

Les coefficients de travail sont proportionnels au moment μ et aux ordonnées y.

On a la formule connue :

$$R = \frac{\mu y}{I}. \qquad (1)$$

La somme des efforts agissant normalement à la section, dans la partie de la section hachurée comprise entre une ordonnée quelconque y_1 et l'ordonnée v de la fibre extrême, a pour expression :

$$N = \Sigma_{y_1}^{v} \Delta\omega.R = \frac{\mu}{I} \Sigma_{y_1}^{v} y.\Delta\omega. \qquad (2)$$

Considérons une seconde section à une distance Δx très petite de la première et identique à celle-ci.

Nous admettrons que l'effort tranchant T ne change pas d'une section à l'autre, ce qui revient à supposer qu'il n'y a pas d'application de charge sur la longueur Δx.

Désignons par μ' le moment dans cette nouvelle section.

On aura comme précédemment :

$$N' = \Sigma_{y_1}^{v} \Delta\omega R' = \frac{\mu'}{I} \Sigma_{y_1}^{v} y\Delta\omega. \qquad (3)$$

L'effort de cisaillement longitudinal S entre les deux sections dans la fibre y_1, aura pour expression la différence $N - N'$:

$$S = \Sigma_{y_1}^{v} \Delta\omega(R - R') = \frac{\mu - \mu'}{I} \Sigma_{y_1}^{v} y\Delta\omega.$$

On sait que :

$$T\Delta x = \mu - \mu'. \qquad (4)$$

On pourra donc écrire :

$$S = \frac{T.\Delta x}{I} \Sigma_{y_1}^{v} y\Delta\omega = \frac{T.\Delta x}{I} m \qquad (5)$$

expression dans laquelle $\Sigma_{y_1}^{v} y\Delta\omega$ est le moment statique des surfaces comprises entre le point y_1 considéré pour le cisaillement et la fibre extrême, moment que nous désignerons par m.

L'effort de cisaillement longitudinal maximum se produit dans la fibre moyenne où m est maximum. Il est pour l'unité de longueur, c'est-à-dire pour $\Delta x = 1$:

$$S = \frac{Tm}{I}, \qquad (6)$$

m étant le moment statique de la demi-section de la poutre par rapport à la fibre moyenne.

L'effort de cisaillement longitudinal de la file de rivets reliant les cornières à l'âme de la poutre s'obtient de la même manière, au moyen de la formule (5).

Si l'on prend pour Δx une longueur égale à l'écartement d des rivets, l'effort de cisaillement dans un rivet sera :

$$S_R = \frac{T.d.m_1}{I} \qquad (7)$$

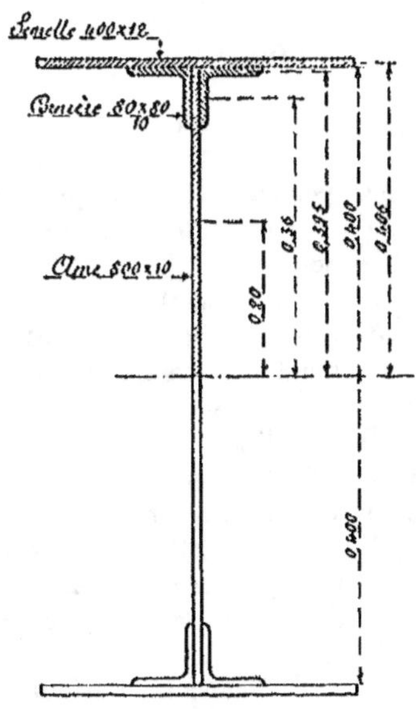

Fig. 9.

où m_1 représente le moment statique de la surface de section des semelles et des cornières.

Le moment statique m de la demi-section est la somme des moments des surfaces de la demi-section, c'est-à-dire la somme des produits des surfaces par la distance de leur centre de gravité à la fibre moyenne.

Exemple (fig. 9) :

Moment statique de l'âme.	$0,400 \times 0,01 \times 0,20$	$= 0,000.800$	
Des cornières :			
Ailes verticales . . .	$2 \times 0,08 \times 0,01 \times 0,36$	$= 0,000.576$	0,001.129
Ailes horizontales . .	$2 \times 0,07 \times 0,01 \times ,0395$	$= 0,000.553$	
De la semelle	$0,400 \times 0,012 \times 0,406$	$= 0,001.949$	
	m	$= 0,003.878$	

Le moment statique m_1 est la somme des moments des surfaces de section des cornières et des semelles.

Pour l'exemple qui précède :

$$m_1 = 0,001.129 + 0,001.949 = 0,003.078$$

§ 2. — RIVURE

Diamètre des rivets

Au sujet des rivets, nous avons à faire remarquer qu'il y a deux manières de compter leur diamètre, suivant qu'on les mesure avant ou après la pose.

Les trous dans lesquels les rivets sont introduits à chaud sont percés à un diamètre ayant un millimètre de plus que le rivet lui-même. Les rivets, chauffés au rouge et comprimés à la pose, remplissent les trous et subissent par conséquent une augmentation de section de 1 millimètre suivant le diamètre. Il nous paraît donc rationnel, dans les calculs, lorsqu'il s'agit de la résistance des rivets au cisaillement, aussi bien que lorsqu'il y a à tenir compte des déductions à faire pour les trous de rivets, de compter la section réelle, c'est-à-dire celle des trous. C'est ce que nous avons fait pour tous les types de ponts que nous présentons.

Plus les rivets sont gros, plus leur pose devient difficile. Dans les ateliers, toute difficulté disparaît, des machines appropriées aux besoins permettent de refouler les rivets dans leurs trous, au moyen de la pression voulue. Mais sur les chantiers la pose se fait en général à la main, surtout lorsqu'il s'agit de petits ouvrages, tels que ceux que nous avons en vue, et la pratique montre que l'emploi des rivets dépassant 22 millimètres de diamètre est à éviter autant que possible. C'est pour cette raison qu'on ne trouvera pas dans les types de ponts donnés dans cet ouvrage, des trous de rivets d'un diamètre dépassant 23 millimètres.

Le diamètre des rivets est à proportionner aux dimensions des ailes des cornières et à l'épaisseur des pièces à assembler.

Voici, à titre d'indication, les dimensions les plus usitées pour les rivets sur cornières :

	Millimètres								
Ailes des cornières.	40	50	60	70	80	90	100	110	120
Diamètre des rivets avant la pose.	10	14	16	18	20	22	22	25	25
Diamètre des rivets après la pose.	*11*	*15*	*17*	*19*	*21*	*23*	*23*	*26*	*26*

Ecartement des rivets. — L'écartement des rivets se détermine théoriquement en tenant compte des efforts qu'ils ont à transmettre ; mais il y a des limites pratiques entre lesquelles il convient de se tenir pour cet écartement. Des trous de rivets trop rapprochés affaiblissent la matière, tandis qu'un très grand écartement des rivets ne permet pas une liaison suffisante ni d'appliquer, sur toute leur surface, les pièces l'une contre l'autre.

A titre d'indication, nous donnons, dans le tableau ci-dessous, les distances minima et maxima correspondant aux rivets de différents diamètres, lorsqu'il s'agit d'assembler des tôles et des plats entre eux ou sur des cornières. Les distances maxima données dans ce tableau pourront être augmentées dans les assemblages de cornières entre elles ou dans le cas d'une tôle serrée entre deux fers profilés, à cause de la raideur propre des cornières.

Les écartements s'entendent de centre à centre des trous.

Nous donnons aussi, à titre d'indication, la distance minima pratique des centres des trous au bord de la tôle ou d'une barre profilée.

Diamètre des rivets	Ecartement minimum d'axe en axe des trous	Ecartement maximum d'axe en axe des trous	Distance minima au bord d'une tôle
—	—	—	—
mm.	mm.	mm.	mm.
12	36	100	26
14	40	120	28
16	45	130	30
18	50	140	32
20	55	150	35
22	65	160	40
25	75	170	50

Longueur des rivets. — Plus les rivets sont longs, plus la rivure est difficile à bien faire, à cause de la matière à refouler pour remplir les trous. La longueur maxima du corps du rivet, par conséquent l'épaisseur des pièces à assembler, ne doit guère dépasser cinq fois le diamètre du rivet employé.

§ 3. — CORNIÈRES ET FERS PROFILÉS

Les cornières à branches égales, fabriquées par les forges, sont indiquées dans les tables, pages 74 et 75. Au point de vue du choix à faire entre ces cornières, il est utile de signaler que celles dont les ailes ont 50, 60, 70, 80, 90, 100 mm. sont les plus courantes.

La position des trous de rivets dans les cornières, désignée par trusquinage dans le tableau de la page 90, est donnée pour tous les échantillons de cornières ; celle du tableau a été adoptée dans l'établissement des moments d'inertie des tables.

Les cornières à branches inégales ne sont pas aussi courantes que celles à branches égales ; elles se laminent plus rarement et leurs profils varient d'une forge à l'autre. Il est donc préférable de n'adopter, autant que possible, que des cornières à branches égales.

D'une manière générale, nous conseillons de ne faire choix dans l'établissement des projets que des fers profilés d'une fabrication courante et de s'assurer, avant de les employer, qu'ils se trouvent dans les albums de plusieurs forges.

Nous avons dit que les diamètres des rivets devaient être proportionnés aux dimensions des sections des cornières. Les cornières, à leur tour, sont à proportionner aux dimensions des semelles, lorsqu'il s'agit des poutres.

La largeur des ailes et l'épaisseur des cornières seront d'autant plus grandes que les semelles seront plus larges et plus épaisses.

§ 4. — CALCULS RELATIFS AUX RIVETS, AU VENT ET AUX FLÈCHES

Les calculs qui suivent ont été faits suivant les prescriptions de la circulaire ministérielle des travaux publics du 20 août 1891. Cette circulaire spécifie que les calculs de la rivure, ceux de la résistance au vent et la détermination des flèches sous l'action des charges, seront fournis à l'appui des projets.

On trouvera pour chacun des types, dans leurs notes correspondantes, les calculs relatifs à la rivure courante et aux attaches.

Les calculs de la résistance au vent n'ont été faits que pour le pont de 30 mètres; ils montrent que pour cette portée et par conséquent pour les portées moindres, les efforts du vent ne conduisent à aucun renforcement. Pour ces motifs et pour ne pas allonger inutilement les notes, nous nous sommes dispensés de répéter ces calculs pour les autres types.

La détermination des flèches se trouve à la fin de chacune des notes de calculs. La formule employée est celle dont on se sert généralement. Elle suppose une section constante égale à la section moyenne, et elle néglige la déformation, d'ailleurs très petite, des treillis; elle n'est donc pas rigoureuse, mais elle donne une exactitude bien suffisante pour les poutres de petite portée ne dépassant pas 30 mètres.

§ 5. — FER OU ACIER

La circulaire ministérielle des travaux publics se rapporte à l'emploi du fer et de l'acier. Actuellement l'acier doux a pris la place du fer dans les constructions métalliques telles que les ponts et les charpentes. La préférence de l'acier au fer s'explique par ce fait que l'acier, sans être d'un prix plus élevé que le fer, a sur ce dernier l'avantage d'être à la fois plus homogène et plus résistant, tout en ayant un allongement élastique beaucoup plus grand. C'est ce qui nous a conduit à ne considérer que des types de ponts en acier.

§ 6. — JOINTS

Nous n'avons pas indiqué sur les dessins l'emplacement et la disposition des joints dans les poutres, parce que le nombre de ces joints, et par conséquent leur position, dépend à la fois du poids que l'on peut donner aux tronçons eu égard aux facilités de transport et des habitudes du constructeur chargé de l'exécution ; mais nous pensons qu'il peut être utile de rappeler les conditions que doit remplir un joint[1]. Elles peuvent se résumer comme suit : *Le joint devra être tel qu'aucune section droite ou en escalier n'ait une résistance moindre que la section courante, les sections des rivets étant comptées pour* $\frac{4}{5}$ *de leur valeur dans la résistance totale.*

Couvre-joints d'âmes

Désignons par :

Ω la section nette de l'âme ;

Ω_j la section d'un couvre-joint d'âme ;

ω la section réduite d'un trou de rivet égale aux $\frac{4}{5}$ de la section réelle ;

1. Nous ne donnons ici que ce qui se rapporte aux joints les plus courants ; la question des joints en général est traitée dans notre *Statique graphique*, chap. X.

n le nombre de rivets d'un même côté du joint.

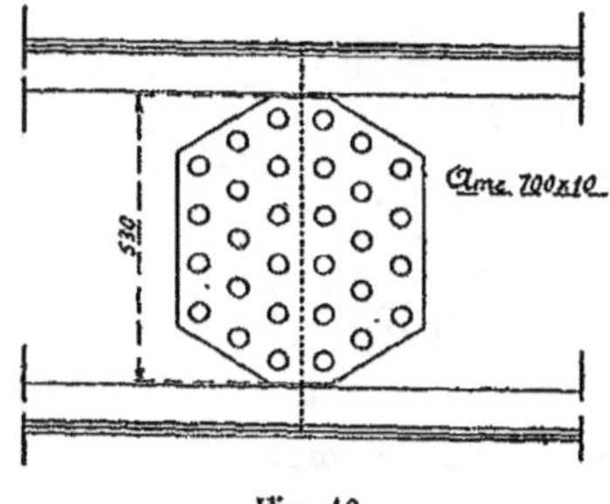

Fig. 10.

Les conditions que devra remplir un joint avec double couvre-joint peuvent s'exprimer par :

(1) $$2\Omega_j \geqq \Omega$$

(2) $$n\omega \geqq \frac{\Omega}{2}.$$

Couvre-joints de semelles

Désignons par :

Ω la section nette d'une semelle ;

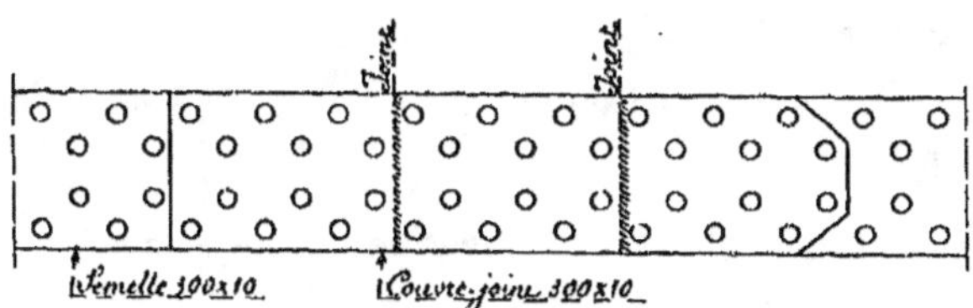

Fig. 11.

Ω_j la section nette d'un couvre-joint ;

ω la section réduite d'un trou de rivet égale aux $\frac{4}{5}$ de la section réelle ;

n le nombre de rivets entre deux joints voisins de semelles ;

n_c le nombre de rivets entre un joint et l'extrémité du couvre-joint.

Les conditions que devra remplir un joint seront données par les formules suivantes :

(3) $\Omega_j \geqq \Omega,$

(4) $n\omega \geqq \Omega,$

(5) $n_c\omega \geqq \Omega.$

Couvre-joints de cornières

Considérons les joints des deux cornières disposés comme l'indique la figure 12 ; c'est la disposition la plus généralement adoptée.

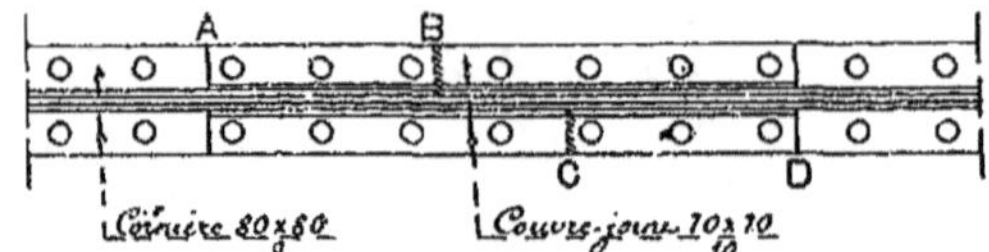

Fig. 12.

Désignons par :

Ω la section nette d'une cornière ;

Ω_j celle du couvre-joint ;

ω la section réduite d'un trou de rivet égale aux $\frac{4}{5}$ de la section réelle ;

$n = \frac{\Omega}{\omega}$ étant le nombre de rivets correspondant à la cornière comme section ;

m_h le nombre des rivets sur une aile horizontale entre un des deux joints B ou C et l'extrémité correspondante d'un couvre-joint ;

m_v le nombre des rivets sur l'aile verticale dans l'une des parties AB ou CD ;

p_h le nombre de rivets dans l'aile horizontale d'une cornière entre les points B et C ;

p_v le nombre de rivets dans l'aile verticale de la même partie BC.

Les conditions à remplir par un joint de cornières sont les suivantes :

(6) $$p_v \geqq \frac{2\Omega - 2\Omega_j}{\omega},$$

(7) $$2m_h + 2m_v + p_v \geqq 2n,$$

(8) $$m_h + 2m_v \geqq n,$$

(9) $$\Omega_j + p_v\omega + m_v\omega + m_h\omega \geqq 2\Omega.$$

Appliquons ces formules à un exemple, la poutre du pont de 10 mètres.

Ame, fig. 10. — Section de l'âme : $700 \times 10 = 7.000$ mm².

Section d'un couvre-joint : $530 \times 8 = 4.240$ mm².

ω section réduite d'un trou de rivet de 21 mm.:

$$346 \times \frac{4}{5} = 277 \text{ mm}^2.$$

Nombre de rivets d'un côté du joint : $n = 15$.

La formule (1) donne : $2 \times 4.240 = 8.480 > 7.000$.

La formule (2) donne : $15 \times 277 = 4.155 > 3.500$.

Semelles, fig. 11. — 2 semelles : 300×10.

Section d'une semelle : $300 \times 10 = 3.000$.

Section Ω_j d'un couvre-joint de semelle : $300 \times 10 = 3.000$.

ω section réduite d'un trou de rivet : $346 \times \frac{4}{5} = 277$ mm².

n le nombre de rivets entre deux joints $= 12$.

n_e le nombre de rivets entre un joint et l'extrémité du couvre-joint $= 12$.

La formule (3) donne : $3.000 = 3.000$.

La formule (4) donne : $12 \times 277 = 3.324 > 3.000$.

La formule (5) donne : $12 \times 277 = 3.324 > 3.000$.

Cornières, fig. 12. — Section d'une cornière de $80 \times 80 \times 9$ $\Omega = 1.359$ mm².

Section d'un couvre-joint : $70 \times 70 \times 10$, $\Omega_j = 1.300$ mm².

Section réduite d'un trou de rivet de 21 mm. : 277 mm².

$$n = \frac{\Omega}{\omega} = \frac{1.359}{277} = 5$$

$$m_h = 3$$

$$m_v = 2$$

$$p_h = 1$$

$$p_v = 2$$

Les conditions à remplir par un joint sont :

(6) $$1 > \frac{2 \times 1.359 - 2 \times 1.300}{277} \text{ ou } 1 > \frac{118}{277}$$

(7) $$2 \times 3 + 2 \times 2 + 1 \geqq 2 \times 5 \text{ ou } 11 > 10$$

(8) $$3 + 2 \times 2 > n \text{ ou } 7 > 5$$

(9) $$1.300 + 2 \times 277 + 1 \times 277 + 3 \times 277 > 2 \times 1.359$$

$$\text{ou } \quad 2.962 > 2.718.$$

CHAPITRE IV

PONT MÉTALLIQUE DE 4 MÈTRES D'OUVERTURE, A UNE VOIE CHARRETIÈRE

(Pl. 1)

Section I. — CALCUL D'UNE ENTRETOISE

(Portée de 2 mètres)

§ 1. — CHARGE PERMANENTE

1° *Détermination de la charge permanente par mètre courant d'entretoise* [1]

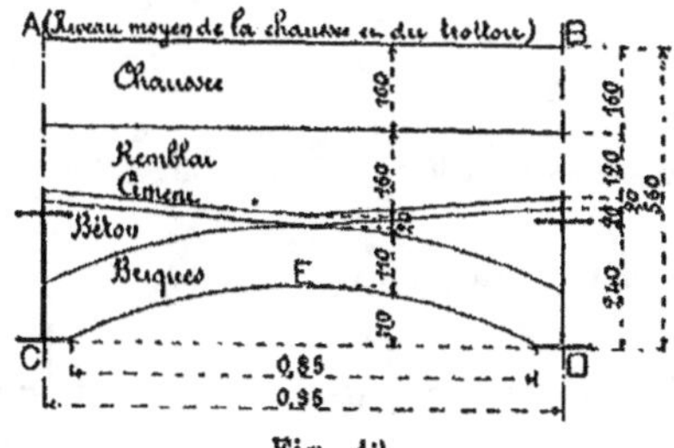

Fig. 13.

Volume total ABCD : $0,95 \times 0,56 = 0 \text{ m}^3\ 532$

A déduire le volume CED : $\frac{2}{3}\ 0,85 \times 0,11 = 0 \text{ m}^3\ 062$

Reste pour le volume total de la charge permanente : $0 \text{ m}^3\ 470$

1. D'après la méthode de M. Henry, inspecteur général des ponts et chaussées (*Formules, barèmes et tableaux*, page 470).

Ce volume se décompose comme il suit :

Voûte :	$1,00 \times 0,11 = 0,110$	0 m³ 414
Chape :	$0,95 \times 0,02 = 0,019$	
Remblai :	$0,95 \times \frac{0,16 + 0,12}{2} = 0,133$	
Chaussée :	$0,95 \times 0,16 = 0,152$	
Béton :	$0,470 - 0,414 =$	0 m³ 056
	Total :	0 m³ 470

La charge permanente peut dès lors s'évaluer ainsi :

Métal :		42 kg.
Voûte :	$0,110 \times 1.800 =$	198 kg.
Chape :	$0,019 \times 2.000 =$	38 kg.
Remblai :	$0,133 \times 1.400 =$	186 kg.
Chaussée :	$0,152 \times 2.100 =$	319 kg.
Béton :	$0,056 \times 2.100 =$	117 kg.
Total de la charge permanente par mètre courant d'entretoise :		900 kg.

2° *Moment fléchissant maximum dû à la charge permanente* :

$$M_1 = \frac{900 \times \overline{2,00}^2}{8} = 450 \text{ kgm.}$$

§ 2. — SURCHARGE ROULANTE

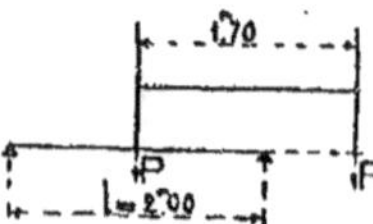

Fig. 14.

Le moment fléchissant maximum a pour expression :

$$M = \frac{Pl}{4} \qquad M = 0,50P$$

d'où :

Avec les tombereaux de 6.000 kg. :

$$M_2 = 0,50 \times 3.000 = 1.500 \text{ kgm.}$$

Avec les charrettes de 11.000 kg. :

$$M_3 = 0,50 \times 5.500 = 2.750 \text{ kgm.}$$

§ 3. — SURCHARGE DU TROTTOIR

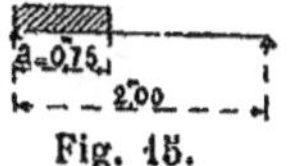

Fig. 15.

Le moment fléchissant au milieu de l'entretoise a pour expression :

$$M = \frac{pa^2}{4} \text{ [1]}$$

$$p = 400 \times 0,95 = 380 \text{ kg.}$$

d'où :

$$M_4 = \frac{380 \times \overline{0,75}^2}{4} = 53 \text{ kgm.}$$

§ 4. — CHARGE PERMANENTE ET SURCHARGE

Le moment fléchissant a, en totalité, pour valeur :
Avec les tombereaux de 6.000 kg. :

$$M_1 + M_2 + M_4 = 2.003 \text{ kgm.}$$

Avec les charrettes de 11.000 kg. :

$$M_1 + M_3 + M_4 = 3.253 \text{ kgm.}$$

§ 5. — TRAVAIL DU MÉTAL

1° *Flexion.* — Valeur du moment d'inertie I, de la section ci-contre :

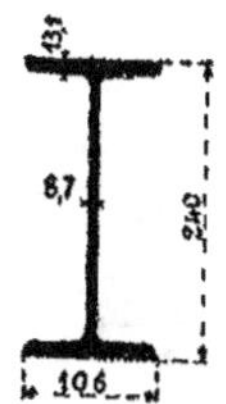

Fig. 16.

$$I = 0,000.0428$$

d'où :

$$\frac{I}{V} = \frac{0,000.0428}{0,120} = 0,000.357.$$

Le travail du métal par millimètre carré est dès lors :

Avec les tombereaux de 6.000 kg. :

1. Henry, page 6.

$$\frac{2.003}{357} = 5 \text{ kg. } 6.$$

(Limite réglementaire de 8 kg. 5).

Avec les charrettes de 11.000 kg. :

$$\frac{3.253}{357} = 9 \text{ kg. } 1.$$

(Limite réglementaire de 8,5 + 1,0 = 9 kg. 5).

2° *Cisaillement longitudinal de l'âme.* — L'effort S de cisaillement longitudinal de l'âme, par mètre courant, est donné par la formule, page 94 :

$$S = \frac{Tm}{I}.$$

T étant l'effort tranchant maximum;

m le moment statique, par rapport à la fibre neutre, de la demi-section située d'un même côté de cette fibre neutre ;

I le moment d'inertie de la section entière.

Effort tranchant maximum T. — L'effort tranchant maximum dû à la charge permanente est égal à :

$$T_1 = \frac{900 \times 2,00}{2} = 900 \text{ kg.}$$

Quant à l'effort tranchant maximum dû à la surcharge roulante, il se produit lorsqu'une charrette de 11.000 kg. occupe la position ci-contre. Il a pour valeur :

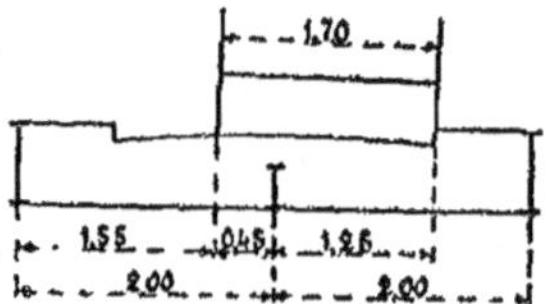

Fig. 17.

$$T_2 = \frac{5.500 \times 1,55}{2,00} = 4.262 \text{ kg.}$$

L'effort tranchant dû à la surcharge du trottoir, du côté de la poutre intermédiaire, est égal à :

$$T_3 = \frac{400 \times 0,95 \times 0,75 \times 0,375}{2,00} = 53 \text{ kg.}$$

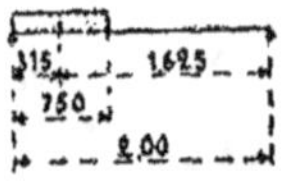

L'effort tranchant maximum a donc en totalité pour valeur :

Fig. 18.

$$T_1 + T_2 + T_3 = 5.215 \text{ kg.}$$

Le moment statique m a pour valeur :

$$m = 0,000.207.$$

On a dès lors :

$$S = \frac{5.215 \times 0,000.207}{0,000.0428} = 25.222 \text{ kg.}$$

d'où l'on déduit pour le travail de l'âme, par millimètre carré :

$$\frac{25.222}{1.000 \times 8,7} = 2 \text{ kg. } 9.$$

$$\left(\text{Limite réglementaire de } 9,5 \times \frac{4}{5} = 7 \text{ kg. } 6\right).$$

3° *Cisaillement vertical de l'âme.* — La section nette de l'âme est égale à :

$$(240 - 2 \times 17)\ 8,7 = 1.792 \text{ mm}^2.$$

Le travail du métal ressort en conséquence à :

$$\frac{5.215}{1.792} = 2 \text{ kg. } 9.$$

(Limite réglementaire de 7 kg. 6).

4° *Résistance des rivets d'attache des entretoises sur les poutres.* — Le nombre des rivets, travaillant à double section, est au minimum de 3. Le travail par millimètre carré est donc, au maximum, de :

$$\frac{5.215}{6 \times 227} = 3 \text{ kg. } 83.$$

(Limite réglementaire de 7 kg. 6).

Section II. — CALCUL D'UNE POUTRE DE RIVE

(Portée de 4 m. 50).

§ 1. — CHARGE PERMANENTE

La charge permanente, par mètre courant de poutre, peut s'évaluer ainsi qu'il suit :

Métal (non compris les entretoises) : 103 kg.
Voûtes, béton, chape, remblai et chaussée
(voir calcul de l'entretoise, § 1) : $\frac{900}{0,95} \times 1,0 = 947$ kg.

Total : 1.050 kg.

Moment fléchissant maximum dû à la charge permanente :

$$M_1 = \frac{1.050 \times \overline{4,50}^2}{8} = 2.658 \text{ kgm.}$$

§ 2. — SURCHARGE ROULANTE

$b = 1$ m. 25

$i = 2$ m.

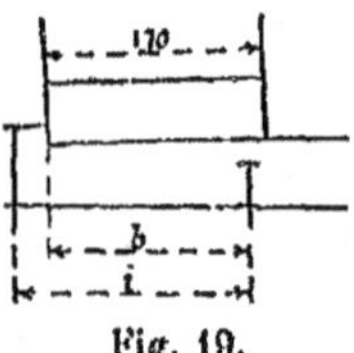

Fig. 10.

Le moment fléchissant de la poutre de rive peut s'obtenir en multipliant par le coefficient k, ci-dessous, le moment fléchissant produit par un convoi de voitures dont les résultantes des charges passeraient par l'axe de la poutre :

$$k = \frac{b}{2i}$$ [1]

soit :

$$k = 0,312.$$

Quant au moment fléchissant déterminé au milieu de la poutre par le convoi supposé dans l'axe de cette poutre, il a pour valeur :

Avec les tombereaux de 6.000 kg. :

6.750 kgm. [2].

Avec les charrettes de 11.000 kg. :

12.375 kgm. [3].

1. Henry, page 128.
2. Henry, page 330 (par interpolation).
3. Henry, page 338 (par interpolation).

Il en résulte que le moment de la poutre de rive, en son milieu, est égal à :

Avec les tombereaux de 6.000 kg. :

$$M_2 = 6.750 \times 0,312 = 2.106 \text{ kgm.}$$

Avec les charrettes de 11.000 kg. :

$$M_3 = 12.375 \times 0,312 = 3.861 \text{ kgm.}$$

§ 3. — SURCHARGE DU TROTTOIR

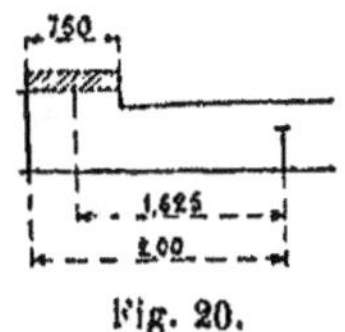

Fig. 20.

Montant de cette surcharge par mètre courant de poutre de rive :

$$\frac{400 \times 0,75 \times 1,625}{2,00} = 243 \text{ kg.}$$

Moment fléchissant maximum dû à la surcharge du trottoir :

$$M_4 = \frac{243 \times \overline{4,50}^2}{8} = 615 \text{ kgm.}$$

§ 4. — CHARGE PERMANENTE ET SURCHARGE

Le moment fléchissant total, au milieu de la poutre, a pour valeur :

Avec les tombereaux de 6.000 kg. :

$$M_1 + M_2 + M_4 = 5.379 \text{ kgm.}$$

Avec les charrettes de 11.000 kg. :

$$M_1 + M_3 + M_4 = 7.134 \text{ kgm.}$$

§ 4. — TRAVAIL DU MÉTAL

1° *Flexion.* — Valeur du moment d'inertie I de la section ci-contre, déduction faite des trous de rivets[1] :

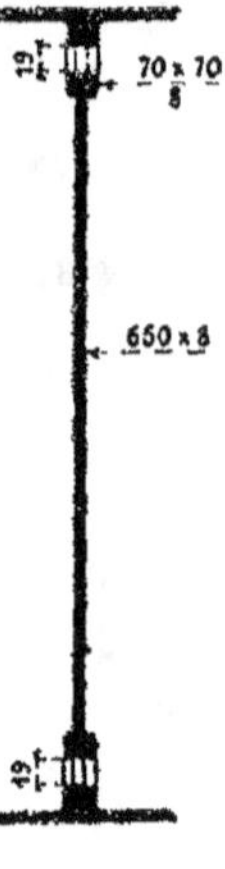

Fig. 21.

Ame : 0,000.159.9
Cornières : 0,000.344.3
I = 0,000.504.2

d'où :

$$\frac{I}{V} = \frac{0{,}000.504.2}{0{,}325} = 0{,}001.551.$$

Le travail du métal par millimètre carré est dès lors :

Avec les tombereaux de 6.000 kg. :

$$\frac{5.379}{1.551} = 3 \text{ kg. } 45.$$

(Limite réglementaire de 8 kg. 5).

Avec les charrettes de 11.000 kg. :

$$\frac{7.134}{1.551} = 4 \text{ kg. } 6.$$

(Limite réglementaire de 9 kg. 5).

2° *Cisaillement longitudinal de l'âme :*

$$S = \frac{Tm}{I}.$$

Effort tranchant maximum T. — L'effort tranchant maximum dû à la charge permanente est égal à :

$$T_1 = \frac{1.050 \times 4{,}50}{2} = 2.362 \text{ kg.}$$

En ce qui concerne l'effort tranchant maximum dû à la charge roulante, il est déterminé par le passage d'un convoi de charrettes de 11.000 kg. Il peut s'obtenir en multipliant par le coefficient $k = 0{,}312$, indiqué au § 2, l'effort tranchant

1. D'après les tableaux des moments d'inertie de la Compagnie des chemins de fer de l'Est.

produit par un convoi dont les résultantes des charges passeraient par l'axe de la poutre. Ce dernier effort a pour valeur 11.267 kg. au droit des appuis[1].

Il en résulte que l'effort tranchant maximum, dû à la surcharge roulante, a pour valeur :

$$T_2 = 11.267 \times 0{,}312 = 3.515 \text{ kg.}$$

Quant à l'effort tranchant dû à la surcharge du trottoir, il a pour valeur :

$$T_3 = \frac{243 \times 4{,}50}{2} = 547 \text{ kg.}$$

L'effort tranchant maximum est donc en totalité :

$$T_1 + T_2 + T_3 = 6.424 \text{ kg.}$$

Moment statique m. — Il s'établit ainsi qu'il suit :

Ame :	0,000.422.5
Cornières :	0,000.643.3
	0,001.065.8
A déduire pour trous de rivets :	0,000.130.0
m =	0,000.935.8

On a dès lors :

$$S = \frac{6.424 \times 0{,}000.935.8}{0{,}000.504.2} = 11\,923 \text{ kg.}$$

d'où l'on déduit pour le travail de l'âme par millimètre carré :

$$\frac{11.923}{1.000 \times 8} = 1 \text{ kg. } 49$$

(Limite réglementaire de 7 kg. 6).

3° *Cisaillement vertical de l'âme.* — La section nette de l'âme est égale à :

$$(650 - 2 \times 19)\, 8 = 4.896 \text{ mm}^2.$$

1. Henry, page 316 (par interpolation).

Le travail de l'âme par millimètre carré ressort en conséquence à :

$$\frac{6.424}{4.896} = 1 \text{ kg. } 32$$

(Limite réglementaire de 7 kg. 6).

4° *Résistance des rivets d'attache des cornières sur l'âme :*

$$S_R = \frac{T.d.m_1}{I}$$

m_1 étant le moment statique des cornières situées d'un même côté de la fibre neutre, par rapport à cette fibre neutre,

$$m_1 = 0{,}000.643.3 - 0{,}000.086.6 = 0{,}000.556.7 \;;$$

d l'écartement des rivets, soit 0 m. 125.

On trouve ainsi :

$$S_R = \frac{6.424 \times 0{,}125 \times 0{,}000.556.7}{0{,}000.504.2} = 886 \text{ kg.}$$

La section d'un rivet de 19 mm. étant de 283 mm², et chaque rivet travaillant à double section, on en déduit, pour le travail des rivets par millimètre carré :

$$\frac{886}{2 \times 283} = 1 \text{ kg. } 57$$

(Limite réglementaire de 7 kg. 6).

Section III. — CALCUL DE LA POUTRE INTERMÉDIAIRE

(Portée de 4 m. 50).

§ 1. — CHARGE PERMANENTE

La charge permanente, par mètre courant de poutre, peut s'évaluer ainsi qu'il suit :

Métal (non compris les entretoises) : 116 kg.

Voûtes, béton, chape, remblai et chaussée (voir calcul de l'entretoise, § 1) : $\frac{900}{0{,}95} \times 2{,}0 =$ 1.894 kg.

Total : 2.010 kg.

Moment fléchissant maximum dû à la charge permanente :

$$M_1 = \frac{2.010 \times \overline{4,50}^2}{8} = 5.088 \text{ kgm.}$$

§ 2. — SURCHARGE ROULANTE

$$i = 2 \text{ m. } 00.$$

Le moment fléchissant maximum de la poutre peut s'obtenir en multipliant par le coefficient k' ci-après, le moment fléchissant produit par un convoi de voitures dont les charges passeraient par l'axe de la poutre :

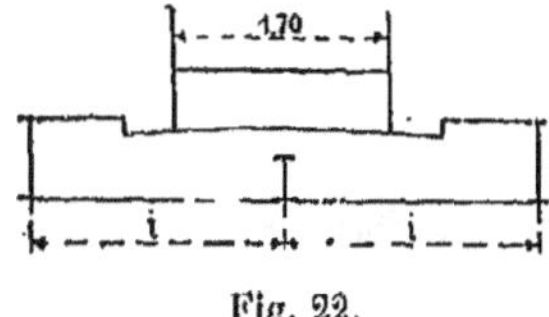

Fig. 22.

$$k' = \frac{i - 0,85}{i} \text{ [1]}$$

soit :

$$k' = 0,575.$$

Quant au moment fléchissant déterminé au milieu de la poutre par le convoi passant par l'axe de cette poutre, il a pour valeur :

Avec les tombereaux de 6.000 kg. :

6.750 kgm.[2].

Avec les charrettes de 11.000 kg. :

12.375 kgm.[3].

Il en résulte que le moment fléchissant de la poutre intermédiaire, en son milieu, est égal à :

Avec les tombereaux de 6.000 kg. :

$$M_2 = 6.750 \times 0,575 = 3.881 \text{ kgm.}$$

Avec les charrettes de 11.000 kg. :

$$M_3 = 12.375 \times 0,575 = 7.116 \text{ kgm.}$$

1. Henry, page 420.
2. Henry, page 336 (par interpolation).
3. Henry, page 338 (par interpolation).

§ 3. — SURCHARGE DU TROTTOIR

Montant de cette surcharge par mètre courant de poutre intermédiaire :

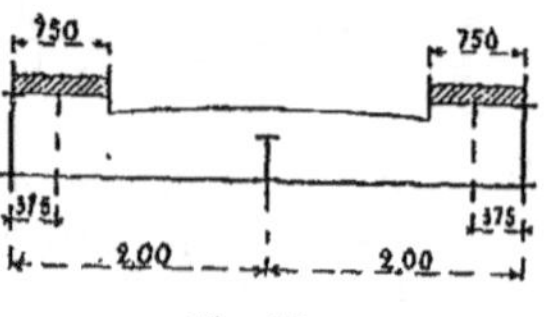

Fig. 23.

$$2 \times \frac{400 \times 0{,}75 \times 0{,}375}{2{,}00} = 112 \text{kg}.$$

Moment fléchissant maximum dû à la surcharge du trottoir :

$$M_4 = \frac{112 \times \overline{4{,}50}^2}{8} = 283 \text{ kgm}.$$

§ 4. — CHARGE PERMANENTE ET SURCHARGE

Le moment fléchissant total, au milieu de la poutre, a pour valeur :

Avec les tombereaux de 6.000 kg. :

$$M_1 + M_2 + M_4 = 9.252 \text{ kgm}.$$

Avec les charrettes de 11.000 kg. :

$$M_1 + M_3 + M_4 = 12.487 \text{ kgm}.$$

§ 5. — TRAVAIL DU MÉTAL

1° *Flexion*. — Valeur du moment d'inertie I de la section ci-contre, déduction faite des trous de rivets[1] :

Ame :	0,000.028.6
Cornières :	0,000.106.4
Semelles :	0,000.115.3
	0,000.250.3

d'où :

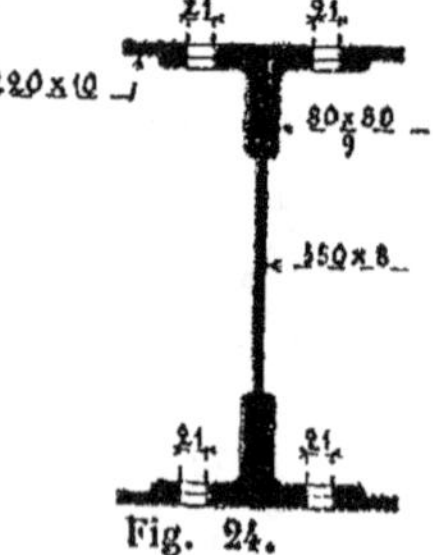

Fig. 24.

1. D'après les tableaux des moments d'inertie de la Compagnie des chemins de fer de l'Est.

$$\frac{I}{V} = \frac{0.000.250.3}{0,185} = 0,001.353.$$

Le travail du métal par millimètre carré est dès lors :
Avec les tombereaux de 6.000 kg. :

$$\frac{9.252}{1.353} = 6 \text{ kg. } 85$$

(Limite réglementaire de 8 kg. 5).

Avec les charrettes de 11.000 kg. :

$$\frac{12.487}{1.333} = 9 \text{ kg. } 2$$

(Limite réglementaire de 9 kg. 5).

2° *Cisaillement longitudinal de l'âme :*

$$S = \frac{Tm}{I}.$$

Effort tranchant maximum T. — L'effort tranchant maximum dû à la charge permanente est égal à :

$$T_1 = \frac{2.010 \times 4.50}{2} = 4.522 \text{ kg.}$$

Quant à l'effort tranchant maximum dû à la surcharge roulante, il est déterminé par le passage des convois de chariots de 11.000 kg. Il peut s'obtenir en multipliant par le coefficient $k' = 0,575$, indiqué au § 2, l'effort tranchant produit par un convoi dont les résultantes des charges passeraient par l'axe de la poutre. Ce dernier effort a pour valeur 11.267 kg. au droit des appuis[1].

Il en résulte que l'effort tranchant maximum dû à la surcharge roulante est égal à :

$$T_2 = 11.267 \times 0,575 = 6.478 \text{ kg.}$$

En ce qui concerne l'effort tranchant dû à la surcharge du trottoir, il a pour valeur :

$$T_3 = \frac{112 \times 4,5}{2} = 252 \text{ kg.}$$

1. Henry, page 346 (par interpolation).

L'effort tranchant maximum est donc en totalité :

$$T_1 + T_2 + T_3 = 11.252 \text{ kg.}$$

Moment statique m — Il s'établit ainsi qu'il suit :

Ame :	0,000.122.5	
Cornières :	0,000.412.3	0,000.808.3
Semelles :	0,000.396.0	
	0,000.930.8	
A déduire pour trous de rivets :	0,000.140.0	
$m =$	0,000.790.8	

On a dès lors :

$$S = \frac{11.252 \times 0.000.790.8}{0,000.250.3} = 35.550 \text{ kg.}$$

d'où l'on déduit pour le travail de l'âme par millimètre carré :

$$\frac{35.550}{1.000 \times 8} = 4 \text{ kg. } 4$$

(Limite réglementaire de 7 kg. 6).

3° *Cisaillement vertical de l'âme.* — La section nette de l'âme est égale à :

$$(350 - 2 \times 21)\ 8 = 2.464 \text{ mm}^2.$$

Le travail de l'âme, par millimètre carré, ressort en conséquence à :

$$\frac{11.252}{2.464} = 4 \text{ kg. } 6.$$

4° *Résistance des rivets d'attache des cornières sur l'âme :*

$$S_R = \frac{T.d.m_1}{I}$$

m_1 étant le moment statique correspondant aux sections des cornières et des semelles situées d'un même côté de la fibre neutre, par rapport à cette fibre neutre, soit :

$$m_1 = 0.000.808.3 - 0,000.140.0 = 0,000.668.3\ ;$$

d, l'écartement des rivets, soit : 0 m. 135.

On trouve ainsi :

$$S_R = \frac{11.252 \times 0,135 \times 0,000.668.3}{0,000.250.3} = 4.055 \text{ kg.}$$

La section d'un rivet de 21 mm. étant de 346 mm², et chaque rivet travaillant à double section, on en déduit pour le travail des rivets par millimètre carré :

$$\frac{4.055}{2 \times 346} = 5 \text{ kg. } 9$$

(Limite réglementaire de 7 kg. 6).

Section IV. — PRESSION SUR LES APPUIS

1° *Poutres de rive.* — L'effort tranchant maximum sur un appui a été trouvé égal à :

6.424 kg.

La surface d'appui sur la pierre du sommier est :

$$30 \times 20 = 600 \text{ cm}^2 ;$$

d'où une pression par centimètre carré de :

$$\frac{6.424}{600} = 10 \text{ kg. } 7.$$

2° *Poutre intermédiaire.* — L'effort tranchant maximum sur appui a été trouvé égal à :

11.252 kg.

La surface d'appui sur la pierre du sommier est :

$$30 \times 22 = 660 \text{ cm}^2 ;$$

d'où une pression par centimètre carré de :

$$\frac{11.252}{660} = 17 \text{ kg.}$$

Section V. — CALCUL DES FLÈCHES

La formule donnant la flèche prise par une poutre, sous l'influence des charges supposées uniformément réparties, est la suivante :

$$f = \frac{5Ml^2}{48EI}.$$

Dans cette formule :

l est la portée de la poutre, soit 4 m. 50 ;

M le moment fléchissant maximum au milieu de la poutre ;

I le moment d'inertie de la poutre ;

E le coefficient d'élasticité de l'acier, soit 20×10^9.

1° *Poutres de rive.* — On a pour cette poutre :

$$I = 0,000.504.2 ;$$

pour la charge permanente :

$$M = 2.658 \text{ kgm.} ;$$

d'où :

$$f' = \frac{5 \times 2.658 \times \overline{4,50}^2}{48 \times 20 \times 10^9 \times 0,000.504.2} = 0 \text{ m}. 000.5 ;$$

pour la surcharge :

$$M = 4.476 \text{ kgm.} ;$$

d'où :

$$f'' = \frac{5 \times 4.476 \times \overline{4,50}^2}{48 \times 20 \times 10^9 \times 0,000.504.2} = 0 \text{ m}. 001.$$

La flèche totale est en conséquence de :

$$f = f' + f'' = 0 \text{ m.}, 001.5.$$

2° *Poutre intermédiaire.* — On a pour cette poutre :

$$I = 0,000.250.3 ;$$

pour la charge permanente :

$$M = 5.088 \text{ kgm.} ;$$

d'où :

$$f' = \frac{5 \times 5.088 \times \overline{4,50}^2}{48 \times 20 \times 10^9 \times 0,000.250.3} = 0 \text{ m}.002.1\ ;$$

pour la surcharge :

$$M = 7.399 \text{ kgm.}\ ;$$

d'où :

$$f'' = \frac{5 \times 7.399 \times \overline{4,57}^2}{48 \times 20 \times 10^9 \times 0,000.250.3} = 0 \text{ m}.\ 003.1.$$

La flèche totale est en conséquence de :

$$f = f' + f'' = 0 \text{ m.}, 0052.$$

Section VI — MÉTRÉ DU PONT DE 4 m. A UNE VOIE

DÉSIGNATION DES PIÈCES	Nombre de pièces	Longueur	Largeur	Epaisseur	Poids par mèt. courant	Poids par pièce	POIDS partiels	POIDS Totaux
A. Aciers.								
1° *Poutres de rive :*		m.	mm.	mm.	k.	k.	k.	
Ame	1	4 80	650	8	40 50	194	194	
Cornières	4	4 80	70 × 70	8	8 24	39 6	158	
Corn. montants . . .	20	0 63	60 × 60	8	7 00	4 4	88	
Fourrures.	10	0 50	130	8	8 11	4 05	40	
—	5	0 63	60	9	4 21	2 6	13	
—	5	0 39	60	9	4 21	1 6	8	
							501	
Rivets (têtes) 3 0/0 .	»	»	»	»	»	»	15	
Pour une poutre. . .	»	»	»	»	»	»	516	k.
Pour 2 poutres . . .	»	»	»	»	»	»	»	1.032
2° *Poutre intermédiaire :*								
Ame	1	4 80	350	8	21 84	105	105	
Cornières	4	4 80	80 × 80	9	10 6	50 9	204	
Semelles	2	4 10	220	10	17 16	70 4	141	
Corn. montants . . .	20	0 33	60 × 60	8	7 00	2 3	46	
Fourrures.	10	0 18	130	9	9 13	1 6	16	
							512	
Rivets 3 0/0	»	»	»	»	»	»	15	
								527
A reporter	. . .	. . .	. . .	. . .	. . .	. . .	. . .	1.559

DÉSIGNATION DES PIÈCES	Nombre de pièces	Longueur	Largeur	Epaisseur	Poids par mèt. courant	Poids par pièce	POIDS par-tiels	POIDS Totaux
Report	. . .	. . .	. . . .	. . .	. . .	. . . .	. . .	1,559
3° *Entretoises* :								
I	10	m. 1 97	mm 240×106	8 7	mm. 36 2	k. 71 3	k. 713	k. 713
4° *Tirants des entretoises extrêmes* :								
Plats	8	1 06	80	10	6 24	6 6	53	53
Poids total des aciers								2,325
B. 5° Garde-corps en fer forgé.								
Montants	14	»	»	»	»	11 25	157	»
Partie courante . . .	2	5 70	»	»	22 5	128	256	»
Rivets et boulons 5 %.	»	»	»	»	»	»	20	»
Poids tot. du fer forgé								433
C. Fonte.								
6° *Plaques d'appui* .	4	»	»	»	»	19 5	78	»
	2	»	»	»	»	21 5	43	»
Poids de la fonte . .								121
D. Plomb sous les appuis.								
7° *Feuilles de plomb*.	4	»	»	5	»	2 97	12	»
	2	»	»	5	»	3 25	6	»
Poids du plomb. . .								18
Résumé.								
Acier laminé	»	»	»	»	»	»	»	2,325
Fer forgé	»	»	»	»	»	»	»	433
Fonte.	»	»	»	»	»	»	»	121
Plomb	»	»	»	»	»	»	»	18
Total								2,897k

CHAPITRE V

PONT MÉTALLIQUE DE 4 MÈTRES D'OUVERTURE, A DEUX VOIES

(Pl. 2)

Section I. — CALCUL D'UNE ENTRETOISE INTERMÉDIAIRE

(Portée de 1 m. 84)

§ 1. — CHARGE PERMANENTE

1° *Détermination de la charge permanente par mètre courant d'entretoise* [1].

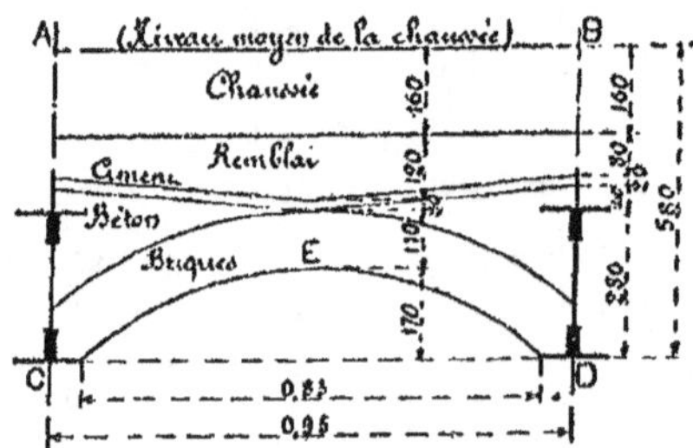

Fig. 25.

Volume total ABCD : $0,95 \times 0,58 = 0 \text{ m}^3 551$

A déduire le volume CED : $\frac{2}{3} \times 0,83 \times 0,17 = 0 \text{ m}^3 094$

Reste pour le volume total de la charge permanente : $0 \text{ m}^3 457$

1. D'après la méthode de M. Henry, inspecteur général des ponts et chaussées (*Formules, barèmes et tableaux*, page 470).

Ce volume se décompose comme il suit :

Voûte :	$1,05 \times 0,11 = 0,115$	
Chape :	$0,95 \times 0,02 = 0,019$	
Remblai :	$0,95 \times \frac{0,12 + 0,08}{2} = 0,095$	0 m³ 384
Chaussée :	$0,95 \times 0,16 = 0,152$	
Béton :	$0,457 - 0,381 =$	0 m³ 076
	Total :	0 m³ 457

La charge permanente peut dès lors s'évaluer ainsi :

Métal :		63 kg.
Voûte :	$0,115 \times 1.800 =$	207 kg.
Chape :	$0,019 \times 2.000 =$	38 kg.
Remblai :	$0,095 \times 1.400 =$	133 kg.
Chaussée :	$0,152 \times 2.100 =$	319 kg.
Béton :	$0,076 \times 2.100 =$	160 kg.
Total de la charge permanente par mètre courant d'entretoise :		920 kg.

2° *Moment fléchissant maximum dû à la charge permanente :*

$$M_1 = \frac{920 \times \overline{1,84}^2}{8} = 389 \text{kgm}.$$

§ 2. — SURCHARGE ROULANTE

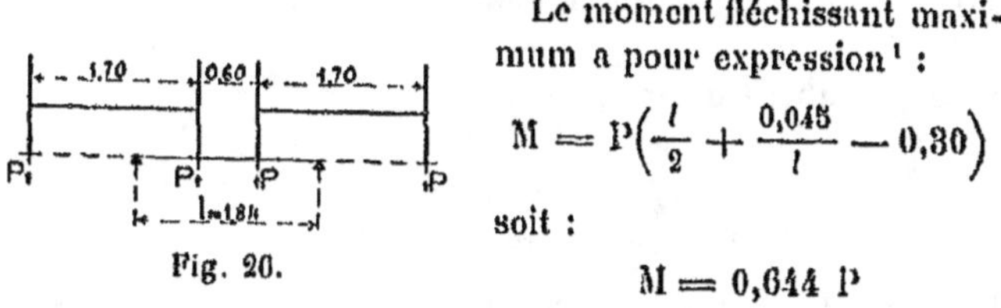

Fig. 20.

Le moment fléchissant maximum a pour expression[1] :

$$M = P\left(\frac{l}{2} + \frac{0,045}{l} - 0,30\right)$$

soit :

$$M = 0,644\ P$$

d'où :

Avec les tombereaux de 6.000 kg. :

$$M_2 = 0,644 \times 3.000 = 1.932 \text{ kgm}.$$

1. Henry, page 372.

Avec les charrettes de 11.000 kg. :

$$M_3 = 0{,}644 \times 5.500 = 3.542 \text{ kgm.}$$

§ 3. — CHARGE PERMANENTE ET SURCHARGE

Le moment fléchissant a, en totalité, pour valeur :
Avec les tombereaux de 6.000 kg. :

$$M_1 + M_2 = 2.321 \text{ kgm.}$$

Avec les charrettes de 11.000 kg. :

$$M_1 + M_3 = 3.931 \text{ kgm.}$$

§ 4. — TRAVAIL DU MÉTAL

1° *Flexion*. — Valeur du moment d'inertie I, de la section ci-contre, déduction faite des trous de rivets[1] :

Ame :	0,000.011.5
Cornières :	0,000.048.3
I =	0,000.059 8

d'où :

$$\frac{I}{V} = \frac{0{,}000.059.8}{0{,}140} = 0{,}000.427.$$

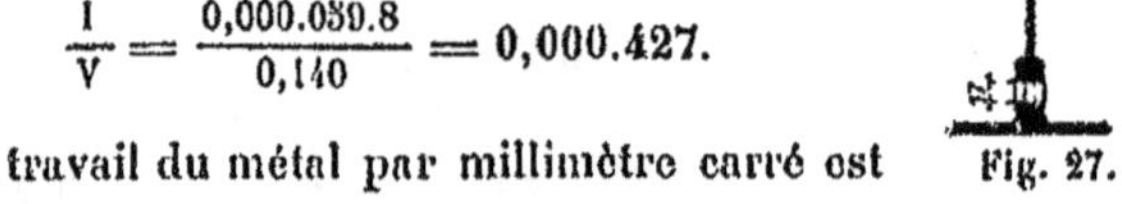

Fig. 27.

Le travail du métal par millimètre carré est dès lors :

Avec les tombereaux de 6.000 kg. :

$$\frac{2.321}{427} = 5 \text{ kg. } 4$$

(Limite réglementaire de 8 kg. 5).

Avec les charrettes de 11.000 kg. :

$$\frac{3.931}{427} = 9 \text{ kg. } 2$$

(Limite réglementaire de 8,5 + 1,0 = 9 kg. 5).

1. D'après les tableaux des moments d'inertie.

2° *Cisaillement longitudinal de l'âme.* — L'effort S de cisaillement longitudinal de l'âme, par mètre courant, est donné par la formule, page 94 :

$$S = \frac{Tm}{I} ;$$

T étant l'effort tranchant maximum ;

m le moment statique, par rapport à la fibre neutre, de la partie de la section située d'un même côté de cette fibre neutre ;

I le moment d'inertie de la section entière.

Effort tranchant maximum T. — L'effort tranchant maximum dû à la charge permanente est égal à :

$$T_1 = \frac{920 \times 1,84}{2} = 846 \text{ kg.}$$

Quant à l'effort tranchant maximum dû à la charge rou-

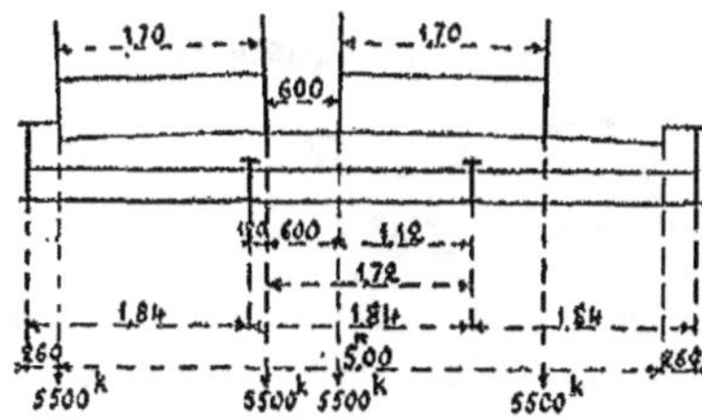

Fig. 28.

lante, il se produit lorsque des charrettes de 11.000 kg. occupent la position ci-dessus. Il a pour valeur :

$$T_2 = \frac{5.500(1,12 + 1,72)}{1,84} = 8.489 \text{ kg.}$$

L'effort tranchant maximum a donc, en totalité, pour valeur :

$$T_1 + T_2 = 9.335 \text{ kg.}$$

Moment statique m. — Il s'établit ainsi qu'il suit :

Ame :	0,000.078.4
Cornières :	0,000.218.6
	0,000.297.0
A déduire pour trous de rivets :	0,000.043.2
m =	0,000.253.8

On a dès lors :

$$S = \frac{9.335 \times 0,000.253.8}{0,000.059.8} = 39.620 \text{ kg.};$$

d'où l'on déduit pour le travail de l'âme par millimètre carré :

$$\frac{39.620}{1.000 \times 8} = 4 \text{ kg. } 95$$

$$\left(\text{Limite réglementaire de } 9,5 \times \frac{4}{5} = 7 \text{ kg. } 6\right).$$

3° *Cisaillement vertical de l'âme.* — La section nette de l'âme est égale à :

$$(280 - 2 \times 17)8 = 1.968 \text{ mm}^2.$$

Le travail du métal ressort en conséquence à :

$$\frac{9.335}{1.968} = 4 \text{ kg. } 75$$

(Limite réglementaire de 7 kg. 6).

4° *Résistance des rivets d'attache des cornières sur l'âme.* — L'effort S_R de cisaillement d'un rivet a pour expression, page 94 :

$$S_R = \frac{T.d.m_1}{I};$$

T étant l'effort tranchant maximum, soit 9.335 kg. ;

m_1 le moment statique de la section des cornières par rapport à la fibre moyenne, soit :

$$0,000.218.6 - 0,000.028.8 = 0,000.189.8;$$

d l'écartement des rivets, soit : 0 m. 110 ;

I le moment d'inertie de la section entière, soit: 0,000.059.8.

On trouve dès lors :

$$S_R = \frac{9.335 \times 0,000.189.8 \times 0,110}{0,000.059.8} = 3.259 \text{ kg.}$$

La section d'un rivet de 17 mm. étant de 227 mm², et chaque rivet travaillant à double section, on en déduit pour le travail des rivets par millimètre carré :

$$\frac{3.259}{2 \times 227} = 7 \text{ kg. } 2$$

(Limite réglementaire de 7 kg. 6).

5° *Résistance des rivets d'attache des entretoises sur les poutres.* — Le nombre des rivets, travaillant à double section, est, au minimum, de 3. Leur travail par millimètre carré est donc, au maximum, de :

$$\frac{9.335}{6 \times 227} = 6 \text{ kg. } 85$$

(Limite réglementaire de 7 kg. 6).

Section II. — CALCUL D'UNE ENTRETOISE EXTRÊME

(Portée de 1 m. 84)

§ 1. — CHARGE PERMANENTE

1° *Détermination de la charge permanente par mètre courant d'entretoise* [1].

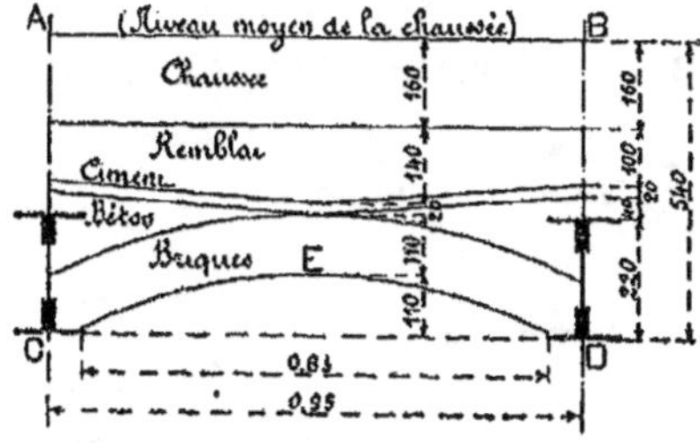

Fig. 29.

1. Henry, page 470.

Volume total ABCD : $0{,}95 \times 0{,}54 = 0\ m^3\ 513$

A déduire le volume CED : $\frac{2}{3} \times 0{,}83 \times 0{,}110 = 0\ m^3\ 061$

Reste pour le volume total de la charge permanente : $0\ m^3\ 452$

Ce volume se décompose comme il suit :

Voûte :	$1{,}00 \times 0{,}11 = 0{,}110$	
Chape :	$0{,}95 \times 0{,}02 = 0{,}019$	
Remblai :	$0{,}95 \times \frac{0{,}14 + 0{,}10}{2} = 0{,}114$	$0\ m^3\ 395$
Chaussée :	$0{,}95 \times 0{,}16 = 0{,}152$	
Béton :	$0{,}452 - 0{,}395 =$	$0\ m^3\ 057$
	Total :	$0\ m^3\ 452$

La charge permanente peut dès lors s'évaluer ainsi :

Métal :		55 kg.
Voûte :	$0{,}110 \times 1.800 =$	198 kg.
Chape :	$0{,}019 \times 2.000 =$	38 kg.
Remblai :	$0{,}114 \times 1.400 =$	160 kg.
Chaussée :	$0{,}152 \times 2.100 =$	319 kg.
Béton :	$0{,}057 \times 2.100 =$	120 kg.
Total de la charge permanente par mètre courant d'entretoise :		890 kg.

2° *Moment fléchissant maximum dû à la charge permanente :*

$$M_t = \frac{890 \times \overline{1{,}84}^2}{8} = 377 \text{ kgm.}$$

§ 2. — SURCHARGE ROULANTE

Le moment fléchissant maximum a pour expression :

$$M = \frac{Pl}{4} \qquad M = 0{,}46P\ ;$$

d'où :

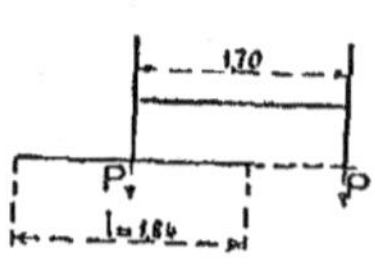

Fig. 30.

Avec les tombereaux de 6.000 kg. :

$$M_2 = 0{,}46 \times 3.000 = 1.380 \text{ kgm.}$$

Avec les charrettes de 11.000 kg. :

$$M_3 = 0,46 \times 5.500 = 2.530 \text{ kgm.}$$

§ 3. — CHARGE PERMANENTE ET SURCHARGE

Le moment fléchissant a, en totalité, pour valeur :
Avec les tombereaux de 6.000 kg. :

$$M_1 + M_2 = 1.757 \text{ kgm.}$$

Avec les charrettes de 11.000 kg. :

$$M_1 + M_3 = 2.907 \text{ kgm.}$$

§ 4. — TRAVAIL DU MÉTAL

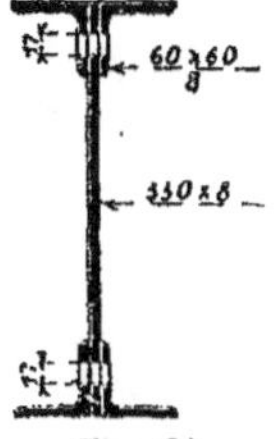

Fig. 31.

1° *Flexion*. — Valeur du moment d'inertie I de la section ci-contre, déduction faite des trous de rivets[1] :

Ame :	0,000.005.5
Cornières :	0,000.028.3
I =	0,000.033.8

d'où :

$$\frac{I}{V} = \frac{0,000.033.8}{0,110} = 0,000.307.$$

Le travail du métal par millimètre carré est dès lors :
Avec les tombereaux de 6.000 kg. :

$$\frac{1.757}{307} = 5 \text{ kg. } 7$$

(Limite réglementaire de 8 kg. 5).

Avec les charrettes de 11.000 kg. :

$$\frac{2.907}{307} = 9 \text{ kg. } 45$$

(Limite réglementaire de 8,5 + 1,0 = 9 kg. 5).

1. D'après les tableaux des moments d'inertie de la Compagnie des chemins de fer de l'Est.

2° *Cisaillement longitudinal de l'âme :*

$$S = \frac{Tm}{I}.$$

Effort tranchant maximum. — L'effort tranchant maximum dû à la charge permanente est égal à :

$$T_1 = \frac{890 \times 1,84}{2} = 819 \text{ kg.}$$

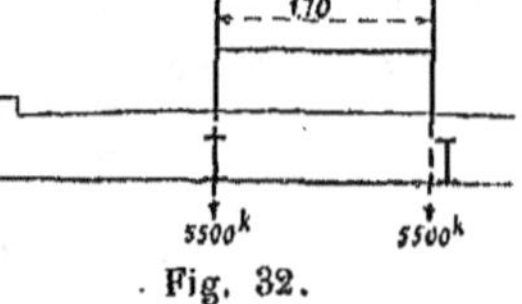

Fig. 32.

Quant à l'effort tranchant dû à la charge roulante, il se produit lorsqu'une charrette de 11.000 kg. occupe la position ci-contre. Il a pour valeur :

$$T_2 = 5.500 \text{ kg.}$$

L'effort tranchant maximum a donc, en totalité, pour valeur :

$$T_1 + T_2 = 6.319 \text{ kg.}$$

Moment statique m. — Il s'établit ainsi qu'il suit :

Ame :	0,000.048.4
Cornières :	0,000.164.9
	0,000.213.3
A déduire pour trous de rivets :	0,000.031.0
$m =$	0,000.182.3

On a dès lors :

$$S = \frac{6.319 \times 0,000.182.3}{0,000.033.8} = 34.081 \text{ kg.}$$

d'où l'on déduit pour le travail de l'âme, par millimètre carré :

$$\frac{34.081}{1.000 \times 8} = 4 \text{ kg. } 26$$

(Limite réglementaire de 7 kg. 6).

3° *Cisaillement vertical de l'âme.* — La section nette de l'âme est égale à :

$$(220 - 2 \times 17)\, 8 = 1.488 \text{ mm}^2.$$

Le travail du métal ressort en conséquence à :

$$\frac{6.319}{1.488} = 4 \text{ kg}. 25$$

(Limite réglementaire de 7 kg. 6).

4° *Résistance des rivets d'attache des cornières sur l'âme :*

$$S_R = \frac{T.d.m_1}{I},$$

T étant l'effort tranchant maximum, soit : 6.319 kg. ;
m_1 le moment statique des cornières, par rapport à la fibre moyenne, soit :

$$0,000.164.9 - 0,000.020.7 = 0,000.144.2 ;$$

d l'écartement des rivets, soit : 0,120 ;
I le moment d'inertie de la section entière, soit : 0,000.033.8.
On trouve dès lors :

$$S_R = \frac{6.319 \times 0,000.144.2 \times 0,120}{0,000.033.8} = 3.235 \text{ kg}.$$

La section d'un rivet de 17 mm. étant de 227 mm², et chaque rivet travaillant à double section, on en déduit pour le travail des rivets par millimètre carré :

$$\frac{3.235}{2 \times 227} = 7 \text{ kg}. 13$$

(Limite réglementaire de 7 kg. 6).

5° *Résistance des rivets d'attache des entretoises sur les poutres.* — Le nombre des rivets, travaillant à double section, est, au minimum, de 3. Leur travail par millimètre carré est donc, au maximum, de :

$$\frac{6.319}{6 \times 227} = 4 \text{ kg}. 65$$

(Limite réglementaire de 7 kg. 6).

Section III. — CALCUL D'UNE POUTRE DE RIVE

(Portée de 4 m. 50)

§ 1. — CHARGE PERMANENTE

La charge permanente, par mètre courant de poutre, peut s'évaluer ainsi qu'il suit :

Métal (non compris les entretoises) : 108 kg.
Voûte, béton, chape, remblai et chaussée (voir calcul de l'entretoise extrême § 1) : $\frac{890}{0,95} \times 0,92 = 862$ kg.
Pierre bordure : 50 kg.
Total : 1.020 kg.

Moment fléchissant maximum de la charge permanente :

$$M_1 = \frac{1.020 \times \overline{4,50}^2}{8} = 2.582 \text{ kgm.}$$

§ 2. — SURCHARGE ROULANTE

$b = 1$ m. 58.
$i = 1$ m. 84.

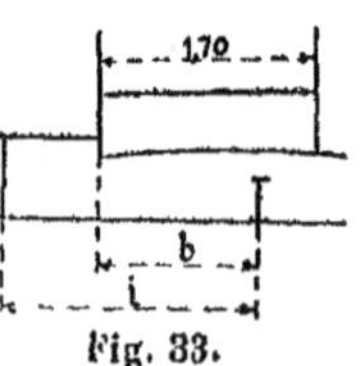

Fig. 33.

Le moment fléchissant de la poutre de rive peut s'obtenir en multipliant par le coefficient K ci-dessous, le moment fléchissant produit par un convoi de voitures dont les résultantes des charges passeraient par l'axe de la poutre :

$$K = \frac{b}{2i} \text{ [1]}$$

soit :

$$K = 0,429.$$

1. Henry, page 428.

Quant au moment fléchissant déterminé au milieu de la poutre par le convoi passant sur l'axe de cette poutre, il a pour valeur :

Avec les tombereaux de 6.000 kg. :

$$6.750 \text{ kgm.}[1].$$

Avec les charrettes de 11.000 kg. :

$$12.375 \text{ kgm.}[2].$$

Il en résulte que le moment de la poutre de rive, en son milieu, est égal à :

Avec les tombereaux de 6.000 kg. :

$$M_2 = 6.750 \times 0,429 = 2.896 \text{ kgm.}$$

Avec les charrettes de 11.000 kg. :

$$M_3 = 12.375 \times 0,429 = 5.309 \text{ kgm.}$$

§ 3. — CHARGE PERMANENTE ET SURCHARGE

Le moment fléchissant total, au milieu de la poutre, a pour valeur :

Avec les tombereaux de 6.000 kg. :

$$M_1 + M_2 = 5.478 \text{ kgm.}$$

Avec les charrettes de 11.000 kg. :

$$M_1 + M_3 = 7.891 \text{ kgm.}$$

§ 4. — TRAVAIL DU MÉTAL

1° *Flexion.* — Valeur du moment d'inertie I de la section ci-contre, déduction faite des trous de rivets[3] :

1. Henry, page 336 (par interpolation).
2. Henry, page 338 (par interpolation).
3. D'après les tableaux des moments d'inertie de la Compagnie des chemins de fer de l'Est.

Ame : 0,000.159.9
Cornières : 0,000.344.3

I = 0,000.504.2

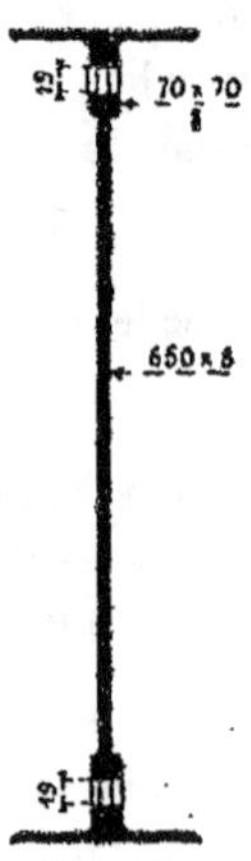

Fig. 34.

d'où :

$$\frac{I}{V} = \frac{0{,}000.504.2}{0{,}325} = 0{,}001.551.$$

Le travail du métal par millimètre carré est dès lors :

Avec les tombereaux de 6.000 kg. :

$$\frac{5.478}{1.551} = 3 \text{ kg}. 52$$

(Limite réglementaire de 8 kg. 5).

Avec les charrettes de 11.000 kg. :

$$\frac{7.891}{1.551} = 5 \text{ kg}. 1$$

(Limite réglementaire de 8,5 + 1,0 = 9 kg. 5).

2° *Cisaillement longitudinal de l'âme* :

$$S = \frac{Tm}{I}.$$

Effort tranchant maximum T. — L'effort tranchant maximum dû à la charge permanente est égal à :

$$T_1 = \frac{1.020 \times 4{,}50}{2} = 2.295 \text{ kg}.$$

En ce qui concerne l'effort tranchant maximum dû à la charge roulante, il est déterminé par le passage des convois des charrettes de 11.000 kg. Il peut s'obtenir en multipliant par le coefficient K, indiqué au § 2, l'effort tranchant produit par un convoi dont les résultantes des charges passeraient dans l'axe de la poutre. Ce dernier effort a pour valeur 11.267 kg. au droit des appuis [1].

Il en résulte que l'effort tranchant maximum dû à la surcharge roulante a pour valeur :

$$T_2 = 11.267 \times 0{,}429 = 4.834 \text{ kg}.$$

1. Henry, page 346 (par interpolation).

L'effort tranchant maximum est donc en totalité :

$$T_1 + T_2 = 7.129 \text{ kg.}$$

Moment statique m. — Il s'établit ainsi qu'il suit :

Ame :	0,000 422.5
Cornières :	0,000.643.3
	0,001.065.8
A déduire pour trous de rivets :	0,000.130.0
$m =$	0,000.935.8

On a dès lors :

$$S = \frac{7.129 \times 0{,}000.935.8}{0{,}000.504.2} = 13.231 \text{ kg.}$$

d'où l'on déduit pour le travail de l'âme, par millimètre carré :

$$\frac{13.231}{1.000 \times 8} = 1 \text{ kg. } 65$$

(Limite réglementaire de 7 kg. 6).

3° *Cisaillement vertical de l'âme.* — La section nette de l'âme est égale à :

$$(650 - 2 \times 19)\,8 = 4.896 \text{ mm}^2.$$

Le travail de l'âme par millimètre carré ressort, en conséquence, à :

$$\frac{7.129}{4.896} = 1 \text{ kg. } 46$$

(Limite réglementaire de 7 kg. 6).

4° *Résistance des rivets d'attache des cornières sur l'âme :*

$$S_R = \frac{T . d\, m_1}{I},$$

m_1 étant le moment statique de la section des cornières situées du même côté de la fibre neutre et par rapport à cette fibre neutre, soit :

$$0{,}000\ 643.3 - 0{,}000.086.6 = 0{,}000.556.7\,;$$

d l'écartement des rivets, soit : 0,145,

On trouve ainsi :

$$S_R = \frac{7.129 \times 0,000.556.7 \times 0,145}{0,000.504.2} = 1.141 \text{ kg.}$$

La section d'un rivet de 19 mm. étant de 283 mm², et chaque rivet travaillant à double section, on en déduit pour le travail des rivets par millimètre carré :

$$\frac{1.141}{2 \times 283} = 2 \text{ kg. } 02$$

(Limite réglementaire de 7 kg. 6).

Section IV. — CALCUL D'UNE POUTRE INTERMÉDIAIRE

(Portée de 4 m. 50)

§ 1. — CHARGE PERMANENTE

La charge permanente, par mètre courant de poutre, peut s'évaluer ainsi qu'il suit :

Métal (non compris les entretoises) : 127 kg.
Voûte, béton, chape, remblai et chaussée (voir calculs des entretoises § 1) : $\frac{920 + 890}{2 \times 0,95} \times 1,84 =$ 1.753 kg.

1.880 kg.

Moment fléchissant maximum de la charge permanente :

$$M_1 = \frac{1.880 \times \overline{4,50}^2}{8} = 4.759 \text{ kgm.}$$

§ 2. — SURCHARGE ROULANTE

Le moment fléchissant maximum de la poutre peut s'obtenir en multipliant par le coefficient K', ci-après, le moment fléchissant produit par un convoi de voitures dont les charges passeraient par l'axe de la poutre ;

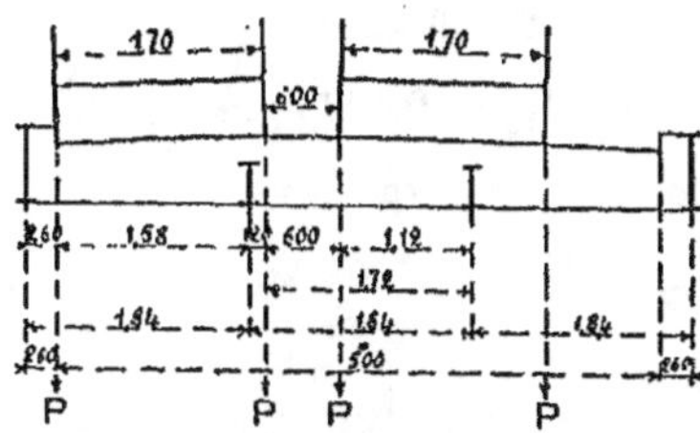

Fig. 35.

$$K' = \frac{0,26 + 1,12 + 1,72}{2 \times 1,84},$$

soit :

$$K' = 0,842.$$

Quant au moment fléchissant déterminé, au milieu de la poutre, par le convoi passant par l'axe de cette poutre, il a pour valeur :

Avec les tombereaux de 6.000 kg. :

6.750 kgm. [1].

Avec les charrettes de 11.000 kg. :

12.375 kgm.[2].

Il en résulte que le moment fléchissant de la poutre intermédiaire, en son milieu, est égal à :

Avec les tombereaux de 6.000 kg. :

$$M_2 = 6.750 \times 0,842 = 5.684 \text{ kgm.}$$

Avec les charrettes de 11.000 kg. :

$$M_2 = 12.375 \times 0,842 = 10.420 \text{ kgm.}$$

§ 3. — CHARGE PERMANENTE ET SURCHARGE

Le moment fléchissant total, au milieu de la poutre, a pour valeur :

1. Henry, page 336 (par interpolation).
2. Henry, page 338 (par interpolation).

Avec les tombereaux de 6.000 kg. :

$$M_1 + M_2 = 10.443 \text{ kgm.}$$

Avec les charrettes de 11.000 kg. :

$$M_1 + M_3 = 15.179 \text{ kgm.}$$

§ 4. — TRAVAIL DU MÉTAL

1° *Flexion.* — Valeur du moment d'inertie I de la section ci-contre, déduction faite des trous de rivets [1] :

Ame :	0,000.035.7
Cornières :	0,000.116.7
Semelles :	0,000.154.2
	0,000.306,6

$$\frac{I}{V} = \frac{0{,}000.306.6}{0{,}185} = 0{,}001.657.$$

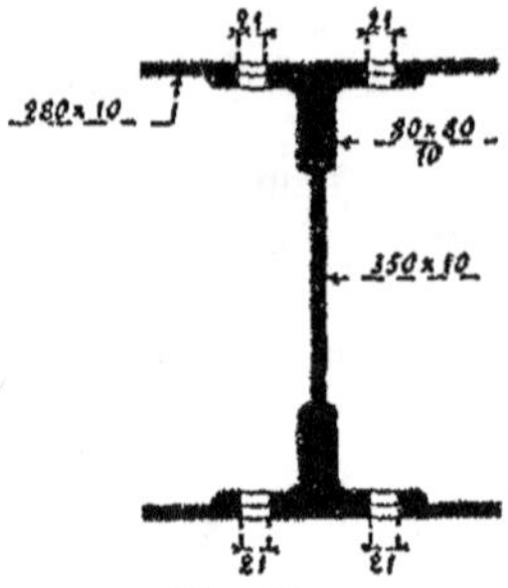

Fig. 36.

Le travail du métal par millimètre carré est dès lors :

Avec les tombereaux de 6.000 kilogr. :

$$\frac{10.443}{1.657} = 6 \text{ kg. } 3$$

(Limite réglementaire de 8 kg. 5).

Avec les charrettes de 11.000 kg. :

$$\frac{15.179}{1.657} = 9 \text{ kg. } 15$$

(Limite réglementaire de 8,5 + 1,0 = 9 kg. 5).

2° *Cisaillement longitudinal de l'âme :*

$$S = \frac{Tm}{I}.$$

Effort tranchant maximum. — L'effort tranchant maximum dû à la charge permanente est égal à :

1. D'après les tableaux des moments d'inertie de la Compagnie des chemins de fer de l'Est.

$$T_1 = \frac{1.880 \times 4,50}{2} = 4.230 \text{ kg.}$$

Quant à l'effort tranchant maximum dû à la charge roulante, il est déterminé par le passage des convois des chariots de 11.000 kg. Il peut s'obtenir en multipliant par le coefficient K' indiqué au § 2 l'effort tranchant produit par un convoi dont les résultantes des charges passeraient dans l'axe de la poutre. Ce dernier effort a pour valeur 11.267 kg. au droit des appuis[1].

Il en résulte que l'effort tranchant maximum dû à la charge roulante est égal à :

$$T_2 = 11.267 \times 0,842 = 9.487 \text{ kg.}$$

L'effort tranchant maximum est donc en totalité :

$$T_1 + T_2 = 13.717 \text{ kg.}$$

Moment statique m. — Il s'établit ainsi qu'il suit :

Ame :	0,000.453.1	
Cornières :	0,000.453.9	0.000.957.9
Semelles :	0,000.504.0	
	0,001.411.0	
A déduire pour trous de rivets :	0,000.447.0	
$m =$	0,000.964.0	

On a dès lors :

$$S = \frac{13.717 \times 0,000.964}{0,000.306.6} = 43.128 \text{ kg.}$$

d'où l'on déduit pour le travail de l'âme par millimètre carré :

$$\frac{43.128}{1.000 \times 10} = 4 \text{ kg. } 31$$

(Limite réglementaire de 7 kg. 6).

3° *Cisaillement vertical de l'âme.* — La section nette de l'âme est égale à :

$$(350 - 2 \times 21)\,10 = 3.080 \text{ mm}^2.$$

1. Henry, page 346 (par interpolation).

Le travail de l'âme par millimètre carré ressort en conséquence à :

$$\frac{13.717}{3.080} = 4 \text{ kg. } 45.$$

4° *Résistance des rivets d'attache des cornières sur l'âme :*

$$S_R = \frac{T.\, d.\, m_1}{I},$$

m_1 étant le moment statique de la section des cornières et des semelles situées d'un même côté de la fibre neutre, par rapport à cette fibre neutre, soit :

$$0{,}000.957.9 - 0{,}000.147.0 = 0{,}000.810.9\,;$$

d l'écartement des rivets, soit : 0 m. 135.

On trouve ainsi :

$$S_R = \frac{13.717 \times 0{,}000.810.9 \times 0{,}135}{0{,}000.306.6} = 4.898 \text{ kg.}$$

La section d'un rivet de 21 mm. étant de 346 mm² et chaque rivet travaillant à double section, on en déduit pour le travail des rivets par millimètre carré :

$$\frac{4.898}{2 \times 346} = 7 \text{ kg. } 08$$

(Limite réglementaire de 7 kg. 6).

Section V. — PRESSION SUR LES APPUIS

1° *Poutres de rive.* — L'effort tranchant maximum sur un appui a été trouvé égal à :

7.129 kg.

La surface d'appui sur la pierre du sommier est :

$$30 \times 22 = 660 \text{ cm}^2\,;$$

d'où une pression par centimètre carré de :

$$\frac{7.129}{660} = 11 \text{ kg.}$$

2° *Poutre intermédiaire.* — L'effort tranchant maximum sur un appui a été trouvé égal à :

$$13.717 \text{ kg.}$$

La surface d'appui sur la pierre du sommier est :

$$30 \times 26 = 780 \text{ cm}^2 ;$$

d'où une pression par centimètre carré de :

$$\frac{13.717}{780} = 17 \text{ kg.} 6.$$

Section VI. — CALCUL DES FLÈCHES

La formule donnant la flèche prise par une poutre sous l'influence des charges supposées uniformément réparties est la suivante :

$$f = \frac{5Ml^2}{48EI}.$$

Dans cette formule :

l est la portée de la poutre, soit 4 m. 50 ;

M le moment fléchissant maximum au milieu de la poutre ;

I le moment d'inertie de la poutre ;

E le coefficient d'élasticité de l'acier, soit 20×10^9.

1° *Poutre de rive.* — On a pour cette poutre :

$$I = 0{,}000.504.2 ;$$

pour la charge permanente :

$$M = 2.582 \text{ kgm.} ;$$

d'où :

$$f' = \frac{5 \times 2.582 \times \overline{4{,}50}^2}{48 \times 20 \times 10^9 \times 0{,}000.504.2} = 0 \text{ m.} 000.5 ;$$

pour la surcharge :

$$M = 5.309 \text{ kgm.} ;$$

d'où :

$$f'' = \frac{5 \times 5.309 \times \overline{4,50}^2}{48 \times 20 \times 10^9 \times 0,000.504.2} = 0 \text{ m. } 001.1.$$

La flèche totale est en conséquence de :

$$f = f' + f'' = 0 \text{ m. } 001.6.$$

2° *Poutre intermédiaire.* — On a pour cette poutre :

$$I = 0,000.306.6 ;$$

pour la charge permanente :

$$M = 4.759 \text{ kgm. };$$

d'où :

$$f' = \frac{5 \times 4.759 \times \overline{4,50}^2}{48 \times 20 \times 10^9 \times 0,000.306.6} = 0 \text{ m. } 001.6;$$

pour la surcharge :

$$M = 10.420 \text{ kgm. };$$

d'où :

$$f'' = \frac{5 \times 10.420 \times \overline{4,50}^2}{48 \times 20 \times 10^9 \times 0,000.306.6} = 0 \text{ m. } 003.5.$$

La flèche totale est en conséquence de :

$$f = f' + f'' = 0 \text{ m. } 005.1.$$

Section VII — MÉTRÉ DU PONT DE 4 MÈTRES A DEUX VOIES

DÉSIGNATION DES PIÈCES	Nombre de pièces	Longueur	Largeur	Épaisseur	Poids par mèt. courant	Poids par pièce	POIDS partiels	POIDS totaux
A. Aciers.								
1° *Poutres de rive :*		m.	mm.	mm.	k.	k.	k.	k.
Ame	1	4 80	650	8	40 56	194	194	
Cornières	4	4 80	70 × 70	8	8 24	39 6	158	
Corn. montants . . .	10	0 63	60 × 60	8	7 00	4 4	44	
Fourrures.	5	0 50	130	8	8 11	4 05	20	
							416	
Rivets (têtes) 3 0/0 .	»	»	»	»	»	»	12	
Pour 1 poutre. . . .	»	»	»	»	»	»	428	
Pour 2 poutres . . .	»	»	»	»	»	»	»	856
2° *Poutres intermédiaires :*								
Ame	1	4 80	350	10	27 30	131	131	
Cornières	4	4 80	80 × 80	10	11 70	56 1	224	
Semelles	2	4 10	280	10	21 84	89 6	179	
Corn. montants . . .	20	0 32	60 × 60	8	7 00	2 24	45	
Fourrures.	10	0 18	130	10	10 14	1 82	18	
							597	
Rivets 3 0/0.	»	»	»	»	»	»	18	
Pour 1 poutre. . . .	»	»	»	»	»	»	615	
Pour 2 poutres . . .	»	»	»	»	»	»	»	1.230
A reporter	. . .	. . .	. . .	. . .	. . .	. . .	. . .	2.086

DÉSIGNATION DES PIÈCES	Nombre de pièces	Longueur	Largeur	Épaisseur	Poids par mèt. courant	Poids par pièce	POIDS partiels	POIDS totaux
Report.	. . .	. . .	. . . .	. . .	. . .	. . .	. . .	k. 2.086
3° *Entretoises intermédiaires* :								
Ame.	1	m. 1 28	mm. 280	mm. 8	k. 17 47	k. 22 3	k. 22	
Cornières.	4	1 67	60 × 60	8	7 0	11 7	47	
Goussets.	2	0 32	265	8	16 54	5 3	11	
Couvre-joints.	4	0 24	150	8	9 36	2 25	9	
							89	
Rivets 3 0/0	»	»	»	»	»	»	3	
Pour 1 entretoise. . .	»	»	»	»	»	»	92	
Pour 5 entretoises . .	»	»	»	»	»	»	»	460
4° *Entretoises extrêmes* :								
Ame.	1	1 26	220	8	13 73	17 3	17	
Cornières.	4	1 68	60 × 60	8	7 0	11 76	47	
Goussets.	1	0 32	280	8	17 47	5 6	6	
	1	0 63	240	8	14 98	9 3	9	
Couvre-joints.	4	0 40	90	8	5 62	2 25	9	
							88	
Rivets 3 0/0	»	»	»	»	»	»	3	
Pour 1 entretoise. . .	»	»	»	»	»	»	91	
Pour 10 entretoises. .	»	»	»	»	»	»	»	910
5° *Tirants des entretoises extrêmes* :								
Plats.	12	1 08	80	10	6 24	6 75	81	81
Poids total des aciers.	»	»	»	»	»	»	»	3.537

DÉSIGNATION DES PIÈCES	Nombre de pièces	Longueur	Largeur	Épaisseur	Poids par mèt. courant	Poids par pièce	POIDS partiels	POIDS totaux
B. 6° Garde-corps en fer forgé.								
		m.			k.	k.	k.	k.
Montants.	14	»	»	»	»	11 25	157	
Partie courante. . . .	2	5 70	»	»	22 5	128	256	
Rivets et boulons 5 0/0	»	»	»	»	»	»	20	
Poids des fers forgés .	»	»	»	»	»	»	»	433
C. Fonte.								
7° *Plaques d'appui*. .	4	»	»	»	»	23	92	
	4	»	»	»	»	28	112	
Poids de la fonte. . .	»	»	»	»	»	»	»	204
D. Plomb sous appuis.								
8° *Feuilles de plomb* .	4	»	»	»	»	3 25	13	
	4	»	»	»	»	3 85	15	
Poids du plomb . . .	»	»	»	»	»	»	»	28
Résumé.								
Acier laminé.	»	»	»	»	»	»	»	3,537
Fer forgé.	»	»	»	»	»	»	»	433
Fonte	»	»	»	»	»	»	»	204
Plomb.	»	»	»	»	»	»	»	28
Total.	»	»	»	»	»	»	»	4,202

CHAPITRE VI

PONT MÉTALLIQUE DE 8 MÈTRES D'OUVERTURE, A DEUX VOIES

(Pl. 3)

Section I. — CALCUL D'UNE ENTRETOISE

(Portée de 2 m. 80)

§ 1. — CHARGE PERMANENTE

1° *Détermination de la charge permanente par mètre courant d'entretoise* [1].

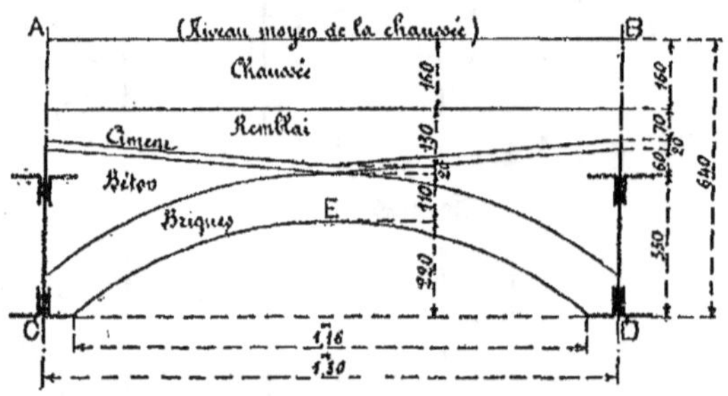

Fig. 3.

Volume total ABCD :	$1{,}30 \times 0{,}64 =$	0 m³ 832
A déduire le volume CED :	$\frac{2}{3} \times 1{,}16 \times 0{,}22 =$	0 m³ 170
Reste pour le volume total de la charge permanente :		0 m³ 662

1. D'après la méthode de M. Henry, inspecteur général des ponts et chaussées (*Formules, barèmes et tableaux*, page 470).

Ce volume se décompose comme il suit :

Voûte :	$1,40 \times 0,11 = 0,154$	0 m³ 518
Chape :	$1,30 \times 0,02 = 0,026$	
Remblai :	$1,30 \times \frac{0,13 + 0,07}{2} = 0,130$	
Chaussée :	$1,30 \times 0,16 = 0,208$	
Béton :	$0,662 - 0,518 =$	0 m³ 144
	Total :	0 m³ 662

La charge permanente peut dès lors s'évaluer ainsi :

Métal :		70 kg.
Voûte :	$0,154 \times 1.800 =$	277 kg.
Chape :	$0,026 \times 2.000 =$	52 kg.
Remblai :	$0,130 \times 1.400 =$	182 kg.
Chaussée :	$0,208 \times 2.100 =$	437 kg.
Béton :	$0,144 \times 2.100 =$	302 kg.
Total de la charge permanente par mètre courant d'entretoise :		1.320 kg.

2° *Moment fléchissant maximum dû à la charge permanente :*

$$M_1 = \frac{1.320 \times \overline{2,80}^2}{8} = 1.294 \text{ kgm.}$$

§ 2. — SURCHARGE ROULANTE

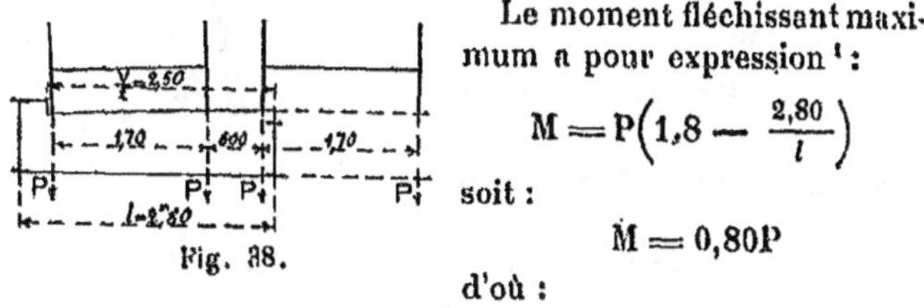

Fig. 38.

Le moment fléchissant maximum a pour expression[1] :

$$M = P\left(1,8 - \frac{2,80}{l}\right)$$

soit :

$$M = 0,80P$$

d'où :

Avec les tombereaux de 6.000 kg. :

$$M_2 = 0,80 \times 3.000 = 2.400 \text{ kgm.}$$

1. Henry, page 368.

Avec les charrettes de 11.000 kg. :

$$M_3 = 0,80 \times 5.500 = 4.400 \text{ kgm.}$$

§ 3. — CHARGE PERMANENTE ET SURCHARGE

Le moment fléchissant maximum a en totalité pour valeur :
Avec les tombereaux de 6.000 kg. :

$$M_1 + M_2 = 3.694 \text{ kgm.}$$

Avec les charrettes de 11.000 kg. :

$$M_1 + M_3 = 5.694 \text{ kgm.}$$

§ 4. — TRAVAIL DU MÉTAL

1° *Flexion*. — Valeur du moment d'inertie I de la section ci-contre, déduction faite des trous de rivets[1] :

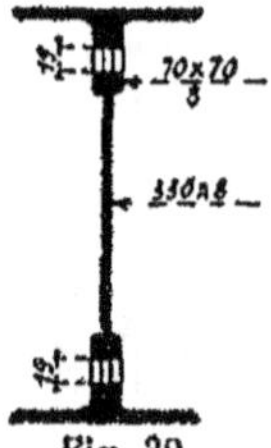

Fig. 39.

Ame : 0,000.019.2
Cornières : 0,000.080.7

I = 0,000.099.9

d'où :

$$\frac{I}{V} = \frac{0,000.099.9}{0.165} = 0,000.605.$$

Le travail du métal par millimètre carré est dès lors :

Avec les tombereaux de 6.000 kg. :

$$\frac{3.694}{605} = 6 \text{ kg. } 1$$

(Limite réglementaire de 8 kg. 5).

Avec les charrettes de 11.000 kg. :

1. D'après les tableaux des moments d'inertie de la Compagnie des chemins de fer de l'Est.

$$\frac{5.694}{605} = 9 \text{ kg. } 4$$

(Limite réglementaire de $8,5 + 1,0 = 9$ kg. 5).

2° *Cisaillement longitudinal de l'âme.* — L'effort S de cisaillement longitudinal de l'âme, par mètre courant, est donné par la formule :

$$S = \frac{Tm}{I} \text{ (page 94)},$$

T étant l'effort tranchant maximum ;
m le moment statique par rapport à la fibre neutre de la demi-section située d'un même côté de cette fibre neutre ;
I le moment d'inertie de la section entière.

Effort tranchant maximum. — L'effort tranchant maximum dû à la charge permanente est égal à :

$$T_1 = \frac{1.320 \times 2,80}{2} = 1.848 \text{ kg.}$$

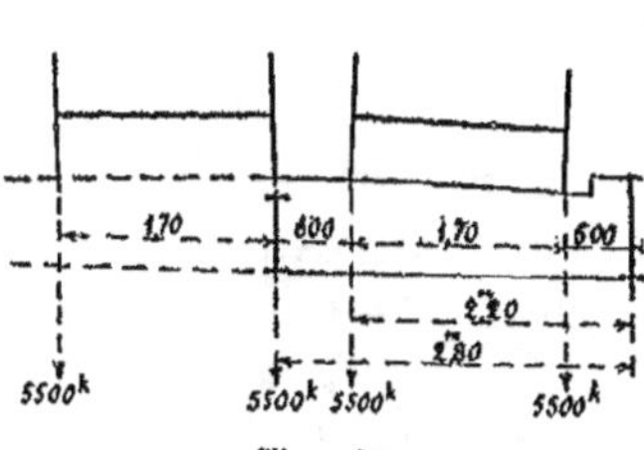

Fig. 40.

Quant à l'effort tranchant maximum dû à la charge roulante, il se produit lorsque des charrettes de 11.000 kg. occupent la position ci-dessus. Il a pour valeur :

$$T_2 = 5.500 + \frac{5\ 500 (0\ 50 + 2.20)}{2,80} = 10.804 \text{ kg.}$$

L'effort tranchant maximum a donc en totalité pour valeur :

$$T_1 + T_2 = 12.652 \text{ kg.}$$

Moment statique m. — Il s'établit ainsi qu'il suit :

Ame :	0,000.108.9
Cornières :	0,000.305.4
	0,000.414.3
A déduire pour trous de rivets :	0,000.057.0
$m =$	0,000.357.3

On a dès lors :

$$S = \frac{12.652 \times 0,000.357.3}{0,000.099.9} = 45.250 \text{ kg.}$$

d'où l'on déduit pour le travail de l'âme par millimètre carré :

$$\frac{45.250}{1.000 \times 8} = 5 \text{ kg. } 67$$

$$\left(\text{Limite réglementaire de } 9,5 \times \frac{4}{5} = 7 \text{ kg. } 6\right).$$

3° *Cisaillement vertical de l'âme.* — La section nette de l'âme est égale à :

$$(330 - 2 \times 19)\, 8 = 2.336 \text{ mm}^2.$$

Le travail du métal ressort en conséquence à :

$$\frac{12.652}{2.336} = 5 \text{ kg. } 4$$

(Limite réglementaire de 7 kg. 6).

4° *Résistance des rivets d'attache des cornières sur l'âme.* — L'effort S_R de cisaillement d'un rivet a pour expression :

$$S_R = \frac{T.m_1.d}{I},$$

T étant l'effort tranchant maximum, soit : 12.652 kg. ;
m_1 le moment statique des cornières par rapport à la fibre neutre, soit :

$$0,000.305.4 - 0,000.038.0 = 0,000.267.4;$$

d l'écartement des rivets, soit : 0 m. 100 ;
I le moment d'inertie de la section entière, soit : 0,000.099.9.
On trouve dès lors :

$$S_R = \frac{12.652 \times 0,000.267.4 \times 0,10}{0,000.099.9} = 3.384 \text{ kg.}$$

La section d'un rivet de 19 mm. étant de 283 mm², et chaque rivet travaillant à double section, on en déduit, pour le travail des rivets par millimètre carré :

$$\frac{3.384}{2 \times 283} = 6 \text{ kg.}$$

(Limite réglementaire de 7 kg. 6).

5° *Résistance des rivets d'attache des entretoises sur les poutres.* — Le nombre des rivets, travaillant à double section, est au minimum de 5. Leur travail par millimètre carré est donc, au maximum, de :

$$\frac{12.652}{10 \times 283} = 4 \text{ kg. } 47$$

(Limite réglementaire de 7 kg. 6).

Section II. — CALCUL D'UNE POUTRE DE RIVE

(Portée de 8 m. 60)

§ 1. — CHARGE PERMANENTE

La charge permanente par mètre courant de poutre peut s'évaluer ainsi qu'il suit :

Métal (non compris les entretoises) :	260 kg.
Voûtes, béton, chape, remblai et chaussée (voir calcul de l'entretoise, § 1) : $\frac{1.320}{1,30} \times 1,40 =$	1.420 kg.
Trottoir :	150 kg.
Total :	1.830 kg.

Moment fléchissant maximum de la charge permanente :

$$M_1 = \frac{1.830 \times \overline{8,60}^2}{8} = 16.918 \text{ kgm.}$$

§ 2. — SURCHARGE ROULANTE

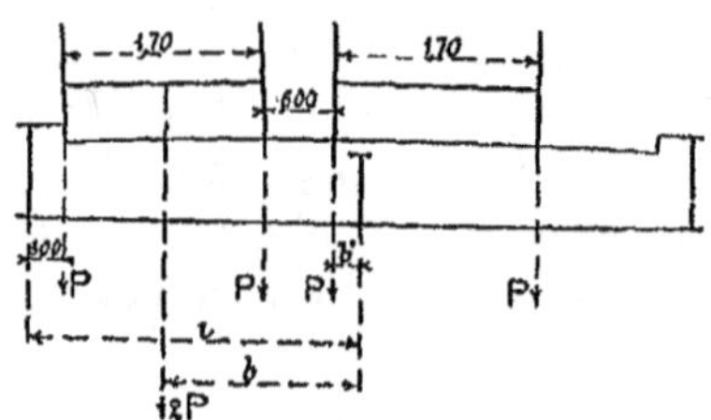

Fig. 41.

$$b = 1 \text{ m. } 65,$$
$$b' = 0 \text{ m. } 20,$$
$$i = 2 \text{ m. } 80.$$

Le moment fléchissant de la poutre de rive peut s'obtenir en multipliant par le coefficient K ci-après le moment fléchissant produit par un convoi de voitures dont les résultantes des charges passeraient dans l'axe de la poutre :

$$K = \frac{2b + b'}{2i}$$ [1]

soit :

$$K = 0,625.$$

Quant au moment fléchissant déterminé au milieu de la poutre par le convoi passant dans l'axe de cette poutre, il a pour valeur :

Avec les tombereaux de 6.000 kg. :

13.985 kgm.[2].

Avec les charrettes de 11.000 kg. :

24.004 kgm.[3].

1. Henry, page 430.
2. Henry, page 336 (par interpolation).
3. Henry, page 338 (par interpolation).

Il en résulte que le moment de la poutre de rive, en son milieu, est égal à :

Avec les tombereaux de 6.000 kg. :

$$M_2 = 13.985 \times 0,625 = 8.740 \text{ kgm.}$$

Avec les charrettes de 11.000 kg. :

$$M_3 = 24.004 \times 0,625 = 15.002 \text{ kgm.}$$

§ 3. — SURCHARGE DU TROTTOIR

Montant de cette surcharge par mètre courant :

$$\left(0,30 + \frac{0,70}{2}\right) \times 400 = 260 \text{ kg.}$$

Moment fléchissant maximum de la surcharge du trottoir :

$$M_4 = \frac{260 \times \overline{8,60}^2}{8} = 2.404 \text{ kgm.}$$

§ 4. — CHARGE PERMANENTE ET SURCHARGE

Le moment fléchissant total, au milieu de la poutre, a pour valeur :

Avec les tombereaux de 6.000 kg. :

$$M_1 + M_2 + M_4 = 28.062 \text{ kgm.}$$

Avec les charrettes de 11.000 kg. :

$$M_1 + M_3 + M_4 = 34.324 \text{ kgm.}$$

§ 5. — TRAVAIL DU MÉTAL

1° *Flexion.* — Valeur du moment d'inertie I de la section ci-contre, déduction faite des trous de rivets[1] :

1. D'après les tableaux des moments d'inertie de la Compagnie des chemins de fer de l'Est.

Ame : 0,000.341
Cornières : 0,000.515
Semelles : 0,000.695

I = 0,001.551

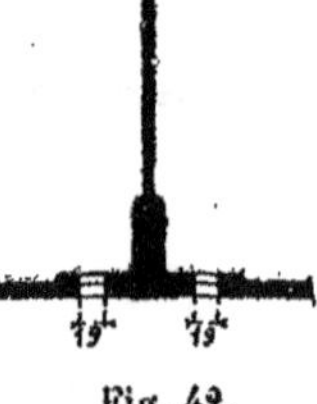

Fig. 42.

d'où :

$$\frac{I}{V} = \frac{0,001.551}{0,41} = 0,003.783.$$

Le travail du métal par millimètre carré est dès lors :

Avec les tombereaux de 6.000 kg. :

$$\frac{28.062}{3.783} = 7 \text{ kg. } 4$$

(Limite réglementaire de 8 kg. 5).

Avec les charrettes de 11.000 kg. :

$$\frac{34.324}{3.783} = 9 \text{ kg. } 1$$

(Limite réglementaire de 9 kg. 5).

2° *Cisaillement longitudinal de l'âme* :

$$S = \frac{Tm}{I}.$$

Effort tranchant maximum. — L'effort tranchant maximum dû à la charge permanente est égal à :

$$T_1 = \frac{1.830 \times 8.60}{2} = 7.869 \text{ kg.}$$

En ce qui concerne l'effort tranchant maximum dû à la charge roulante, il est déterminé par le passage des convois des chariots de 16.000 kg. Il peut s'obtenir en multipliant par le coefficient K indiqué au § 2, l'effort tranchant produit par un convoi dont les résultantes des charges passeraient dans l'axe de la poutre. Ce dernier effort a pour valeur 13.731 kg. au droit des appuis[1].

Il en résulte que l'effort tranchant maximum dû à la surcharge roulante a pour valeur :

$$T_2 = 13.731 \times 0,625 = 8.582 \text{ kg.}$$

1. Henry, page 347 (par interpolation).

Quant à l'effort tranchant maximum dû à la surcharge du trottoir, il a pour valeur :

$$T_3 = \frac{260 \times 8{,}60}{2} = 1.118 \text{ kg.}$$

L'effort tranchant maximum est donc en totalité :

$$T_1 + T_2 + T_3 = 17.569 \text{ kg.}$$

Moment statique m. — Il s'établit ainsi qu'il suit :

Ame :	0,000.640
Cornières :	0,000.802
Semelles :	0,001.012
	0,002.454
A déduire pour trous de rivets :	0,000.274
$m =$	0,002.180

On a dès lors :

$$S = \frac{17.569 \times 0{,}002.180}{0{,}001.551} = 24.694 \text{ kg.}$$

d'où l'on déduit pour le travail de l'âme par millimètre carré :

$$\frac{24.694}{1.000 \times 8} = 3 \text{ kg. } 1$$

$$\left(\text{Limite réglementaire de 9 kg. } 5 \times \frac{4}{5} = 7 \text{ kg. } 6\right).$$

3° *Cisaillement vertical de l'âme.* — La section nette de l'âme est égale à :

$$(800 - 2 \times 19)8 = 6.096 \text{ mm}^2.$$

Le travail de l'âme par millimètre carré ressort, en conséquence, à :

$$\frac{17.569}{6.096} = 2 \text{ kg. } 9.$$

4° *Résistance des rivets d'attache des cornières sur l'âme :*

$$S_R = \frac{T.\, m_1.\, d}{I},$$

m_1 étant le moment statique des cornières et de la semelle situées du même côté de la fibre neutre, par rapport à cette fibre neutre, soit :

$$0{,}001.814 - 0{,}000.274 = 0{,}001.540\,;$$

d l'écartement des rivets, soit : 0 m. 130.
On trouve ainsi :

$$S_R = \frac{17.569 \times 0.001.540 \times 0{,}130}{0{,}001.551} = 2.268 \text{ kg.}$$

La section d'un rivet de 19 mm. étant de 283 mm², et chaque rivet travaillant à double section, on en déduit pour le travail des rivets par millimètre carré :

$$\frac{2.268}{2 \times 283} = 4 \text{ kg. } 0$$

(Limite réglementaire de 7 kg. 6).

Section III. — CALCUL DE LA POUTRE INTERMÉDIAIRE

(Portée de 8 m. 60)

§ 1. — CHARGE PERMANENTE

La charge permanente, par mètre courant de poutre, peut s'évaluer ainsi qu'il suit :

Métal (non compris les entretoises) :	240 kg.
Voûtes, béton, chape, remblai et chaussée (voir calcul de l'entretoise § 1) : $\frac{1.320}{1{,}30} \times 2{,}80 =$	2.843 kg.
	3.083 kg.

Moment fléchissant maximum de la charge permanente :

$$M_1 = \frac{3.083 \times \overline{8{,}60}^2}{8} = 28.502 \text{ kgm.}$$

§ 2. — SURCHARGE ROULANTE

Le moment fléchissant de la poutre peut s'obtenir en multipliant par le coefficient K' ci-après le moment fléchissant produit par un convoi de voitures dont les charges passeraient dans l'axe de la poutre :

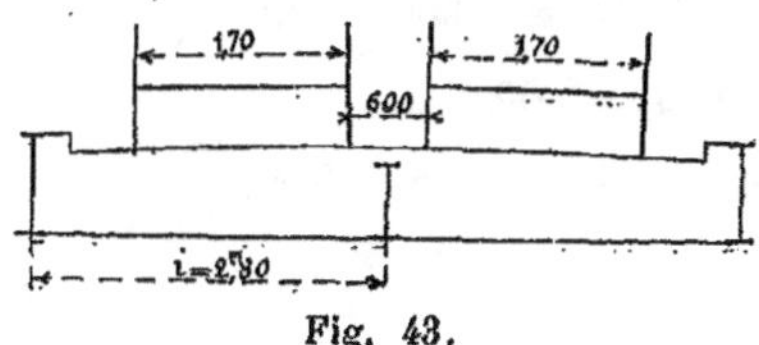

Fig. 43.

$$K' = \frac{2i - 2,30}{i}$$ [1]

soit :

$$K' = 1,179.$$

Quant au moment fléchissant déterminé au milieu de la poutre par le convoi passant par l'axe de cette poutre, il a pour valeur :

Avec les tombereaux de 6.000 kg. :

13.985 kgm. [2].

Avec les charrettes de 11,000 kg. :

24.004 kgm. [3].

Il en résulte que le moment fléchissant de la poutre intermédiaire, en son milieu, est égal à :

Avec les tombereaux de 6.000 kg. :

$$M_2 = 13.985 \times 1.179 = 16.488 \text{ kgm.}$$

Avec les charrettes de 11.000 kg. :

$$M_3 = 24.004 \times 1.179 = 28.301 \text{ kgm.}$$

§ 3. — CHARGE PERMANENTE ET SURCHARGE

Le moment fléchissant total, au milieu de la poutre, a pour valeur :

1. Henry, page 431.
2. Henry, page 330 (par interpolation).
3. Henry, page 338 (par interpolation).

Avec les tombereaux de 6.000 kg. :

$$M_1 + M_2 = 44{,}990 \text{ kgm.}$$

Avec les charrettes de 11.000 kg. :

$$M_1 + M_2 = 56{,}803 \text{ kgm.}$$

§ 4. — TRAVAIL DU MÉTAL

1° *Flexion.* — Valeur du moment d'inertie I de la section ci-contre, déduction faite des trous de rivets[1] :

Ame :	0,000.180	0,000.615
Cornières :	0,000.435	
Semelles :	0,001.394	
I =	0,002.009	

d'où :

$$\frac{I}{V} = \frac{0{,}002.009}{0{,}330} = 0{,}006.088.$$

Le travail du métal par millimètre carré est dès lors :

Avec les tombereaux de 6.000 kg.:

$$\frac{44.990}{6.088} = 7 \text{ kg. } 4$$

(Limite réglementaire de 8 kg. 5.)

Avec les charrettes de 11.000 kg. :

$$\frac{56.803}{6.088} = 9 \text{ kg. } 4$$

(Limite réglementaire de 9 kg. 5).

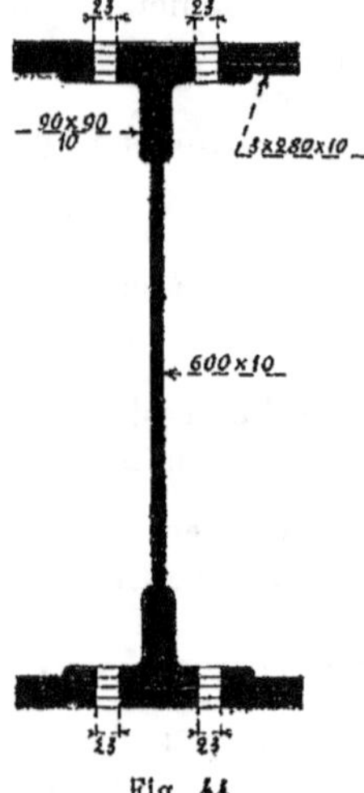

Fig. 44.

Distribution des semelles. — Avec deux semelles :

Ame et cornières :	0,000.615
Semelles :	0,000.900
	0,001.515

1. D'après les tableaux des moments d'inertie de la Compagnie des chemins de fer de l'Est.

d'où :

$$\frac{I}{V} = \frac{0,001.515}{0,320} = 0,004.734$$

Avec une semelle :

Ame et cornières :	0,000.615
Semelles :	0,000.435
	0,001.050

d'où :

$$\frac{I}{V} = \frac{0,001.050}{0,310} = 0,003.387.$$

Le métal travaillant à 9 kg. 5 par millimètre carré, les moments résistants sont dès lors les suivants :

Avec 3 semelles : $6.088 \times 9,5 = 57.836$ kgm.
Avec 2 semelles : $4.734 \times 9,5 = 44.973$ kgm.
Avec 1 semelle : $3.387 \times 9,5 = 32.176$ kgm.

L'épure ci-après permet, en conséquence, de déterminer les longueurs des trois cours de semelles.

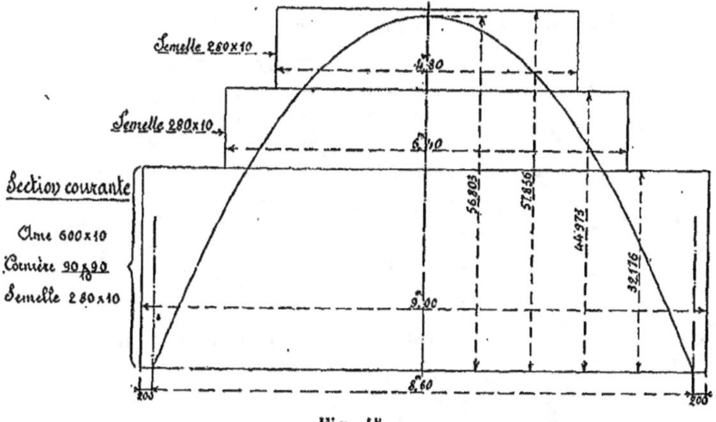

Fig. 45.

2° *Cisaillement longitudinal de l'âme :*

$$S = \frac{Tm}{I}.$$

Effort tranchant maximum. — L'effort tranchant maximum dû à la charge permanente est égal à :

$$T_1 = \frac{3.083 \times 8,60}{2} = 13.257 \text{ kg.}$$

Quant à l'effort tranchant maximum dû à la charge roulante, il est déterminé par le passage des convois de chariots de 16.000 kg. Il peut s'obtenir en multipliant par le coefficient K' indiqué au § 2 l'effort tranchant produit par un convoi dont les résultantes des charges passeraient dans l'axe de la poutre.

Ce dernier effort a pour valeur 13.731 kg. au droit des appuis [1].

Il en résulte que l'effort tranchant maximum dû à la charge roulante est égal à :

$$T_2 = 13.731 \times 1,179 = 16.189 \text{ kg.}$$

L'effort tranchant maximum est donc en totalité :

$$T_1 + T_2 = 29.446 \text{ kg.}$$

Moment statique m. — Il s'établit ainsi qu'il suit :

Ame :	0,000.450	
Cornières :	0,000.931	0.003,577
Semelles :	0,002.646	
	0,004.027	
A déduire pour trous de rivets :	0,000.570	
$m =$	0,003.457	

On a dès lors :

$$S = \frac{29.446 \times 0,003.457}{0,002.009} = 50.670 \text{ kg.}$$

d'où l'on déduit pour le travail de l'âme par millimètre carré :

$$\frac{50.670}{1.000 \times 10} = 5 \text{ kg. } 07$$

(Limite réglementaire de 7 kg. 6).

3° *Cisaillement vertical de l'âme.* — La section nette de l'âme est égale à :

1. Henry, page 347 (par interpolation).

$$(600 - 2 \times 23)\,10 = 5.540 \text{ mm}^2.$$

Le travail de l'âme par millimètre carré ressort, en conséquence, à :

$$\frac{29.446}{5.540} = 5 \text{ kg. } 3.$$

4° *Résistance des rivets d'attache des cornières sur l'âme :*

$$S_R = \frac{T\, m_1 . d}{I},$$

m_1 étant le moment statique des cornières et des semelles situées du même côté de la fibre neutre par rapport à cette fibre neutre, soit :

$$0{,}003.577 - 0{,}000.570 = 0{,}003.007\,;$$

d l'écartement des rivets, soit 0 m. 100.

On trouve ainsi :

$$S_R = \frac{29.446 \times 0{,}003.007 \times 0{,}100}{0{,}002.009} = 4.407 \text{ kg}.$$

La section d'un rivet de 23 mm. étant de 415 mm² et chaque rivet travaillant à double section, on en déduit pour le travail des rivets par millimètre carré :

$$\frac{4.407}{2 \times 415} = 5 \text{ kg. } 3.$$

Section IV. — CALCUL D'UNE POUTRELLE DE TROTTOIR

(Portée de 8 m. 40)

§ 1. — CHARGE PERMANENTE

1° *Détermination de la charge permanente par mètre courant.* — L'épaisseur moyenne du trottoir est de 0 m. 230 ; la densité moyenne étant de 2.000 kg., la charge permanente peut s'évaluer ainsi :

Métal :	89 kg.
Trottoir : 0.230 × 0,350 × 2.000 =	161 kg.
	250 kg.

2° *Moment fléchissant de la charge permanente :*

$$M_1 = \frac{250 \times \overline{8,40}^2}{8} = 2.205 \text{ kgm.}$$

§ 2. — SURCHARGE DU TROTTOIR

Montant de cette surcharge par mètre courant de poutrelle :

$$\frac{400 \times 0,70}{2} = 140 \text{ kg.}$$

Moment fléchissant maximum de la surcharge du trottoir :

$$M_2 = \frac{140 \times \overline{8,40}^2}{8} = 1.235 \text{ kgm.}$$

§ 3. — CHARGE PERMANENTE ET SURCHARGE

Le moment fléchissant maximum a en totalité pour valeur :

$$M_1 + M_2 = 3.440 \text{ kgm.}$$

§ 4. — TRAVAIL DU MÉTAL

1° *Flexion.* — Valeur du moment d'inertie I de la section ci-contre, déduction faite des trous de rivets [1] :

Ame :	0,000 012.5
Cornières :	0,000.065.5
I =	0,000.078.0

$$\frac{I}{V} = \frac{0,000.078}{0,150} = 0,000.520.$$

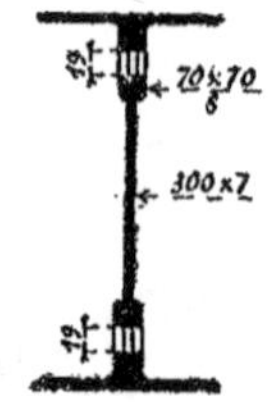

Fig. 46.

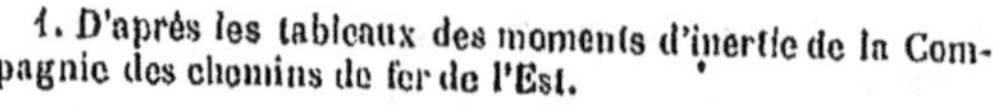

1. D'après les tableaux des moments d'inertie de la Compagnie des chemins de fer de l'Est.

Le travail du métal par millimètre carré est dès lors :

$$\frac{3.440}{520} = 6 \text{ kg. } 6$$

(Limite réglementaire de 8 kg. 5).

2° *Cisaillement longitudinal de l'âme* :

$$S = \frac{Tm}{I},$$

T étant l'effort tranchant maximum qui est égal à :

$$(250 + 140) \frac{8,40}{2} = 1.638 \text{ kg.};$$

m le moment statique par rapport à la fibre neutre de la demi-section située d'un même côté de cette fibre neutre ; il s'établit ainsi qu'il suit :

Ame :	0,000.078.7
Cornières :	0,000.273.7
	0,000.352.4
A déduire pour trous de rivets :	0,000.048.1
m =	0,000.304.3

I le moment d'inertie de la section entière, soit 0,000.078.

On a dès lors :

$$S = \frac{1.638 \times 0,000.304.3}{0,000.078} = 6.390 \text{ kg.};$$

d'où l'on déduit pour le travail de l'âme par millimètre carré :

$$\frac{6.390}{1.000 \times 7} = 0 \text{ kg. } 91.$$

3° *Cisaillement vertical de l'âme* — La section nette de l'âme est égale à :

$$(300 - 2 \times 19) 7 = 1.834 \text{ mm}^2.$$

Le travail du métal ressort en conséquence à :

$$\frac{1.638}{1.834} = 0 \text{ kg. } 9.$$

4° *Résistance des rivets d'attache des cornières sur l'âme :*

$$S_R = \frac{T.m_1.d}{I},$$

T étant l'effort tranchant maximum, soit 1.638 kg. ;

m_1 le moment statique des cornières par rapport à la fibre neutre, soit :

$$0{,}000.273.7 - 0{,}000.033.4 = 0{,}000.240.3\ ;$$

d l'écartement des rivets, soit 0 m. 130 ;

I le moment d'inertie de la section entière, soit 0,000.078.

On trouve dès lors :

$$S_R = \frac{1.638 \times 0{,}000.240.3 \times 0{,}130}{0{,}000.078} = 656 \text{ kg.}$$

La section d'un rivet de 19 mm. étant de 283 mm² et chaque rivet travaillant à double section, on en déduit pour le travail des rivets par millimètre carré :

$$\frac{656}{2 \times 283} = 1 \text{ kg. } 16.$$

Section V. — PRESSION SUR LES APPUIS

1° *Poutres de rive.* — L'effort tranchant maximum sur un appui a été trouvé égal à :

17.569 kg.

La surface d'appui sur la pierre du sommier est :

$$40 \times 34 = 1.360 \text{ cm}^2\ ;$$

d'où une pression par centimètre carré de :

$$\frac{17.569}{1.360} = 12 \text{ kg. } 8.$$

2° *Poutre intermédiaire.* — L'effort tranchant maximum sur un appui a été trouvé égal à :

29.446 kg.

La surface d'appui sur la pierre du sommier est :

$$40 \times 37 = 1.480 \text{ cm}^2$$

d'où une pression par centimètre carré de :

$$\frac{29.446}{1.480} = 20 \text{ kg. } 0.$$

Section VI. — CALCUL DES FLÈCHES

La formule donnant la flèche prise par une poutre sous l'influence des charges, supposées uniformément réparties, est la suivante :

$$f = \frac{5Ml^2}{48EI}.$$

Dans cette formule :

l est la portée de la poutre, soit : 8 m. 60 ;

M le moment fléchissant maximum au milieu de la poutre ;

I le moment d'inertie moyen de la poutre, en tenant compte de la longueur des semelles ;

E le coefficient d'élasticité de l'acier, soit : 20×10^9.

1° *Poutre de rive.* — On a pour cette poutre :

$$I = 0{,}001.551 ;$$

pour la charge permanente :

$$M = 16{,}918 \text{ kgm.};$$

d'où :

$$f' = \frac{5 \times 16.918 \times \overline{8{,}60}^2}{48 \times 20 \times 10^9 \times 0{,}001.551} = 0 \text{ m. } 004.2 ;$$

pour la surcharge :

$$M = 17.406 \text{ kgm.};$$

d'où :

$$f'' = \frac{5 \times 17.406 \times \overline{8{,}60}^2}{48 \times 20 \times 10^9 \times 0{,}001.551} = 0 \text{ m. } 004.3.$$

La flèche totale est en conséquence de :

$$f = f' + f'' = 0 \text{ m. } 008.5.$$

2° *Poutre intermédiaire.* — On a pour cette poutre :

I moyen :

$$I = \frac{0{,}002.009 \times 4{,}80 + 0{,}001.515 \times 1{,}60 + 0{,}001.050 \times 2{,}20}{8{,}60} = 0{,}001.672 ;$$

pour la charge permanente :

$$M = 28.502 \text{ kgm.} ;$$

d'où :

$$f' = \frac{5 \times 28.502 \times \overline{8{,}60}^2}{48 \times 20 \times 10^9 \times 0{,}001.672} = 0 \text{ m.} 006.6 ;$$

pour la surcharge :

$$M = 28.301 \text{ kgm.} ;$$

d'où :

$$f'' = \frac{5 \times 28.301 \times \overline{8{,}60}^2}{48 \times 20 \times 10^9 \times 0{,}001.672} = 0 \text{ m.} 006.5.$$

La flèche totale est, en conséquence, de :

$$f = f' + f'' = 0 \text{ m.} 013.1.$$

3° *Poutrelle du trottoir.* — On a pour cette poutre :

$$l = 8 \text{ m.} 40 ;$$

$$I = 0{,}000.078 ;$$

pour la charge permanente :

$$M = 2.205 \text{ kgm.} ;$$

d'où :

$$f' = \frac{5 \times 2.205 \times \overline{8{,}40}^2}{48 \times 20 \times 10^9 \times 0{,}000.078} = 0 \text{ m.} 010.3 ;$$

pour la surcharge :

$$M = 1.235 \text{ kgm.} ;$$

d'où :

$$f'' = \frac{5 \times 1.235 \times \overline{8{,}40}^2}{48 \times 20 \times 10^9 \times 0{,}000.078} = 0 \text{ m.} 005.8.$$

La flèche totale est, en conséquence, de :

$$f = f' + f'' = 0 \text{ m.} 016.1.$$

Section VII — MÉTRÉ DU PONT DE 8 MÈTRES A DEUX VOIES

DÉSIGNATION DES PIÈCES	Nombre de pièces	Longueur	Largeur	Épaisseur	Poids par mèt. courant	Poids par pièce	POIDS par-tiels	POIDS totaux
A. Aciers.								
1° *Poutres de rive :*		m.	mm.	mm.	k.	k.	k.	
Ame.	1	9 00	800	8	49 92	449	449	
Cornières.	4	9 00	70 × 70	8	8 24	74 16	207	
Semelles.	2	9 00	250	10	19 50	175 5	351	
Corn. des montants. .	28	0 77	70 × 70	8	8 24	6 4	179	
—	4	0 55	70 × 70	8	8 24	4 5	18	
Fourrures	14	0 65	150	8	9 36	6 1	85	
—	7	0 53	70	8	4 37	2 32	16	
—	4	0 44	70	8	4 37	1 97	8	
							1.403	
Rivets (têtes) 3 0/0. .	»	»	»	»	»	»	42	
Pour 1 poutre	»	»	»	»	»	»	1.445	
Pour 2 poutres. . . .	»	»	»	»	»	»	»	2.890
2° *Poutre intermédiaire*								
Ame.	1	9 00	600	10	46 8	421 2	421	
Cornières.	4	9 00	90 × 90	10	13 26	119 3	477	
Semelles	2	9 00	280	10	21 84	196 5	393	
	2	6 40				140	280	
	2	4 80				105	210	
Corn. des montants. .	28	0 57	70 × 70	8	8 24	4 7	132	
—	4	0 48	70 × 70	8	8 24	3 95	16	
A reporter.	. . .	. . .	. . . .	. . .	. . . .	. . .	1.929	2.890

DÉSIGNATION DES PIÈCES	Nombre de pièces	Longueur	Largeur	Épaisseur	Poids par mèt. courant	Poids par pièce	POIDS partiels	POIDS Totaux
Reports	. . .	. . .	. . . .	. . .	. . .	. . .	1.929	k. 2.890
2° *Poutre interm.* (*suite*)								
Fourrures	14	m. 0 41	mm. 150	mm. 10	k. 11 7	k. 4 8	k. 67	
—	4	0 36	70	10	5 46	1 96	8	
							2.004	
Rivets 3 0/0	»	»	»	»	»	»	60	
								2.064
3° *Poutrelles du trottoir*								
Ame.	1	8 80	300	7	16 38	144	144	
Cornières	4	8 80	70 × 70	8	8 24	72 6	290	
Corn. des montants. .	14	0 28	60 × 60	8	7 00	1 96	27	
Fourrures	7	0 15	130	8	8 11	1 22	8	
Plats d'appui.	2	0 40	150	10	11 70	4 7	9	
							478	
Rivets 3 0/0	»	»	»	»	»	»	14	
Pour 1 poutrelle . . .	»	»	»	»	»	»	492	
Pour 2 poutrelles. . .	»	»	»	»	»	»	»	984
4° *Entretoises* :								
Ame.	1	2 10	330	8	20 6	43 3	43	
Cornières.	4	2 62	70 × 70	8	8 24	21 6	86	
Goussets.	1	0 77	250 moy.	8	15 60	12 0	12	
	1	0 57	280 moy.	8	17 47	10 0	10	
Couvre-joints.	4	0 38	180	8	11 24	4 27	17	
							168	
Rivets 3 0/0	»	»	»	»	»	»	5	
Pour 1 entretoise. . .	»	»	»	»	»	»	173	
Pour 14 entretoises. .	»	»	»	»	»	»	»	2.422
A reporter.	. . .	. . .	. . . .	. . .	. . .	. . .	. . .	8.360

DÉSIGNATION DES PIÈCES	Nombre de pièces	Longueur	Largeur	Épaisseur	Poids par mèt. courant	Poids par pièce	POIDS partiels	POIDS totaux
Report.	. . .	. . .	. . . .	. . .	. . .	. . .	. . .	k. 8,360
5° *Entretoises sous trottoir* :								
Cornières.	2	m. 0 54	mm. 70 × 70	mm. 8	k. 8 24	k. 4 45	k. 8 9	
Goussets.	1	0 29	180 moy.	8	11 23	3 26	3 3	
	1	0 23	180 moy.	8	11 23	2 58	2 6	
Fourrures	1	0 21	70	8	4 37	0 92	0 9	
							15 7	
Rivets 3 0/0	»	»	»	»	»	»	0 5	
Pour 1 entretoise. . .	»	»	»	»	»	»	16 2	
Pour 14 entretoises. .	»	»	»	»	»	»	»	227
6° *Tirants des entretoises extrêmes* :								
Fers plats	8	1 45	80	10	6 24	9 05	72	72
7° *Raccords sur culées* :								
Tôles horizontales . .	2	2 22	200	6	9 36	20 8	42	
	2	0 75	280	6	13 10	9 8	20	
	2	0 75	290	6	13 57	10 2	20	
	2	0 55	280	6	13 10	7 2	14	
	2	0 68	190	6	8 89	6 05	12	
Equerres.	2	0 23	100 × 60	10	11 70	2 7	5	
Cornières.	4	0 52	60 × 60	8	7 00	3 6	14	
	2	0 52	70 × 70	10	10 14	5 3	11	
Fourrures	2	0 52	60	14	6 55	3 4	7	
							145	
Rivets 3 0/0	»	»	»	»	»	»	4	
Pour 1 culée	»	»	»	»	»	»	149	
Pour 2 culées	»	»	»	»	»	»	»	298
Tot. des aciers laminés.	»	»	»	»	»	»	»	8,957

DÉSIGNATION DES PIÈCES	Nombre de pièces	Longueur	Largeur	Épaisseur	Poids par mèt. courant	Poids par pièce	POIDS partiels	POIDS totaux
B. 8° Garde-corps en fer forgé.								
		m.			k.	k.	k.	
Montants.	14	»	»	»	»	11 25	157	
Partie courante. . . .	2	7 80	»	»	22 5	175 5	351	
Rivets et boulons 5 0/0.	»	»	»	»	»	»	25	
Poids des fers forgés.	»	»	»	»	»	»	»	533
C. Fonte.								
9° *Plaques d'appui.* .	4	»	»	»	»	45	180	
	2	»	»	»	»	49	98	
Poids de la fonte. . .	»	»	»	»	»	»	»	278
D. Plomb sous appuis.								
10° *Feuilles de plomb.*	4	»	»	5	»	6 95	28	
	2	»	»	5	»	7 65	15	
Poids du plomb. . . .	»	»	»	»	»	»	»	43
Résumé.								
Acier laminé.	»	»	»	»	»	»	»	8,957
Fer forgé	»	»	»	»	»	»	»	533
Fonte	»	»	»	»	»	»	»	278
Plomb	»	»	»	»	»	»	»	43
Poids total.	»	»	»	»	»	»	»	9,811

CHAPITRE VII

PONT MÉTALLIQUE DE 10 MÈTRES D'OUVERTURE, A UNE VOIE

(Pl. 4)

Section I. — CALCUL D'UNE ENTRETOISE

(Portée de 3 m. 15)

§ 1. — CHARGE PERMANENTE

1° *Détermination de la charge permanente par mètre courant d'entretoise*[1].

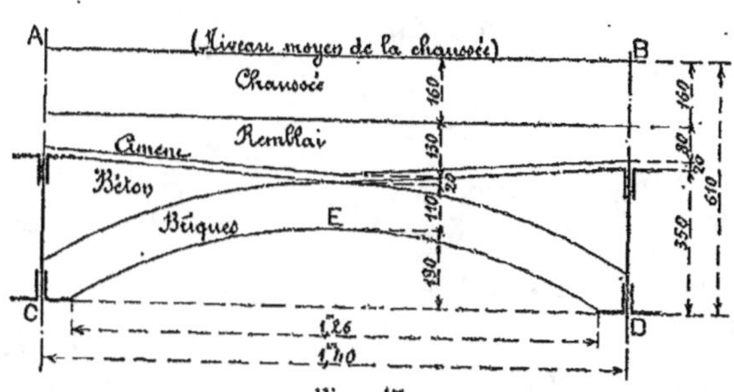

Fig. 47.

Volume total ABCD : $1,40 \times 0,61 = 0\ m^3\ 854$

A déduire le volume CED : $\frac{2}{3} \times 1,26 \times 0,19 = 0\ m^3\ 160$

Reste pour le volume total de la charge permanente : $\overline{0\ m^3\ 694}$

1. D'après la méthode de M. Henry, inspecteur général des ponts et chaussées (*Formules, barèmes et tableaux*, page 470).

Ce volume se décompose comme il suit :

Voûte :	$1,47 \times 0,11 = 0\ m^3\ 162$		
Chape :	$1,40 \times 0,02 = 0\ m^3\ 028$		
Remblai :	$1,40 \times \dfrac{0,130 + 0,08}{2} = 0\ m^3\ 147$	$0\ m^3\ 561$	
Chaussée :	$1,40 \times 0,16 = 0\ m^3\ 224$		
Béton :	$0,694 - 0,561 =$	$0\ m^3\ 133$	
	Total :	$0\ m^3\ 694$	

La charge permanente peut dès lors s'évaluer ainsi :

Métal :		67 kg.
Voûte :	$0,162 \times 1.800 =$	292 kg.
Chape :	$0,028 \times 2.000 =$	56 kg.
Remblai :	$0,147 \times 1.400 =$	206 kg.
Chaussée :	$0,224 \times 2.100 =$	470 kg.
Béton :	$0,133 \times 2.100 =$	279 kg.
Total de la charge permanente par mètre courant d'entretoise :		1.370 kg.

2° *Moment fléchissant maximum dû à la charge permanente :*

$$M_1 = \frac{1.370 \times \overline{3,15}^2}{8} = 1.700 \text{ kgm.}$$

§ 2. — SURCHARGE ROULANTE

Le moment fléchissant a pour expression [1] :

$$M = P\left(\frac{l}{2} + \frac{0,360}{l} - 0,85\right)$$

soit :

$$M = 0,839\,P\,;$$

d'où :

Fig. 48.

Avec les tombereaux de 6.000 kg. :

$$M_2 = 0,839 \times 3.000 = 2.517 \text{ kgm.}$$

1. Henry, page 360.

Avec les charrettes de 11.000 kg. :

$$M_3 = 0,839 \times 5.500 = 4.615 \text{ kgm.}$$

§ 3. — CHARGE PERMANENTE ET SURCHARGE

Le moment fléchissant maximum a, en totalité, pour valeur :
Avec les tombereaux de 6.000 kg. :

$$M_1 + M_2 = 4.217 \text{ kgm.}$$

Avec les charrettes de 11.000 kg. :

$$M_1 + M_3 = 6.315 \text{ kgm.}$$

§ 4. — TRAVAIL DU MÉTAL

1° *Flexion.* — Valeur du moment d'inertie I de la section ci-contre, déduction faite des trous de rivets[1] :

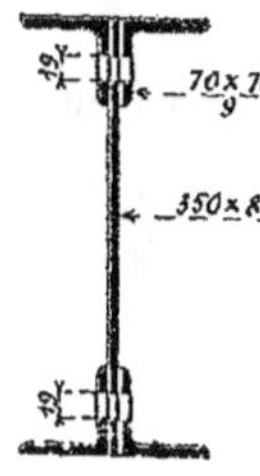

Fig. 49.

Ame :	0,000.023.1
Cornières :	0,000.101.8
Total :	0,000.124.9

d'où :

$$\frac{I}{V} = \frac{0,000.124.9}{0,175} = 0,000.714.$$

Le travail du métal par millimètre carré est dès lors :

Avec les tombereaux de 6.000 kg. :

$$\frac{4.217}{714} = 5 \text{ kg. } 9$$

(Limite réglementaire de 8 kg. 5).

Avec les charrettes de 11.000 kg. :

$$\frac{6.315}{714} = 8 \text{ kg. } 8$$

(Limite réglementaire de 8,5 + 1,0 = 9 kg. 5).

1. D'après les tableaux des moments d'inertie de la Compagnie des chemins de fer de l'Est.

2° *Cisaillement longitudinal de l'âme.* — L'effort S de cisaillement longitudinal de l'âme, par mètre courant, est donné par la formule :

$$S = \frac{Tm}{I},$$

T étant l'effort tranchant maximum ;
m le moment statique par rapport à la fibre neutre de la demi-section située du même côté de cette fibre neutre ;
I le moment d'inertie de la section entière.

Effort tranchant maximum. — L'effort tranchant maximum dû à la charge permanente est égal à :

$$T_1 = \frac{1.370 \times 3,15}{2} = 2.158 \text{ kg.}$$

Quant à l'effort tranchant maximum dû à la charge roulante, il a pour expression [1] :

$$T_2 = P\left(1 + \frac{0,80}{l}\right);$$

soit :

$$T_2 = 1,254\,P.$$

Il se produit quand une charrette de 11.000 kg. passe au droit de l'entretoise. Il est égal à :

$$T_2 = 1,254 \times 5.500 = 6.897 \text{ kg.}$$

L'effort tranchant maximum a donc en totalité pour valeur :

$$T_1 + T_2 = 9.055 \text{ kg.}$$

Moment statique m. — Il s'établit ainsi qu'il suit :

Ame :	0,000.122.5
Cornières :	0,000.363.6
	0,000.486.1
A déduire pour trous de rivets :	0,000.066.7
$m =$	0,000.419.4

On a dès lors :

1. Henry, page 374.

$$S = \frac{9.055 \times 0,000.419.4}{0,000.124.9} = 30.406 \text{ kg.}$$

d'où l'on déduit pour le travail de l'âme par millimètre carré :

$$\frac{30.406}{1.000 \times 8} = 3 \text{ kg. } 80$$

$$\left(\text{Limite réglementaire de } 9,5 \times \frac{4}{5} = 7 \text{ kg. } 6\right).$$

3° *Cisaillement vertical de l'âme* — La section nette de l'âme est égale à :

$$(350 - 2 \times 19)\ 8 = 2.496 \text{ mm}^2.$$

Le travail du métal ressort, en conséquence, à :

$$\frac{9.055}{2.496} = 3 \text{ kg. } 62$$

(Limite réglementaire de 7 kg. 6).

4° *Résistance des rivets d'attache des cornières sur l'âme.* — L'effort S_R de cisaillement d'un rivet a pour expression :

$$S_R = \frac{T.d.m_1}{I},$$

T étant l'effort tranchant maximum, soit 9.055 kg. ;

m_1 le moment statique des cornières par rapport à la fibre neutre, soit :

$$0,000.363.6 - 0,000.046.2 = 0,000.317.4 ;$$

d l'écartement des rivets, soit 0,145 ;

I le moment d'inertie de la section entière, soit 0,000.124.9.

On trouve dès lors :

$$S_R = \frac{9.055 \times 0,000.317.4 \times 0,145}{0,000.124.9} = 3.336 \text{ kg.}$$

La section d'un rivet de 19 mm. étant de 283 mm² et chaque rivet travaillant à double section, on aura, pour le travail des rivets par millimètre carré :

$$\frac{3.336}{2 \times 283} = 5 \text{ kg. } 9$$

(Limite réglementaire de 7 kg. 6).

5° *Résistance des rivets d'attache des entretoises sur les poutres.* — Le nombre des rivets, travaillant à double section, est au minimum de 5. Leur travail, par millimètre carré, est donc au maximum de :

$$\frac{9.055}{10 \times 283} = 3 \text{ kg. } 2$$

(Limite réglementaire de 7 kg. 6).

Section II. — CALCUL D'UNE POUTRE

(Portée de 10 m. 70).

§ 1. — CHARGE PERMANENTE

La charge permanente, par mètre courant de poutre, peut s'évaluer ainsi qu'il suit :

Métal (non compris les entretoises) : 310 kg.

Voûtes, béton, chape, remblai et chaussée (voir calcul de l'entretoise, § 1) : $\frac{1.370}{1,40} \times 1,575 = 1.540$ kg.

Trottoir : 150 kg.

Total : 2.000 kg.

Moment fléchissant maximum de la charge permanente :

$$M_1 = \frac{2.000 \times \overline{10,70}^2}{8} = 28.622 \text{ kgm.}$$

§ 2. — SURCHARGE ROULANTE

Le moment fléchissant de la poutre peut s'obtenir en multipliant, par le coefficient K ci-après, le moment fléchissant produit par un convoi de voitures dont les résultantes des charges passeraient dans l'axe de la poutre :

$$K = \frac{b}{l}\ ^{1}$$

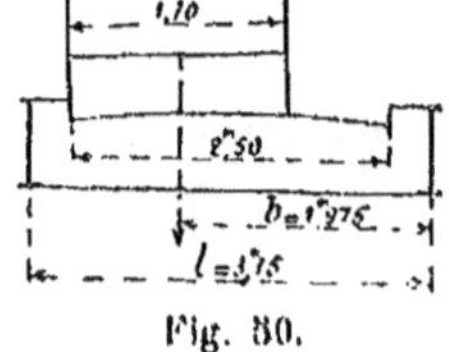

Fig. 50.

1. Henry, page 427.

soit :

$$K = 0{,}627.$$

Quant au moment fléchissant déterminé au milieu de la poutre par le convoi passant dans l'axe de cette poutre, il a pour valeur :

Avec les tombereaux de 6.000 kg. :

17.992 kgm.[1].

Avec les chariots de 16.000 kg. :

32.742 kgm.[2].

Il en résulte que le moment de la poutre, en son milieu, est égal à :

Avec les tombereaux de 6.000 kg. :

$$M_2 = 17.992 \times 0{,}627 = 11.281 \text{ kgm.}$$

Avec les chariots de 16.000 kg. :

$$M_3 = 32.742 \times 0{,}627 = 20.529 \text{ kgm.}$$

§ 3. — SURCHARGE DU TROTTOIR

Montant de cette surcharge par mètre courant :

$$0{,}75 \times 400 = 300 \text{ k.}$$

Moment fléchissant maximum de la surcharge du trottoir :

$$M_4 = \frac{300 \times \overline{10{,}70}^2}{8} = 4.293 \text{ kgm.}$$

§ 4. — CHARGE PERMANENTE ET SURCHARGE

Le moment fléchissant total, au milieu de la poutre, a pour valeur :

1. Henry, page 336 (par interpolation).
2. Henry, page 339 (par interpolation).

Avec les tombereaux de 6.000 kg. :

$$M_1 + M_2 + M_4 = 44.196 \text{ kgm.}$$

Avec les chariots de 16.000 kg. :

$$M_1 + M_3 + M_4 = 53.444 \text{ kgm.}$$

§ 5. — TRAVAIL DU MÉTAL

1° *Flexion.* — Valeur du moment d'inertie I de la section ci-contre, déduction faite des trous de rivets[1] :

Ame :	0,000.285.8	0,000.779.0
Cornières :	0,000.493.2	
Semelles :	0,001.337.7	
I =	0,002.116.7	

d'où :

$$\frac{I}{V} = \frac{0,002.116.7}{0,370} = 0,005.721.$$

Le travail du métal par millimètre carré est dès lors :

Avec les tombereaux de 6.000 kg. :

$$\frac{44.196}{5.721} = 7 \text{ kg. } 7$$

(Limite réglementaire de 8 kg. 5).

Avec les chariots de 16.000 kilogr. :

$$\frac{53.444}{5.721} = 9 \text{ kg. } 3$$

(Limite réglementaire de 8,5 + 1,0 = 9 kg. 5).

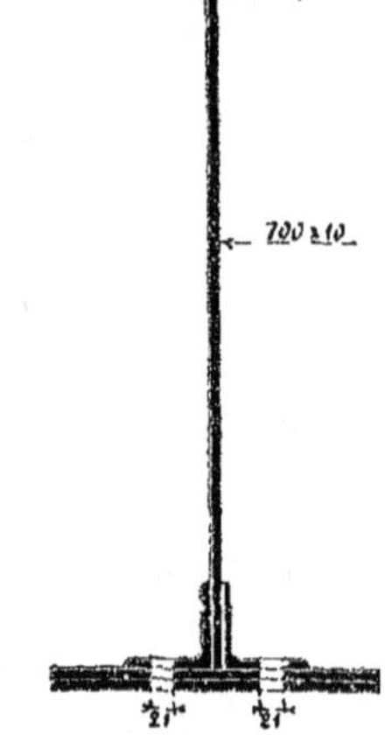

Fig. 51.

Distribution des semelles. — Avec une semelle :

Ame et cornières :	0,000.779.0
Semelle :	0,000.650.4
	0,001.429.4

1. D'après les tableaux des moments d'inertie de la Compagnie des chemins de fer de l'Est.

d'où :

$$\frac{I}{V} = \frac{0{,}001.429.4}{0{,}360} = 0{,}003.970.$$

Le métal travaillant à 9 kg. 5 par millimètre carré, les moments de résistance correspondants sont les suivants :

Avec 2 semelles : 5.721 × 9,5 = 54.350 kgm.
Avec 1 semelle : 3 970 × 9,5 = 37.715 kgm.

L'épure ci-dessous permet, en conséquence, de déterminer la largeur des deux cours de semelles.

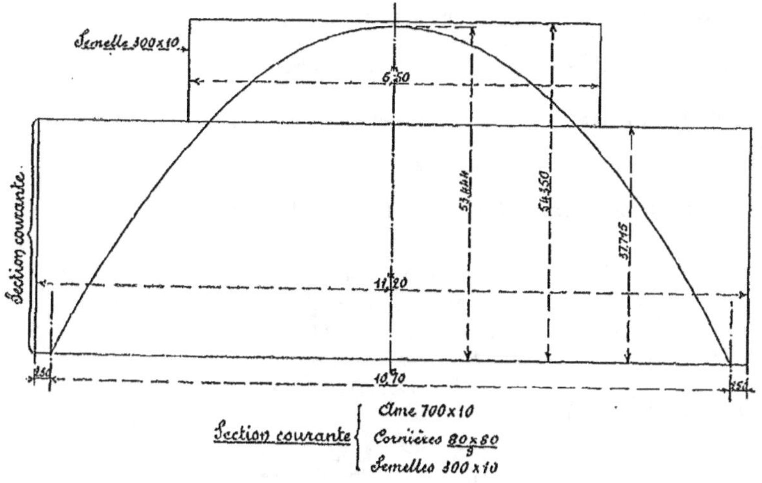

Fig. 52.

2° *Cisaillement longitudinal de l'âme* :

$$S = \frac{Tm}{I}.$$

Effort tranchant maximum. — L'effort tranchant maximum dû à la charge permanente est égal à :

$$T_1 = \frac{2.000 \times 10{,}70}{2} = 10.700 \text{ kg}.$$

Quant à l'effort tranchant dû à la charge roulante, il est

déterminé par le passage des convois de chariots de 16.000 kilogr. Il peut s'obtenir en multipliant par le coefficient K, indiqué au § 2, l'effort tranchant produit par un convoi dont les résultantes des charges passeraient dans l'axe de la poutre.

Ce dernier effort a pour valeur 14.740 kg. au droit des appuis [1].

Il en résulte que l'effort tranchant maximum, dû à la charge roulante, est égal à :

$$T_2 = 0,627 \times 14.740 = 9.242 \text{ kg.}$$

En ce qui concerne l'effort tranchant maximum dû à la surcharge du trottoir, il a pour valeur :

$$T_3 = \frac{400 \times 0,75 \times 10.70}{2} = 1.605 \text{ kg.}$$

L'effort tranchant maximum est donc en totalité :

$$T_1 + T_2 + T_3 = 21.547 \text{ kg.}$$

Moment statique m. — Il s'établit ainsi qu'il suit :

Ame :	0,000.612.5	
Cornières :	0,000.888.8	0,003.048.8
Semelles :	0,002.160.0	
	0,003.661.3	
A déduire pour trous de rivets :	0,000.433.0	
$m =$	0,003.228.3	

On a dès lors :

$$S = \frac{21.547 \times 0,003.228.3}{0,002.116.7} = 32.863 \text{ kg.}$$

d'où l'on déduit pour le travail de l'âme par millimètre carré :

$$\frac{32.863}{1.000 \times 10} = 3 \text{ kg. } 3$$

(Limite réglementaire de 7 kg. 6).

3° *Cisaillement vertical de l'âme.* — La section nette de l'âme est égale à :

$$(700 - 2 \times 21)\ 10 = 6.580 \text{ mm}^2.$$

1. Henry, page 347 (par interpolation).

Le travail de l'âme par millimètre carré ressort, en conséquence, à :

$$\frac{21.547}{6.580} = 3 \text{ kg. } 3$$

(Limite réglementaire de 7 kg. 6).

4° *Résistance des rivets d'attache des cornières sur l'âme :*

$$S_R = \frac{T.d.m_1}{I},$$

T étant l'effort tranchant maximum, soit : 21.547 kg. ;

m_1 le moment statique des cornières et des semelles situées du même côté de la fibre neutre, par rapport à cette fibre neutre, soit :

$$0{,}003.048.8 - 0{,}000.433.0 = 0{,}002.615.8 ;$$

d l'écartement des rivets, soit : 0 m. 140 ;

I le moment d'inertie de la section entière, soit : 0,002.116.7.

On trouve ainsi :

$$S_R = \frac{21.547 \times 0{,}002.615.8 \times 0{,}140}{0{,}002.116.7} = 3.729 \text{ kg.}$$

La section d'un rivet de 21 mm. étant de 346 mm² et chaque rivet travaillant à double section, on en déduit pour le travail des rivets par millimètre carré :

$$\frac{3.729}{2 \times 346} = 5 \text{ kg. } 38$$

(Limite réglementaire de 7 kg. 6).

Section III. — PRESSION SUR LES APPUIS

L'effort tranchant maximum sur un appui a été trouvé égal à :

21.547 kg.

La surface d'appui sur la pierre du sommier est :

$$50 \times 40 = 2.000 \text{ cm}^2 ;$$

d'où une pression par centimètre carré de :

$$\frac{21.547}{2.000} = 10 \text{ kg. } 77.$$

Section IV. — CALCUL DE LA FLÈCHE

La formule donnant la flèche prise par la poutre sous l'influence des charges, est la suivante :

$$f = \frac{5Ml^2}{48EI}.$$

Dans cette formule :

l est la portée de la poutre, soit : 10 m. 70 ;

M le moment fléchissant maximum au milieu de la poutre ;

I le moment d'inertie moyen de la poutre. En tenant compte des largeurs de semelles, il est égal à :

$$\frac{0{,}002.116.7 \times 6{,}50 + 0{,}001.429.4 \times 4{,}20}{10{,}70} = 0{,}001.847 ;$$

E le coefficient d'élasticité de l'acier, soit : 20×10^9.

On a dès lors :

Pour la charge permanente :

$$M = 28.622 \text{ kgm.}$$

et :

$$f' = \frac{5 \times 28.622 \times \overline{10{,}70}^2}{48 \times 20 \times 10^9 \times 0{,}001.847} = 0 \text{ m. } 009 ;$$

Pour la surcharge :

$$M = 24.822 \text{ kgm.}$$

et :

$$f'' = \frac{5 \times 24.822 \times \overline{10{,}70}^2}{48 \times 20 \times 10^9 \times 0{,}001.847} = 0 \text{ m. } 008.$$

La flèche totale est en conséquence de :

$$f = f' + f'' = 0 \text{ m. } 017.$$

La poutre a une contreflèche de fabrication de 0 m. 035.

Section V — MÉTRÉ DU PONT DE 10 MÈTRES A UNE VOIE

DÉSIGNATION DES PIÈCES	Nombre de pièces	Longueur	Largeur	Épaisseur	Poids par mèt. courant	Poids par pièce	POIDS partiels	POIDS totaux
A. Aciers.								
1° *Poutres* :		m.	mm.	mm.	k.	k.	k.	k.
Ame.	1	11 20	700	10	54 6	611	611	
Cornières.	4	11 20	80 × 80	9	10 6	119	476	
Semelles.	1	11 20	300	10	23 4	262	262	
	1	11 20	370	10	28 86	323	323	
	2	6 50	300	10	23 4	152	304	
Corn. des montants. .	32	0 68	70 × 70	8	8 24	5 6	179	
Fourrures	16	0 53	150	9	10 53	5 58	89	
							2.244	
Rivets (têtes) et couvre-joints 10 0/0	»	»	»	»	»	»	224	
Pour 1 poutre	»	»	»	»	»	»	2.468	
Pour 2 poutres. . . .	»	»	»	»	»	»	»	4.936
2° *Entretoises* :								
Ame.	1	2 465	350	8	21 8	53 8	54	
Cornières.	4	2 93	70 × 70	9	9 19	27 4	110	
Goussets.	2	0 68	250 moy.	8	15 6	10 6	21	
Couvre-joints.	4	0 36	200	8	12 48	4 5	18	
							203	
Rivets 3 0/0.	»	»	»	»	»	»	6	
Pour 1 entretoise. . .	»	»	»	»	»	»	209	
Pour 8 entretoises . .	»	»	»	»	»	»	»	1.672
A reporter	. . .	. . .	. . .	. . .	. . .	. . .	. . .	6.608

DÉSIGNATION DES PIÈCES	Nombre de pièces	Longueur	Largeur	Épaisseur	Poids par mèt. courant	Poids par pièce	POIDS partiels	POIDS totaux
Report.	. . .	. . .	. . . .	. . .	. . .	. . .	. . .	k. 6.608
3° *Consoles* :								
Gousset	1	m. 0 69	mm. 280 moy.	mm. 8	k. 17 47	k. 12 0	k. 12 0	
Corn. horizontales . .	2	0 35	70 × 70	8	8 24	2 9	5 8	
— verticales. . . .	2	0 13	»	»	»	1 07	2 1	
Four. horizontales . .	1	0 215	150	10	11 7	2 5	2 5	
— verticales. . . .	2	0 07	70	8	4 37	0 3	0 6	
							23 0	
Rivets 3 0/0	»	»	»	»	»	»	0 7	
Pour 1 console. . . .	»	»	»	»	»	»	23 7	
Pour 16 consoles . . .	»	»	»	»	»	»	»	379
4° *Poutrelles du trottoir*								
Ame.	1	10 20	270	6	12 63	129	129	
Cornières.	2	10 20	50 × 50	6	4 4	45	90	
							219	
Rivets 3 0/0	»	»	»	»	»	»	6	
Pour 1 poutrelle . . .	»	»	»	»	»	»	225	
Pour 2 poutrelles. . .	»	»	»	»	»	»	»	450
5° *Trottoirs* :								
Tôles	2	10 20	200	6	13 57	138 5	277	
Cornières.	14	1 24	60 × 60	8	7 0	8 68	122	
							399	
Rivets 3 0/0	»	»	»	»	»	»	12	411
A reporter.	. . .	. . .	. . . .	. . .	. . .	. . .	. . .	7.848

DÉSIGNATION DES PIÈCES	Nombre des pièces	Longueur	Largeur	Épaisseur	Poids par mèt. courant	Poids par pièce	POIDS partiels	POIDS totaux
Report.	. . .	. . .	. . .	. . .	. . .	. . .	. . .	k. 7,848
6° *Tirants des entretoises extrêmes* :								
Fers plats	4	m. 1 55	mm. 80	mm. 10	k. 6 24	k. 9 7	k. 39	39
7° *Raccords sur culées* :								
Tôles horizontales .	2	2 50	200	6	9 36	23 4	47	
	4	0 85	320	6	15 0	12 8	51	
	4	0 35	260	6	12 17	4 25	17	
	4	0 38	170	6	7 95	3 02	12	
Tôles verticales. . . .	4	0 24	220	8	13 73	3 3	13	
Cornières	4	0 62	60 × 60	8	7 0	4 34	17	
—	4	0 22	»	»	7 0	1 54	6	
Fourrures horizontales	4	0 62	60	16	7 5	4 65	19	
— verticales. .	4	0 14	70	9	4 9	0 69	3	
							185	
Rivets 3 0/0	»	»	»	»	»	»	6	
								191
Poids total des aciers.	»	»	»	»	»	»	»	8,078
B. 8° Garde-corps en fer forgé.								
Montants.	16	»	»	»	»	11 25	180	
Partie courante. . . .	2	9 80	»	»	22 5	221	442	
Rivets et boulons 5 0/0	»	»	»	»	»	»	31	
Poids des fers forgés.	»	»	»	»	»	»	»	653
C. Fonte.								
9° *Plaques d'appui*. .	4	»	»	»	»	65	»	
Poids de la fonte . . .	»	»	»	»	»	»	»	260

DÉSIGNATION DES PIÈCES	Nombre de pièces	Longueur	Largeur	Epaisseur	Poids par mèt. courant	Poids par pièce	POIDS partiels	POIDS totaux
D. Plomb sous les appuis.								
10° *Feuilles de plomb.*	4	»	»	»	»	10 5	»	»
Poids du plomb . . .	»	»	»	»	»	»	»	42
Résumé.								
Acier laminé.	»	»	»	»	»	»	»	8,078
Fer forgé	»	»	»	»	»	»	»	653
Fonte	»	»	»	»	»	»	»	260
Plomb	»	»	»	»	»	»	»	42
Poids total	»	»	»	»	»	»	»	9,033

CHAPITRE VIII

PONT MÉTALLIQUE DE 15 MÈTRES D'OUVERTURE, A DEUX VOIES

(Pl. 5)

Section I. — CALCUL D'UNE ENTRETOISE

(Portée de 6 m. 85)

§ 1. — CHARGE PERMANENTE

1° *Détermination de la charge permanente par mètre courant d'entretoise* [1]

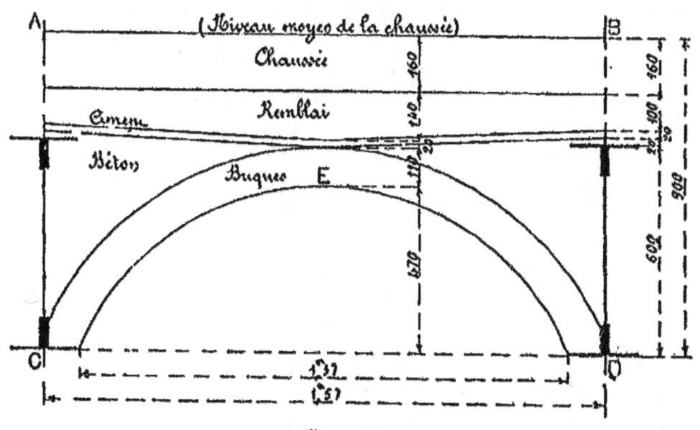

Fig. 83.

1. D'après la methode de M. Henry, inspecteur général des ponts et chaussées (*Formules, barèmes et tableaux*, page 470).

Volume total ABCD : $1,57 \times 0,90 = 1$ m³ 413

A déduire le volume CED : $\frac{2}{3} \times 1,37 \times 0,470 = 0$ m³ 429

Reste pour le volume total de la charge permanente : 0 m³ 984

Ce volume se décompose comme il suit :

Voûte :	$1,90 \times 0,11 = 0,209$	0 m³ 679
Chape :	$1,57 \times 0,02 = 0,031$	
Remblai :	$1,57 \times \frac{0,14 + 0,10}{2} = 0,188$	
Chaussée :	$1,57 \times 0,16 = 0,251$	
Béton :	$0,984 - 0,679 =$	0 m³ 305
	Total :	0 m³ 984

La charge permanente peut dès lors s'évaluer ainsi :

Métal :	152 kg.
Voûte :	$0,209 \times 1.800 = 376$ kg.
Chape :	$0,031 \times 2.000 = 62$ kg.
Remblai :	$0,188 \times 1.400 = 263$ kg.
Chaussée :	$0,251 \times 2.100 = 527$ kg.
Béton :	$0,305 \times 2.100 = 640$ kg.
Total de la charge permanente par mètre courant d'entretoise :	2.020 kg.

2° *Mom fléchissant maximum dû à la charge permanente* :

$$M_1 = \frac{2.020 \times \overline{6,85}^2}{8} = 11.848 \text{ kgm.}$$

§ 2. — SURCHARGE ROULANTE

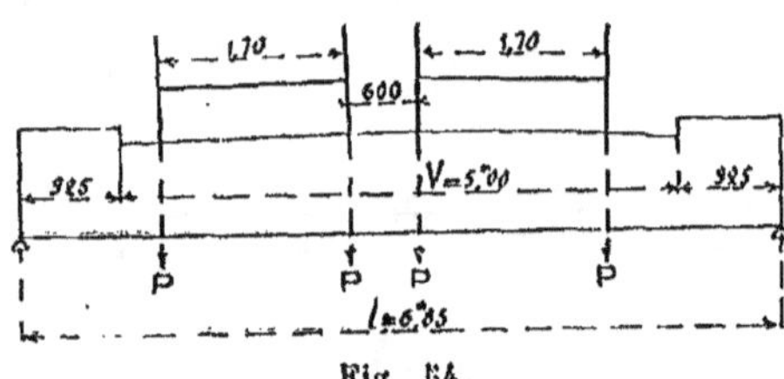

Fig. 54.

Le moment fléchissant maximum a pour expression :

$$M = P\left(l + \frac{0{,}09}{l} - 2{,}30\right)$$ [1]

soit :

$$M = 4{,}563\ P$$

d'où :

Avec les tombereaux de 6.000 kg. :

$$M_2 = 4{,}563 \times 3.000 = 13.689 \text{ kgm.}$$

Avec les charrettes de 11.000 kg. :

$$M_3 = 4{,}563 \times 5.500 = 25.096 \text{ kgm.}$$

§ 3. — SURCHARGE DU TROTTOIR

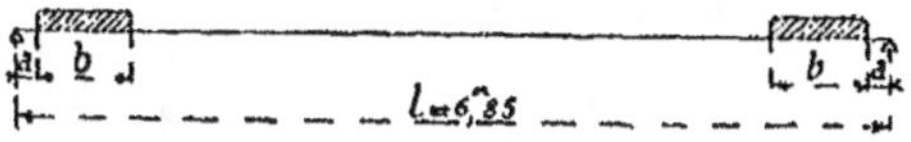

a b l = 6,35 b a

Fig. 55.

Le moment fléchissant maximum a pour expression :

$$M = \frac{pb}{2}(2a + b)$$ [2]

$$a = 0 \text{ m. } 175 \text{ ;}$$
$$b = 0 \text{ m. } 75 \text{;}$$

$$p = 400 \text{ kg.} \times 1{,}57 = 628 \text{ kg.}$$

On trouve dès lors :

$$M_4 = \frac{628 \times 0{,}75}{2}(2 \times 0{,}175 + 0{,}75) = 259 \text{ kgm.}$$

§ 4. — CHARGE PERMANENTE ET SURCHARGE

Le moment fléchissant a, en totalité, pour valeur :
Avec les tombereaux de 6.000 kg. :

1. Henry, page 366.
2. Henry, page 23.

$$M_1 + M_2 + M_4 = 25.796 \text{ kgm.}$$

Avec les charrettes de 11.000 kg. :

$$M_1 + M_3 + M_4 = 37.203 \text{ kgm.}$$

§ 5. — TRAVAIL DU MÉTAL

1° *Flexion.* — Valeur du moment d'inertie I de la section ci-contre, déduction faite des trous de rivets[1] :

Ame :	0,000.144.0	0,000.578.9
Cornières :	0,000.434.9	
Semelles :		0,000.707.5
		I = 0,001.286.4

d'où :

$$\frac{I}{V} = \frac{0{,}001.286.4}{0{,}320} = 0{,}004.020.$$

Le travail du métal par millimètre carré est dès lors :

Avec les tombereaux de 6.000 kg. :

$$\frac{25.796}{4.020} = 6 \text{ kg. } 4$$

(Limite réglementaire de 8 kg. 5).

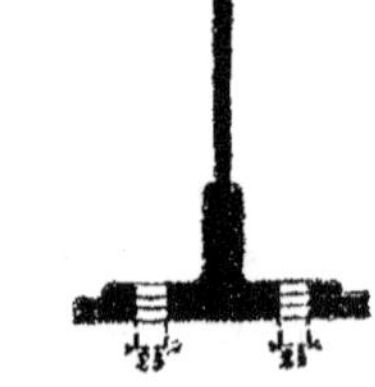

Fig. 56.

Avec les charrettes de 11.000 kg. :

$$\frac{37.203}{4.020} = 9 \text{ kg. } 25$$

(Limite réglementaire de 8,5 + 1,0 = 9 kg. 5).

Distribution des semelles. — Avec une semelle :

Ame et cornières :	0,000.578 9
Semelles :	0,000.342.4
I =	0,000.921.3

1. D'après les tableaux des moments d'inertie de la Compagnie des chemins de fer de l'Est.

d'où :

$$\frac{I}{V} = \frac{0,000.921.3}{0,310} = 0,002.972.$$

Sans semelles :

$$I = 0,000.578.9\,;$$

d'où :

$$\frac{I}{V} = \frac{0,000.578.9}{0,30} = 0,001\ 929.$$

Le métal travaillant à 9 kg. 5 par millimètre carré, les moments résistants sont dès lors les suivants :

Avec 2 semelles : 4.020 × 9,5 = 38.190 kg.
Avec 1 semelle : 2.972 × 9,5 = 28.234 kg.
Sans semelle : 1.929 × 9,5 = 18 325 kg.

L'épure ci-après permet en conséquence de déterminer les longueurs des deux cours de semelles.

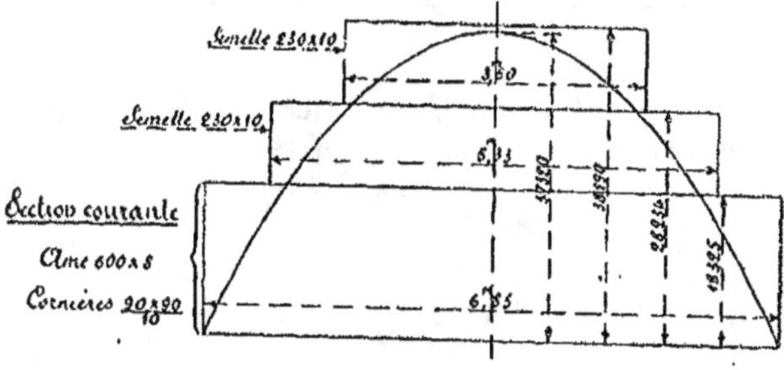

Fig. 57.

2° *Cisaillement longitudinal de l'âme.* — L'effort S de cisaillement longitudinal de l'âme, par mètre courant, est donné par la formule :

$$S = \frac{Tm}{I},$$

T étant l'effort tranchant maximum ;

m le moment statique, par rapport à la fibre neutre, de la partie de la section située d'un même côté de cette fibre neutre ;

I le moment d'inertie de la section entière.

Effort tranchant maximum. — L'effort tranchant maximum dû à la charge permanente est égal à :

$$T_1 = \frac{2\,020 \times 6{,}85}{2} = 6.918 \text{ kg.}$$

Celui qui est dû à la surcharge uniforme du trottoir, a pour valeur :

$$T_2 = 400 \times 1{,}57 \times 0{,}75 = 471 \text{ kg.}$$

Quant à l'effort tranchant maximum dû à la surcharge rou-

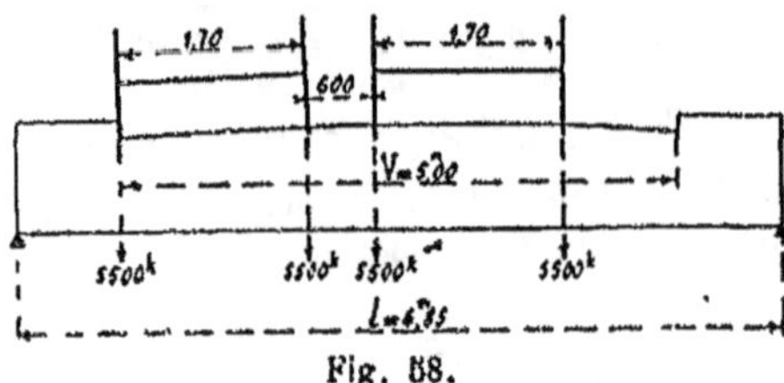

Fig. 58.

lante, il est déterminé par le passage des convois des chariots de 11.000 kg. et est donné par l'expression :

$$T = P\left(2{,}00 + \frac{2{,}00}{l}\right)^{1},$$

soit :

$$T_3 = 5.500\left(2{,}00 + \frac{2{,}00}{6{,}85}\right) = 12.606 \text{ kg.}$$

L'effort tranchant maximum a donc en totalité pour valeur :

$$T_1 + T_2 + T_3 = 19.995 \text{ kg.}$$

Moment statique m. — Il s'établit ainsi qu'il suit :

Ame :	0,000.360.0	
Cornières :	0,000.931.6	0,002.357.6
Semelles :	0,001.426.0	
	0,002.717.6	
A déduire pour trous de rivets :	0,000.420.9	
m =	0,002.296.7	

1. Henry, page 378.

On a dès lors :

$$S = \frac{19.995 \times 0,002.296.7}{0,001.286.4} = 35.698 \text{ kg.}$$

d'où l'on déduit pour le travail de l'âme, par millimètre carré :

$$\frac{35.698}{1.000 \times 8} = 4 \text{ kg. } 46.$$

$$(\text{Limite réglementaire de } 9,5 \times \frac{4}{5} = 7 \text{ kg. } 6).$$

3° *Cisaillement vertical de l'âme.* — La section nette de l'âme est égale à :

$$(600 - 2 \times 23)\ 8 = 4.432 \text{ mm}^2.$$

Le travail du métal ressort en conséquence à :

$$\frac{19.995}{4.432} = 4 \text{ kg. } 5.$$

(Limite réglementaire de 7 kg. 6).

4° *Résistance des rivets d'attache des cornières sur l'âme.* — L'effort S_R de cisaillement d'un rivet a pour expression :

$$S_R = \frac{T.d.m_1}{I},$$

T étant l'effort tranchant maximum, soit 19.995 kg. ;

m_1 le moment statique des cornières et des semelles par rapport à la fibre neutre, soit :

$$0,002.357.6 - 0,000.420.9 = 0,001.936.7 \text{ ;}$$

d l'écartement des rivets, soit 0 m. 150 ;

I le moment d'inertie de la section entière, soit 0,001.286.4.

On trouve dès lors :

$$S = \frac{19.995 \times 0,001.936.7 \times 0,150}{0,001.286.4} = 4.515 \text{ kg.}$$

La section d'un rivet de 23 mm. étant de 415 mm² et chaque rivet travaillant à double section, on en déduit, pour le travail des rivets par millimètre carré :

$$\frac{4.515}{2 \times 415} = 5 \text{ kg. } 43$$

(Limite réglementaire de 7 kg. 6).

5° *Résistance des rivets d'attache des entretoises sur les poutres.* — Le nombre des rivets de 19 mm. travaillant à double section, est au minimum de 7. La section d'un rivet de 19 mm. étant de 283 mm², leur travail par millimètre carré est donc, au maximum, de :

$$\frac{19.995}{14 \times 283} = 5 \text{ kg. } 05$$

(Limite réglementaire de 7 kg. 6).

Section II. — CALCUL D'UNE POUTRE

(Portée de 15 m. 70)

I. — MEMBRURES

§ 1. — CHARGE PERMANENTE

La charge permanente par mètre courant de poutre peut s'évaluer ainsi qu'il suit :

Métal (non compris les entretoises) :	450 kg.
Voûtes, béton, chape, remblai et chaussée (voir calcul de l'entretoise, § 1) : $\frac{2.020 \times 3{,}425}{1{,}57}$ =	4.400 kg.
Total :	4.850 kg.

Moment fléchissant maximum dû à la charge permanente :

$$M_1 = \frac{4.850 \times \overline{15{,}70}^2}{8} = 149.434 \text{ kgm.}$$

§ 2. — SURCHARGE DU TROTTOIR

Montant de cette surcharge par mètre courant :

$$400 \times 0{,}75 = 300 \text{ kg.}$$

Moment fléchissant maximum dû à la surcharge du trottoir :

$$M_2 = \frac{300 \times \overline{15,70}^2}{8} = 9.243 \text{ kgm.}$$

§ 3. — SURCHARGE ROULANTE

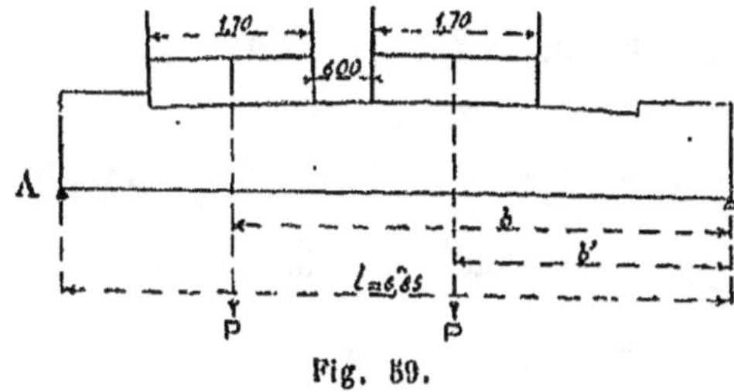

Fig. 59.

$$b = 5 \text{ m. } 075\,;$$
$$b' = 2 \text{ m. } 775.$$

Le moment fléchissant de la poutre A peut s'obtenir en multipliant par le coefficient K ci-après le moment fléchissant produit par un convoi de voitures dont les résultantes des charges passeraient dans l'axe de la poutre.

$$K = \frac{b + b'}{l}\ ^{1},$$

soit :

$$K = 1,146.$$

Quant au moment fléchissant déterminé au milieu de la poutre par le convoi passant dans l'axe de cette poutre, il a pour valeur :

Avec les tombereaux de 6.000 kg. :

28.940 kgm. [2]

Avec les chariots de 16.000 kg. :

57.782 kgm. [3]

1. Henry, page 429.
2. Henry, page 336 (par interpolation).
3. Henry, page 339 (par interpolation).

Il en résulte que le moment de la poutre, en son milieu, est égal à :

Avec les tombereaux de 6.000 kg. :

$$M_3 = 28.940 \times 1,146 = 33.165 \text{ kgm.}$$

Avec les chariots de 16.000 kg. :

$$M_4 = 57.782 \times 1,146 = 66.218 \text{ kgm.}$$

§ 4. — CHARGE PERMANENTE ET SURCHARGE

Le moment fléchissant total, au milieu de la poutre, a pour valeur :

Avec les tombereaux de 6.000 kg. :

$$M_1 + M_2 + M_3 = 191.842 \text{ kgm.}$$

Avec les chariots de 16.000 kg. :

$$M_1 + M_2 + M_4 = 224.895 \text{ kgm.}$$

§ 5. — TRAVAIL DU MÉTAL

Valeur du moment d'inertie I de la section ci-après, déduction faite des trous de rivets[1] :

Ame :	0,003.868.6	0,008.895.0
Cornières :	0,005.026.4	
Semelles :	0,015.583.0	
I =	0,024.478.0	

d'où :

$$\frac{I}{V} = \frac{0,024.478}{1,025} = 0,023.880.$$

Le travail du métal par millimètre carré est dès lors :

Avec les tombereaux de 6.000 kg. :

$$\frac{191.842}{23.880} = 8 \text{ kg. } 0$$

(Limite réglementaire de 8 kg. 5).

1. D'après les tableaux des moments d'inertie de la Compagnie des chemins de fer de l'Est.

Avec les chariots de 16.000 kg. :

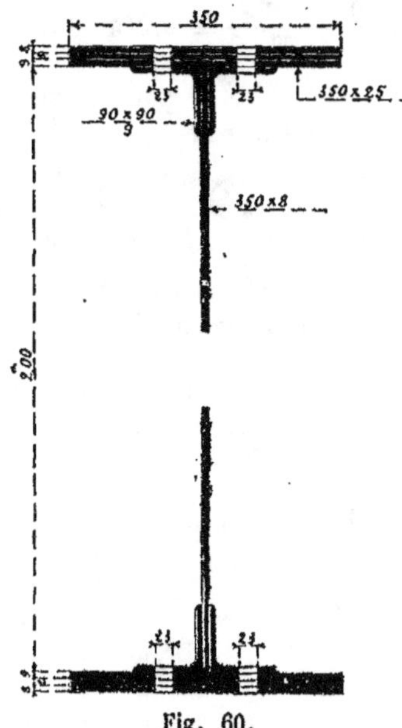

Fig. 60.

$$\frac{224.895}{23.880} = 9 \text{ kg. } 4.$$

(Limite réglementaire de 8,5 + 1,0 = 9 kg. 5).

Distribution des semelles. — Avec deux semelles :

Ame et cornières :	0,008.895.0
Semelles :	0,010.512.7
I =	0,019.407.7

d'où :

$$\frac{I}{V} = \frac{0,019.407.7}{1,017} = 0,019.083.$$

Avec une semelle :

Ame et cornières :	0,008.895.0
Semelle :	0,005.521.4
I =	0,014.416.4

d'où :

$$\frac{I}{V} = \frac{0,014.416.4}{1,009} = 0,014.288.$$

Le métal travaillant à 9 kg. 5 par millimètre carré, les moments résistants sont dès lors les suivants :

Avec 3 semelles : 23.880 × 9,5 = 226.860 kgm.
Avec 2 semelles : 19.083 × 9,5 = 181.288 kgm.
Avec 1 semelle : 14.288 × 9,5 = 135.736 kgm.

L'épure ci-après permet, en conséquence, de déterminer les longueurs des trois cours de semelles.

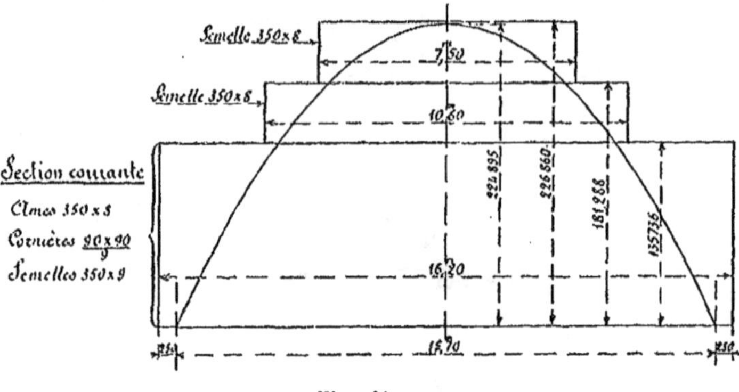

Fig. 61.

II. — BARRES DE TREILLIS

§ 1. — EFFORTS TRANCHANTS

L'effort tranchant sur appui, dû à la charge permanente, est égal à :

$$T_1 = \frac{4.850 \times 15,70}{2} = 38.072 \text{ kg.}$$

Efforts tranchants dus à la surcharge du trottoir :
Sur appui :

$$T_2 = \frac{300 \times 15,70}{2} = 2.355 \text{ kg.}$$

Dans l'axe :

$$\frac{2.355}{4} = 589 \text{ kg.}$$

Quant aux efforts tranchants dus à la surcharge roulante, ils sont obtenus en multipliant par le coefficient $K = 1,146$, déterminé précédemment, les efforts tranchants produits par un convoi de voitures dont les résultantes des charges passeraient dans l'axe de la poutre. Dans le cas des chariots de 16.000 kg., les valeurs des efforts tranchants, de dixième en dixième de la portée, sont donc les suivantes :

Appui T_3 =	16.679 × 1,146 = 19.114 kg.
$\frac{1}{10} l$	14.519 × 1,146 = 16.639 kg.
$\frac{2}{10} l$	12.421 × 1,146 = 14.234 kg.
$\frac{3}{10} l$	10.409 × 1,146 = 11.929 kg.
$\frac{4}{10} l$	8.501 × 1,146 = 9.742 kg.
$\frac{5}{10} l$	6.657 × 1,146 = 7.629 kg. [1]

L'effort tranchant total sur appui a pour valeur :

$$T_1 + T_2 + T_3 = 59.541 \text{ kg.}$$

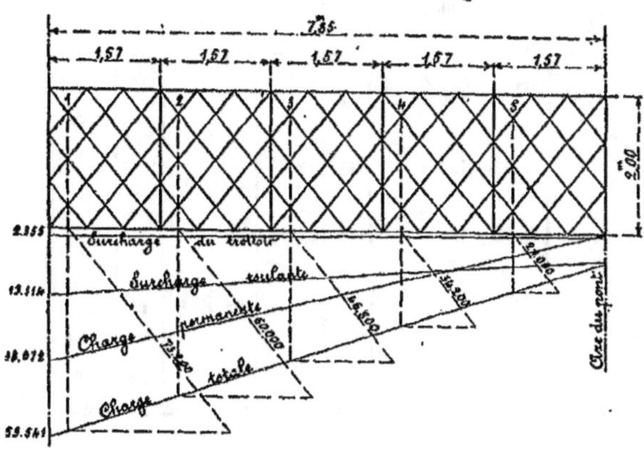

Fig. 62.

1. Henry, page 347 (par interpolation).

Ces valeurs permettent de tracer les lignes représentatives des efforts tranchants dus à la charge permanente, à la surcharge du trottoir, à la surcharge roulante et à la charge totale. En décomposant les efforts tranchants ainsi obtenus, suivant la direction des barres de treillis, on obtient les efforts dans les barres de chaque panneau. C'est ce qui est fait dans l'épure ci-dessus.

§ 2. — TRAVAIL DU MÉTAL

Le tableau suivant résume le calcul du travail des barres de treillis et de leurs rivets d'attache.

La limite réglementaire pour le travail des barres est de :

$$6{,}0 + 1{,}0 = 7 \text{ kg}.\,0\,;$$

et pour les rivets :

$$7{,}0 \times \frac{4}{5} = 5 \text{ kg}.\ 6.$$

Numeros des panneaux	Effort par panneau F	Effort par barre $\frac{F}{6}$	Composition de la section	Section nette	Travail des barres	Rivets			
						Diamètre	Nombre nécessaire	Section totale	Travail
	k.	k.		mm²				mm²	
1	73,200	12,200	22 22 150 × 17	1802	6k.78	22	6	2280	5k.35
2	60,000	10,000	22 22 130 × 17	1462	6k.85	22	5	1900	5k.27
3	46,800	7,800	22 150 × 9	1152	6k.78	22	4	1520	5k.15
4	34,200	5,700	22 115 × 9	837	6k.8	22	3	1140	5k.0
5	21,000	3,500	22 80 × 9	522	6k.7	22	2	760	4k.6

III. — MONTANTS SUR APPUIS

L'effort tranchant maximum total sur appuis a été trouvé égal à :

59.541 kg.

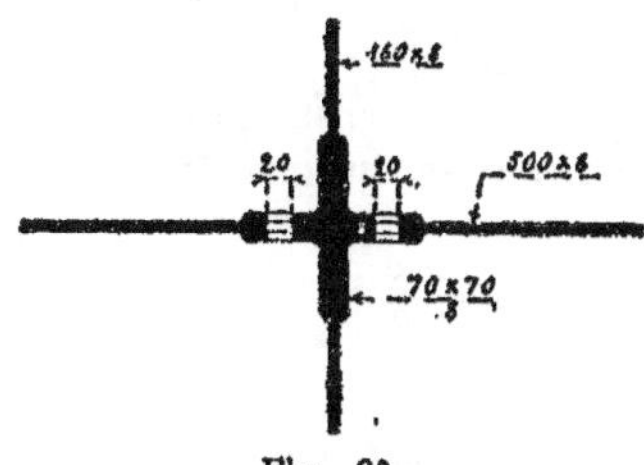

Fig. 63.

Le montant a la section figurée ci-dessus. La section nette est égale à :

2 âmes :	$160 \times 8 =$	2.560
1 âme :	$500 \times 8 =$	4.000
4 cornières :	$70 \times 70 \times 8 =$	4.224
		10.784
A déduire pour les trous de rivets :	$2 \times 20 \times 24 =$	960
	Section nette :	9.824 mm².

Le travail du métal par millimètre carré est donc :

$$\frac{59.541}{9.824} = 6 \text{ kg. } 0.$$

Section III. — PRESSION SUR LES APPUIS

L'effort tranchant maximum a été trouvé égal à :

59.541 kg.

La surface d'appui sur la pierre du sommier est :

$$50 \times 48 = 2.400 \text{ cm}^2;$$

d'où une pression par centimètre carré de :

$$\frac{59.541}{2.400} = 24 \text{ kg. } 8.$$

Section IV. — CALCUL DE LA FLÈCHE

La formule donnant la flèche prise par une poutre, sous l'influence des charges supposées uniformément réparties, est la suivante :

$$f = \frac{5Ml^2}{48EI}.$$

Dans cette formule :

l est la portée de la poutre, soit : 15 m. 70 ;

M le moment fléchissant maximum au milieu de la poutre ;

I le moment d'inertie moyen, en tenant compte de la longueur des semelles, soit :

$$\frac{0,024.478 \times 7,50 + 0,019.407.7 \times 3,10 + 0,014.416.4 \times 5,10}{15,70} =$$
$$= 0,020.208 ;$$

E le coefficient d'élasticité de l'acier, soit : 20×10^9.

On a pour la charge permanente :

$$M = 149.434 \text{ kgm.}$$

d'où :

$$f' = \frac{5 \times 149.434 \times \overline{15,70}^2}{48 \times 20 \times 10^9 \times 0,020.208} = 0 \text{ m. } 009.4$$

et pour la surcharge :

$$M = 75.461 \text{ kgm.}$$

d'où :

$$f'' = \frac{5 \times 75.461 \times \overline{15,70}^2}{48 \times 20 \times 10^9 \times 0,020.208} = 0 \text{ m. } 004.8.$$

La flèche totale est en conséquence de :

$$f = f' + f'' = 0 \text{ m. } 014.2.$$

Les poutres ont une contreflèche de fabrication de 0 m. 050.

Section V — MÉTRÉ DU PONT DE 15 MÈTRES A DEUX VOIES

DÉSIGNATION DES PIÈCES	Nombre de pièces	Longueur	Largeur	Épaisseur	Poids par mèt. courant	Poids par pièce	POIDS partiels	POIDS totaux
			A. Aciers.					
1° *Poutres principales :*								
a. MEMBRURES.		m.	mm.	mm.	k.	k.	k.	k.
Ames	2	14 90	350	8	21 84	326	652	
Goussets.	4	0 65	490	8	30 58	19 8	79	
Cornières.	4	16 20	90 × 90	9	12 00	194	776	
Semelles.	2	16 20	350	9	24 57	398	796	
	2	10 60	350	8	21 84	232	464	
	2	7 50				164	328	
Couvre-joints.	8	0 30	255	8	15 91	4 77	38	
							3,133	
Rivets (têtes) et couvre-joints 10 0/0 . .	»	»	»	»	»	»	313	
Pour 1 poutre	»	»	»	»	»	»	3,440	
Pour 2 poutres. . . .	»	»	»	»	»	»	»	6.892
b. TREILLIS.								
Barres 1. — Fers plats.	4	1 46	150	17	19 89	29	116	
	4	2 18	150	17	19 89	43 4	174	
	2	0 85	150	8	9 36	7 95	16	
	2	1 57	150	8	9 36	14 7	29	
Barres 2. — Fers plats.	4	2 35	130	17	17 24	40 5	162	
	4	2 35	130	9	9 13	21 5	86	
	4	2 11	130	8	8 11	17 1	68	
	4	2 18	130	17	17 24	37 6	150	
	6	1 68	130	8	8 11	13 6	82	
A reporter	. .	. . .	. . . .	. . .	. . .	. . .	883	6.892

DÉSIGNATION DES PIÈCES	Nombre de pièces	Longueur	Largeur	Épaisseur	Poids par mèt. courant	Poids par pièce	POIDS partiels	POIDS totaux
		m.	mm.	mm.	k.	k.	k.	k.
Reports	. . .	. . .	. . . .	. . .	. . .	. . .	883	6.892
Barres 3. — Fers plats.	8	2 35	150	9	10 53	24 7	108	
	4	2 18	150	9	10 53	23	92	
	6	1 68	150	8	9 36	15 7	94	
Barres 4. — Fers plats.	8	2 35	115	9	8 07	19	152	
	4	2 18	115	9	8 07	17 6	70	
	6	1 68	115	8	7 18	12 05	72	
Barres 5. — Fers plats.	12	2 35	80	9	5 62	13 2	158	
	4	2 18	80	9	5 62	12 25	49	
	8	1 68	80	8	4 99	8 4	67	
							1,835	
Rivets 3 0/0	»	»	»	»	»	»	55	
Pour 1 poutre	»	»	»	»	»	»	1,890	
Pour 2 poutres. . . .	»	»	»	»	»	»	»	3.780
c. Montants courants.								
Âme.	1	1 05	160	8	9 98	10 5	10 5	
Cornières.	2	1 98	70 × 70	8	8 24	16 3	32 6	
Fourrures	2	0 26	150	9	10 53	2 74	5 5	
Gousset	1	0 93	335	8	20 90	19 4	19 4	
Couvre-joints.	2	0 41	90	8	5 62	2 3	4 6	
Corn. horizontales . .	2	0 15	90 × 90	9	12 00	1 8	3 6	
Fourrures	2	0 09	90	8	5 62	0 5	1 0	
	1	0 21	75	9	5 20	1 1	1 1	
							78 3	
Rivets 3 0/0	»	»	»	»	»	»	2 4	
Pour 1 montant . . .	»	»	»	»	»	»	80 7	
Pour 18 montants . .	»	»	»	»	»	»	»	1.453
A reporter	. . .	. . .	. . . .	. . .	. . .	. . .	. . .	12.125

DÉSIGNATION DES PIÈCES	Nombre de pièces	Longueur	Largeur	Épaisseur	Poids par mèt. courant	Poids par pièce	POIDS partiels	POIDS totaux
		m.	mm.	mm.	k.	k.	k.	k.
Report.	. . .	. . .	. . . .	. . .	. . .	. . .	. . .	12.125
d. Montants sur culées.								
Ames	1	1 02	500	8	31 2	31 8	31 8	
	1	1 05	160	8	9 98	10 5	10 5	
	1	1 98	160	8	9 98	19 8	19 8	
Cornières.	4	1 98	70 × 70	8	8 24	16 3	65 2	
Fourrures	2	1 81	150	9	10 53	19 1	38 2	
Gousset	1	0 93	335	8	20 9	19 4	19 4	
Couvre-joints.	2	0 41	90	8	5 62	2 3	4 6	
	4	0 30	170	8	10 61	3 18	12 7	
	4	0 30	150	8	9 36	2 81	11 2	
Cornières	6	0 15	90 × 90	9	12 0	1 8	10 8	
Fourrures	6	0 09	90	8	5 6	0 5	3 0	
	3	0 21	75	9	5 26	1 1	3 3	
							230 5	
Rivets 3 0/0	»	»	»	»	»	»	6 5	
Pour 1 montant . . .	»	»	»	»	»	»	237 0	
Pour 4 montants. . .	»	»	»	»	»	»	»	948
2° *Entretoises* (pièces de pont).								
Ame.	1	6 15	600	8	37 44	230	230	
Cornières	4	6 06	90 × 90	10	13 26	88 4	354	
Semelles.	2	5 33	230	10	17 94	95 6	191	
	2	3 60				64 5	129	
Couvre-joints.	4	0 41	300	8	18 72	7 67	31	
A reporter	. . .	. . .	. . . .	. . .	. . .	. . .	935	13.073

DÉSIGNATION DES PIÈCES	Nombre de pièces	Longueur	Largeur	Épaisseur	Poids par mèt. courant	Poids par pièce	POIDS partiels	POIDS totaux
		m.	mm.	mm.	k.	k.	k.	k.
Reports	. . .	. . .	. . . .	. . .	. . .	. . .	938	13.073
Cornières.	4	0 57	80 × 80	8	9 48	5 4	22	
Fourrures	2	0 31	80	8	4 99	1 5	3	
							960	
Rivets 3 0/0	»	»	»	»	»	»	29	
Pour 1 entretoise. . .	»	»	»	»	»	»	989	
Pour 11 entretoises. .	»	»	»	»	»	»	»	10.879
Fourrures sous entret.	13	0 19	75	8	4 68	0 89	»	11
3° *Poutre bordure du trottoir* :								
Ames	20	1 54	300	7	16 38	25 2	504	
	4	0 38	450	7	24 57	9 3	37	
Corn. horizontales . .	20	1 54	60 × 60	7	6 17	9 5	190	
	4	0 38	60 × 60	7	6 17	2 34	9	
	4	0 32	60 × 60	7	6 17	1 97	8	
Cornières cintrées . .	20	1 50	60 × 60	7	6 17	9 25	185	
Cornières d'attache. .	44	0 39	60 × 60	7	6 17	2 4	106	
							1.039	
Rivets 3 0/0	»	»	»	»	»	»	31	1.070
4° *Cornière bordure de la chaussée* :								
Cornières.	2	16 50	80 × 80	8	9 48	156	312	312
5° *Contreventement* :								
Cornières.	2	7 70	70 × 70	8	8 24	63 5	127	
	4	3 80				31 3	125	
	2	7 04				58	116	
A reporter	. . .	. . .	. . . .	. . .	. . .	. . .	368	25.34

DÉSIGNATION DES PIÈCES	Nombre de pièces	Longueur	Largeur	Épaisseur	Poids par mèt. courant	Poids par pièce	POIDS partiels	POIDS totaux
		m.	mm.	mm.	k.	k.	k.	k.
Reports	. . .	. . .	. . . .	. . .	. . .	. . .	368	25.345
Goussets.	4	0 48	340	8	21 22	10 2	41	
	2	0 44	280	8	17 47	7 7	15	
	2	0 62	280	8	17 47	10 8	22	
	1	0 52	280	8	17 47	9 1	9	
Goussets croisement .	2	0 58	150	8	9 36	5 4	11	
Fourrures	12	0 25	70	12	6 55	1 64	20	
							486	
Rivets 3 0/0	»	»	»	»	»	»	14	
6° *Tirants des entretoises extrêmes :*								500
Fers plats	4	1 80	80	10	6 24	11 2	45	45
7° *Raccords sur culée :*								
Tôles.	2	5 33	260	6	12 17	65	130	
	4	0 58	390	6	18 25	10 6	42	
Fourrures	4	0 86	110	10	8 58	7 4	30	
							202	
Rivets 3 0/0	»	»	»	»	»	»	6	
								208
Poids total des aciers laminés	»	»	»	»	»	»	»	26.098

B. Fonte.

8° *Plaques d'appui.* .	4	»	»	»	»	100	»	
Poids de la fonte. . .	»	»	»	»	»	»	»	400

DÉSIGNATION DES PIÈCES	Nombre de pièces	Longueur	Largeur	Épaisseur	Poids par mèt. courant	Poids par pièce	POIDS partiels	POIDS totaux
C. Plomb sous appuis.								
		m.	mm.	mm.	k.	k.	k.	k.
9° *Feuilles de plomb* .	4	»	»	5	»	13 7	»	»
Poids du plomb . . .	»	»	»	»	»	»	»	52
Résumé.								
Acier laminé.	»	»	»	»	»	»	»	26.098
Fonte	»	»	»	»	»	»	»	400
Plomb	»	»	»	»	»	»	»	52
								26.550

CHAPITRE IX

PONT MÉTALLIQUE DE 20 MÈTRES D'OUVERTURE, A UNE VOIE

(Pl. 6)

Section I. — CALCUL D'UNE ENTRETOISE

(Portée de 4 m. 35)

§ 1. — CHARGE PERMANENTE

1° Détermination de la charge permanente par mètre courant d'entretoise[1].

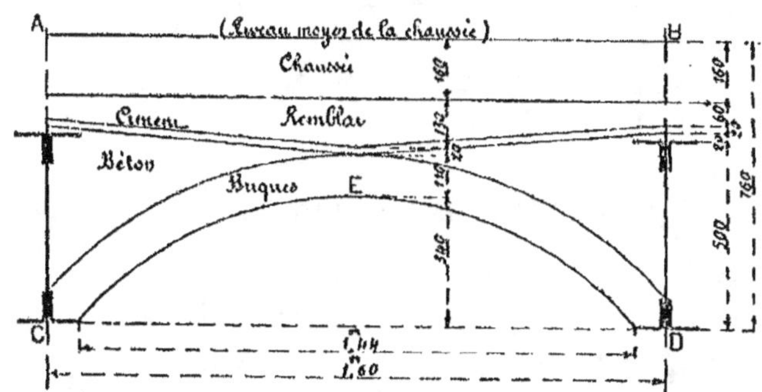

Fig. 64.

1. D'après la méthode de M. Henry, inspecteur général des ponts et chaussées (*Formules, barèmes et tableaux*, page 470).

Volume total ABCD :	$1,60 \times 0,76 =$	1 m³ 216
A déduire le volume CED :	$\frac{2}{3} \times 1,44 \times 0,34 =$	0 m³ 326
Reste pour le volume total de la charge permanente :		0 m³ 890

Ce volume se décompose comme il suit :

Voûte :	$1,80 \times 0,11 = 0,198$	0,198	0 m³ 638
Chape :	$1,60 \times 0,02 = 0,032$	0,032	
Remblai :	$1,60 \times \frac{0,13 + 0,06}{2} = 0,152$	0,152	
Chaussée :	$1,60 \times 0,16 = 0,256$	0,256	
Béton :	$0,890 - 0,638 =$		0 m³ 252
		Total :	0 m³ 890

La charge permanente peut dès lors s'évaluer ainsi :

Métal :		100 kg.
Voûte :	$0,198 \times 1.800 =$	356 kg.
Chape :	$0,032 \times 2.000 =$	64 kg.
Remblai :	$0,152 \times 1.400 =$	213 kg.
Chaussée :	$0,256 \times 2.100 =$	538 kg.
Béton :	$0,252 \times 2.100 =$	529 kg.
Total de la charge permanente par mètre courant d'entretoise :		1.800 kg.

2° *Moment fléchissant maximum dû à la charge permanente :*

$$M_1 = \frac{1.800 \times \overline{4,35}^2}{8} = 4.257 \text{ kgm.}$$

§ 2. — SURCHARGE ROULANTE

Le moment fléchissant maximum a pour expression[1] :

$$M = P\left(\frac{l}{2} + \frac{0.36}{l} - 0,85\right)$$

soit :

$$M = 1,407\ P$$

d'où :

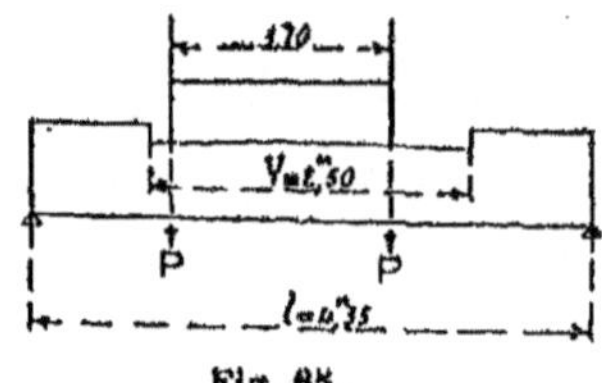

Fig. 65.

1. Henry, page 360.

Avec les tombereaux de 6.000 kg. :

$$M_2 = 1{,}407 \times 3.000 \text{ kg.} = 4.221 \text{ kgm.}$$

Avec les charrettes de 11.000 kg. :

$$M_3 = 1{,}407 \times 5.500 \text{ kg.} = 7.738 \text{ kgm.}$$

§ 3. — SURCHARGE DU TROTTOIR

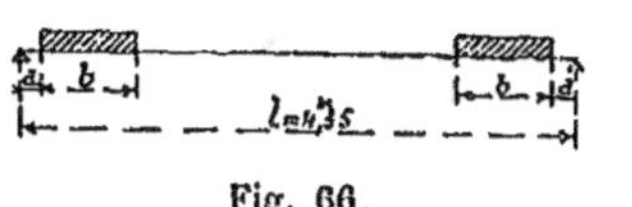

Fig. 66.

Le moment fléchissant maximum est donné par la formule[1] :

$$M = \frac{pb}{2}(2a + b)$$

dans laquelle :

$$p = 400 \text{ kg.} \times 1{,}60 = 640 \text{ kg.};$$

$$a = 0 \text{ m. } 175;$$

$$b = 0 \text{ m. } 75.$$

Le moment fléchissant maximum est dès lors :

$$M_4 = \frac{640 \times 0{,}75}{2}(2 \times 0{,}175 + 0{,}75) = 264 \text{ kgm}$$

§ 4. — CHARGE PERMANENTE ET SURCHARGE

Le moment fléchissant maximum a en totalité pour valeur :
Avec les tombereaux de 6.000 kg. :

$$M_1 + M_2 + M_4 = 8.742 \text{ kgm.}$$

Avec les charrettes de 11.000 kg. :

$$M_1 + M_3 + M_4 = 12.259 \text{ kgm.}$$

1. Henry, page 22.

§ 5. — TRAVAIL DU MÉTAL

1° *Flexion.* — Valeur du moment d'inertie I de la section ci-contre, déduction faite des trous de rivets [1] :

Ame :	0,000.077.9
Cornières :	0,000.250.8
I =	0,000.328.7

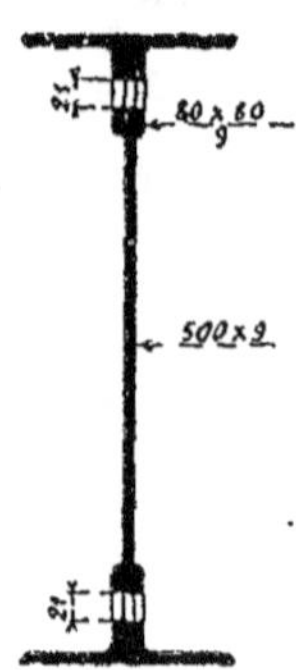

Fig. 67.

d'où :

$$\frac{I}{V} = \frac{0{,}000.328.7}{0{,}250} = 0{,}001.315.$$

Le travail du métal par millimètre carré est dès lors :

Avec les tombereaux de 6.000 kg. :

$$\frac{8.742}{1.315} = 6 \text{ kg. } 65$$

(Limite réglementaire de 8 kg. 5).

Avec les charrettes de 11.000 kg. :

$$\frac{12.259}{1.315} = 9 \text{ kg. } 3$$

(Limite réglementaire de 8,5 + 1,0 = 9 kg. 5).

2° *Cisaillement longitudinal de l'âme.* — L'effort S de cisaillement longitudinal de l'âme par mètre courant est donné par la formule :

$$S = \frac{Tm}{I},$$

T étant l'effort tranchant maximum ;

m le moment statique par rapport à la fibre neutre de la partie de la section située d'un même côté de cette fibre neutre ;

I le moment d'inertie de la section entière.

Effort tranchant maximum. — L'effort tranchant maximum dû à la charge permanente est égal à :

1. D'après les tableaux des moments d'inertie de la Compagnie des chemins de fer de l'Est.

$$T_1 = \frac{1.800 \times 4,35}{2} = 3.915 \text{ kg}.$$

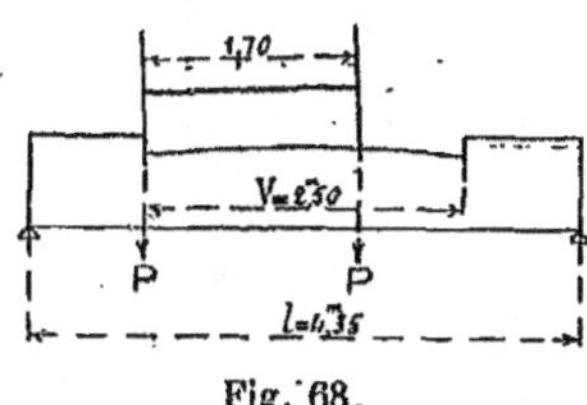

Fig. 68.

Quant à l'effort tranchant maximum dû à la charge roulante, il se produit pour le passage des charrettes de 11.000 kilogr. ; il est donné par l'expression :

$$T = P\left(1 + \frac{0,80}{l}\right)^1.$$

On trouve ainsi :

$$T_2 = 6,512 \text{ kg}.$$

En ce qui concerne l'effort tranchant maximum dû à la surcharge du trottoir, il a pour valeur :

$$T_3 = 400 \times 1,60 \times 0,75 = 480 \text{ kg}.$$

L'effort tranchant maximum a donc en totalité pour valeur :

$$T_1 + T_2 + T_3 = 10.907 \text{ kg}.$$

Moment statique m. — Il s'établit ainsi qu'il suit :

Ame :	0,000.281.2
Cornières :	0,000.617.0
	0,000.898.2
A déduire pour trous de rivets :	0,000.116.2
$m =$	0,000.782.0

On a dès lors :

$$S = \frac{10.907 \times 0,000.782}{0,000.328.7} = 25.948 \text{ kg}. ;$$

d'où l'on déduit pour le travail de l'âme par millimètre carré :

$$\frac{25.948}{1.000 \times 9} = 2 \text{ kg}. 88$$

(Limite réglementaire de $9,5 \times \frac{4}{5} = 7$ kg. 6).

1. Henry, page 374.

3° *Cisaillement vertical de l'âme.* — La section nette de l'âme est égale à :

$$(500 - 2 \times 21)\ 9 = 4.122 \text{ mm}^2.$$

Le travail du métal ressort en conséquence à :

$$\frac{10,907}{4.122} = 2 \text{ kg. } 65$$

(Limite réglementaire de 7 kg. 6).

4° *Résistance des rivets d'attache des cornières sur l'âme.* — L'effort S_R de cisaillement d'un rivet a pour expression :

$$S_R = \frac{T.m_1.d}{I},$$

T étant l'effort tranchant maximum, soit 10.907 kg. ;

m_1 le moment statique des cornières par rapport à la fibre neutre, soit :

$$0,000.617.0 - 0,000,077.5 = 0,000,539.5\ ;$$

d l'écartement des rivets, soit 0 m. 150 ;

I le moment d'inertie de la section entière, soit 0,000.328.7.

On trouve dès lors :

$$S_R = \frac{10.907 \times 0,000.539.5 \times 0,150}{0,000.328\ 7} = 2.685 \text{ kg.}$$

La section d'un rivet de 21 mm. étant de 346 mm² et chaque rivet travaillant à double section, on en déduit, pour le travail des rivets par millimètre carré :

$$\frac{2.685}{2 \times 346} = 3 \text{ kg. } 87$$

(Limite réglementaire de 7 kg. 6).

5° *Résistance des rivets d'attache des entretoises sur les poutres.* — Le nombre des rivets de 18 mm. travaillant à double section est au minimum de 6. La section d'un rivet de 18 mm. étant de 254 mm², le travail par millimètre carré est au maximum de :

$$\frac{10.907}{12 \times 254} = 3 \text{ kg. } 58$$

(Limite réglementaire de 7 kg. 6).

Section II. — CALCUL D'UNE POUTRE

(Portée de 20 m. 80)

I. — MEMBRURES

§ 1. — CHARGE PERMANENTE

La charge permanente par mètre courant de poutre peut s'évaluer ainsi qu'il suit :

Métal (non compris les entretoises) : 423 kg.
Voûtes, béton, chape, remblai et chaussée (voir calcul de l'entretoise, § 1) : $\frac{1.800}{1,60} \times 2,175 = 2.447$ kg.

Total : 2.870 kg.

Moment fléchissant maximum de la charge permanente :

$$M_1 = \frac{2.870 \times \overline{20,80}^2}{8} = 155.210 \; kgm.$$

§ 2. — SURCHARGE ROULANTE

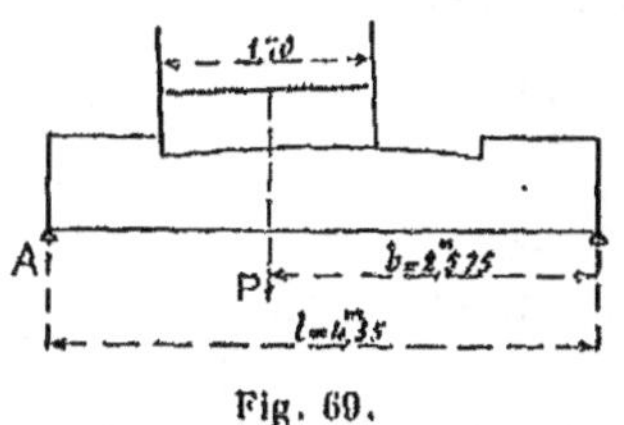

Fig. 69.

Le moment fléchissant de la poutre A peut s'obtenir en multipliant par le coefficient K, ci-après, le moment fléchissant produit par un convoi de voitures dont les résultantes des charges passeraient dans l'axe de la poutre :

$$K = \frac{b}{l} \text{ [1]};$$

soit :

$$K = 0,592.$$

1. Henry, page 427.

Quant au moment fléchissant déterminé au milieu de la poutre par le convoi passant dans l'axe de cette poutre, il a pour valeur :

Avec les tombereaux de 6.000 kg. :

54.560 kgm.[1] ;

Avec les chariots de 16 000 kg. :

86.915 kgm.[2].

Il en résulte que le moment de la poutre A en son milieu est égal à :

Avec les tombereaux de 6.000 kg. :

$$M_2 = 54.560 \times 0,592 = 32.300 \text{ kgm.}$$

Avec les chariots de 16.000 kg. :

$$M_3 = 86.915 \times 0,592 = 51.454 \text{ kgm.}$$

§ 3. — SURCHARGE DU TROTTOIR

Montant de cette surcharge par mètre courant :

$$400 \times 0,75 = 300 \text{ kg.}$$

Moment fléchissant maximum de la surcharge du trottoir :

$$M_4 = \frac{300 \times \overline{20,80}^2}{8} = 16.224 \text{ kgm.}$$

§ 4. — CHARGE PERMANENTE ET SURCHARGE

Le moment fléchissant maximum total, au milieu de la poutre, a pour valeur :

Avec les tombereaux de 6.000 kg. :

$$M_1 + M_2 + M_4 = 203.734 \text{ kgm.}$$

1. Henry, page 336 (par interpolation).
2. Henry, page 339 (par interpolation).

Avec les chariots de 16.000 kg. :

$$M_1 + M_3 + M_4 = 222.888 \text{ kgm.}$$

§ 5. — TRAVAIL DU MÉTAL

1° *Flexion.* — Valeur du moment d'inertie I de la section ci-dessous, déduction faite des trous de rivets[1] :

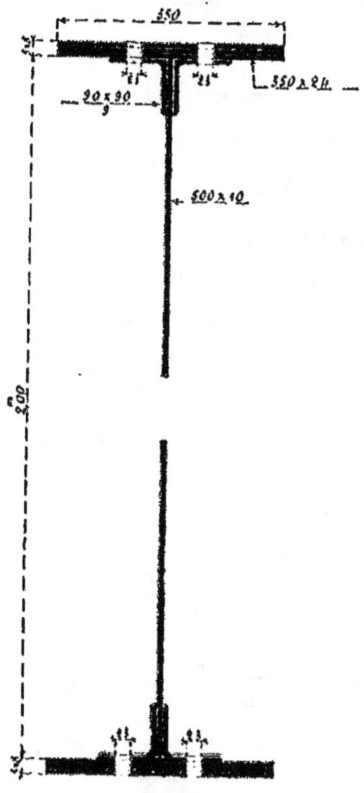

Fig. 70.

1. D'après les tableaux des moments d'inertie de la Compagnie des chemins de fer de l'Est.

Ame : 0,005.833.4 } 0,010.859.8
Cornières : 0,005.026.4 }
Semelles : 0,014.944.9
I = 0,025.804.7

d'où :

$$\frac{I}{V} = \frac{0,025.804.7}{1,024} = 0,025.200.$$

Le travail du métal par millimètre carré est dès lors :

Avec les tombereaux de 6.000 kg. :

$$\frac{203.734}{25.200} = 8 \text{ kg. } 1$$

(Limite réglementaire de 8 kg. 5).

Avec les chariots de 16.000 kg. :

$$\frac{222.888}{25.200} = 8 \text{ kg. } 9$$

(Limite réglementaire de 8,5 + 1,0 = 9 kg. 5).

Distribution des semelles. — Avec deux semelles :

Ame et cornières : 0,010.859.8
Semelles : 0,009.884.6
I = 0,020.744.4

d'où :

$$\frac{I}{V} = \frac{0,020.744.4}{1,016} = 0,020.418.$$

Avec une semelle :

Ame et cornières : 0,010.859.8
Semelle : 0,004.902.9
I = 0,015.762.7

d'où :

$$\frac{I}{V} = \frac{0,015.762.7}{1,008} = 0,015.638.$$

Le métal travaillant à 8 kg. 5 par millimètre carré, les moments résistants sont les suivants :

Avec 3 semelles : 25.200 × 8,5 = 214.200 kgm.
Avec 2 semelles : 20.418 × 8,5 = 173.553 kgm.
Avec 1 semelle : 15.638 × 8,5 = 132.923 kgm.

L'épure ci-après permet, en conséquence, de déterminer les largeurs des trois cours de semelles.

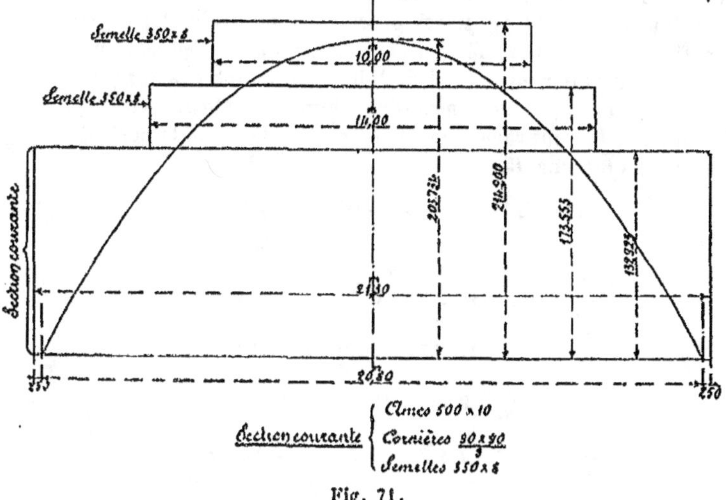

Fig. 71.

II. — BARRES DE TREILLIS

§ 1. — EFFORTS TRANCHANTS

L'effort tranchant maximum sur appuis dû à la charge permanente est égal à :

$$T_1 = \frac{2.870 \times 20,80}{2} = 29.848 \text{ kg.}$$

En ce qui concerne l'effort tranchant maximum dû à la surcharge du trottoir, il a pour valeur, sur appui :

$$T_2 = \frac{300 \times 20,80}{2} = 3.120 \text{ kg.}$$

et au milieu de la travée :

$$\frac{3.120}{4} = 780 \text{ kg.}$$

Quant à l'effort tranchant maximum dû à la surcharge roulante, il se produit dans le cas du passage d'un convoi de chariots de 16.000 kg. Il est obtenu en multipliant par le coefficient K = 0,592, déterminé précédemment, l'effort tranchant produit par un convoi dont les résultantes des charges passeraient par l'axe de la poutre. On trouve ainsi, pour des distances à l'appui variant de dixième en dixième de la portée, les efforts tranchants suivants[1] :

Appui $T_2 = 20.420 \times 0{,}592 = 12.088$ kg.

$\frac{1}{10}$ $\quad 16.771 \times 0{,}592 = 9.928$ kg.

$\frac{2}{10}$ $\quad 13.811 \times 0{,}592 = 8.176$ kg.

$\frac{3}{10}$ $\quad 11.407 \times 0{,}592 = 6.753$ kg.

$\frac{4}{10}$ $\quad 9.300 \times 0{,}592 = 5.506$ kg.

$\frac{5}{10}$ $\quad 7.203 \times 0{,}592 = 4.323$ kg.

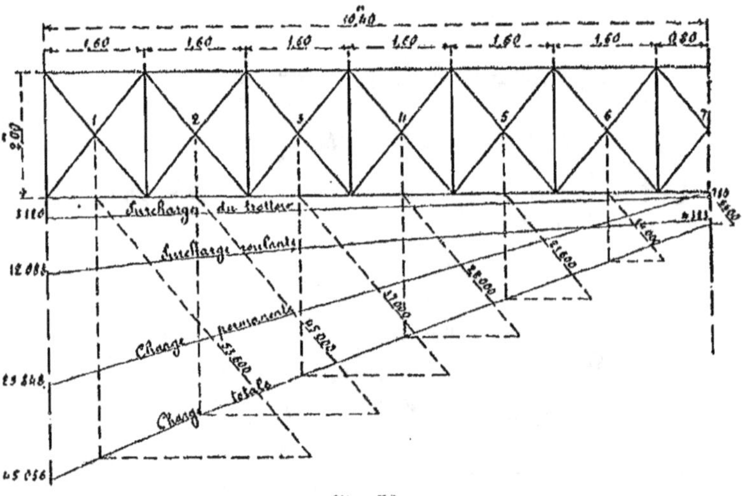

Fig. 72.

1. Henry, page 347 (par interpolation).

Ces valeurs permettent de tracer les lignes représentatives des efforts tranchants dus à la charge permanente, à la surcharge du trottoir, à la surcharge roulante et à la charge totale. C'est ce qui est fait dans l'épure fig. 72. Dans chaque panneau les efforts tranchants totaux sont décomposés suivant la direction des barres de treillis.

§ 2. — TRAVAIL DU MÉTAL

Le tableau suivant résume le calcul du travail des barres de treillis et de leurs rivets d'attache.

Numéros des panneaux	Effort par panneau F	Effort par barre F/c	Composition de la section des barres de treillis	Section nette	Travail des barres	Rivets d'attache			
						Diamètre	Nombre nécessaire	Section totale	Travail
	k.	k.		m/m	k.	m/m		m/m	
1	53.600	26.800	2 corn. 80 × 80 × 9 1 sem. 200 × 10	3882	6,9	22	13	4944	5,45
2	45.000	22.500	2 corn. 90 × 90 × 11	3234	6,95	»	11	4181	5,4
3	37.000	18.500	2 corn. 90 × 90 × 9	2682	6,9	»	9	3420	5,4
4	29.000	14.500	2 corn. 80 × 80 × 8	2080	6,95	»	7	2660	5,45
5	21.600	10.800	1 corn. 90 × 90 × 11	1617	6,7	»	6	2280	4,75
6	14.000	7.000	1 corn. 80 × 80 × 8	1040	6,75	»	4	1520	4,62
7	6.600	3.300	id.	1040	3,17	»	2	760	4,35

La limite réglementaire pour le travail des barres est de :

$$6,0 + 1,0 = 7 \text{ kg.}$$

et pour les rivets :

$$7 \text{ kg.} \times \frac{4}{5} = 5 \text{ kg. } 6.$$

III. — MONTANTS SUR APPUIS

L'effort tranchant maximum total sur appuis a été trouvé égal à :

46.056 kg.

Le montant a la section figurée ci-contre. La section nette est :

2 âmes	160 × 9 =	2.880
1 âme	500 × 10 =	5.000
4 cornières	70 × 70 × 8 =	4.224
		12.104
à déduire pour trous de rivets :	2 × 20 × 26 =	1.040
Section nette		11.064 mm²

Fig. 73.

Le travail du métal par millimètre carré est donc :

$$\frac{45.056}{11.064} = 4 \text{ kg. } 07.$$

Section III. — CALCUL DES APPUIS

1° *Pression sur la pierre du sommier.* — L'effort tranchant maximum a été trouvé égal à :

46.056 kg.

La surface d'appui sur la pierre du sommier est :

$$50 \times 40 = 2.000 \text{ cm}^2$$

d'où une pression par centimètre carré de :

$$\frac{45.056}{2.000} = 22 \text{ kg. } 5.$$

2° *Rouleaux de dilatation.* — La formule suivante, de

Résal, donne la longueur nécessaire des rouleaux en fonction de leur rayon :

$$l = \frac{Q}{\frac{8}{3} Rr \sqrt{\frac{R}{E}}}$$

dans laquelle :

Q est la réaction sur appuis, soit 45.056 kg. ;

R le coefficient de travail maximum admis pour la fonte, soit 10^7 ;

r le rayon des rouleaux, soit 0 m. 040 ;

E le coefficient d'élasticité de la fonte, soit 10^{10}.

En introduisant ces valeurs dans la formule on trouve :

$$l = 1 \text{ m. } 33.$$

Il y a 4 rouleaux de 0 m. 40 de longueur ; leur longueur totale qui est de 1 m. 60 excède donc celle qui vient d'être trouvée.

Section IV. — CALCUL DE LA FLÈCHE

La formule qui donne la flèche prise par une poutre sous l'influence des charges supposées uniformément réparties est la suivante :

$$f = \frac{5Ml^2}{48EI}.$$

Dans cette formule :

l est la portée de la poutre, soit 20 m. 80 ;

M le moment fléchissant maximum au milieu de la portée ;

E le coefficient d'élasticité de l'acier, soit 20×10^9 ;

I le moment d'inertie moyen de la poutre en tenant compte de la longueur des semelles, soit :

$$I = \frac{0{,}025.804{,}7 \times 10{,}0 + 0{,}020.744{,}4 \times 4{,}00 + 0{,}015.702{,}7 \times 6{,}80}{20{,}80} = 0{,}021.518.$$

Pour la charge permanente, on a :

$$M = 155.210 \text{ kgm.};$$

d'où :

$$f' = \frac{5 \times 155.210 \times \overline{20,80}^2}{48 \times 20 \times 10^9 \times 0,021.548} = 0 \text{ m. } 016.2.$$

Pour la surcharge :

$$M = 67.678 \text{ kgm. };$$

d'où :

$$f'' = \frac{5 \times 67.678 \times \overline{20,80}^2}{48 \times 20 \times 10^9 \times 0,021.548} = 0 \text{ m. } 007.0.$$

La flèche totale est donc de :

$$f = f' + f'' = 0,023.2.$$

Les poutres ont une contreflèche de fabrication de 0 m.070.

Section V. — MÉTRÉ DU PONT DE 20 MÈTRES A UNE VOIE

DÉSIGNATION DES PIÈCES	Nombre de pièces	Longueur	Largeur	Épaisseur	Poids par mèt. courant	Poids par pièce	POIDS par-tiels	POIDS totaux
A. Aciers.								
1° *Poutres principales :*								
a. Membrures.		m.	mm.	mm.	k.	k.	k.	k.
Ames	2	21 30	500	10	39 0	831	1.662	
Cornières	4	21 30	90 × 90	9	12 00	256	1.024	
Semelles	2	21 30	350	8	21.84	465	930	
	2	14 00				306	612	
	2	10 00				218	436	
							4.664	
Rivets (têtes) et couvre-joints 10 0/0 . .	»	»	»	»	»	»	466	
Pour 1 poutre	»	»	»	»	»	»	5.130	
Pour 2 poutres	»	»	»	»	»	»	»	10.260
b. Treillis.								
Panneau 1. Cornières.	8	2 31	80 × 80	9	10 6	24 5	196	
— Semelles .	4	2 31	200	10	15 6	36 0	144	
— Doublures	8	0 62	200	10	15 6	9 7	78	
— Fourrures	8	0 10	200	10	15 6	1 6	13	
— —	2	0 200	200	10	15 6	3 1	6	
Panneau 2. Cornières.	8	2 31	90 × 90	11	14 5	33 5	268	
— Fourrures	2	0 18	180	10	14 04	2 5	5	
Panneau 3. Cornières.	8	2 31	90 × 90	9	12 0	27 7	222	
— Fourrures	2	0 18	180	10	14 04	2 5	5	
Panneau 4. Cornières.	8	2 31	80 × 80	8	9 48	21 9	175	
— Fourrures	2	0 16	160	10	12 48	2 0	4	
A reporter	. . .	. . .	. . . .	. . .	. . .	. . .	1.116	10.260

DÉSIGNATION DES PIÈCES	Nombre de pièces	Longueur	Largeur	Épaisseur	Poids par mèt. courant	Poids par pièce	POIDS partiels	POIDS Totaux
		m.	mm.	mm.	k.	k.	k.	k.
Reports	. . .	. . .	. . . .	. . .	. . .	. . .	1.116	10.260
Panneau 5. Cornières.	4	2 31	90 × 90	11	14 5	33 5	134	
— Fourrures	2	0 09	90	10	7 02	0 6	1	
Pann. 6 et 7. Cornières.	6	2 31	80 × 80	8	9 48	21 9	131	
— Fourrures	3	0 08	80	10	6 24	0 5	1	
							1.383	
Rivets 3 0/0	»	»	»	»	»	»	51	
Pour 1 poutre	»	»	»	»	»	»	1.434	
Pour 2 poutres. . . .	»	»	»	»	»	»	»	2.868
c. Montants courants.								
Ame.	1	1 19	160	9	11 23	13 4	13 4	
Cornières	2	1 98	70 × 70	8	8 24	16 3	32 6	
Fourrures	2	0 405	150	9	10 53	4 25	8 5	
Gousset	1	0 79	360	9	25 27	20 0	20 0	
Couvre-joints.	2	0 38	90	8	5 62	2 12	4 2	
Cornières.	2	0 15	90 × 90	9	12 0	1 8	3 6	
Fourrures	2	0 09	90	8	5 62	0 5	1 0	
—	1	0 21	75	9	5 26	1 1	1 1	
							84 4	
Rivets 3 0/0	»	»	»	»	»	»	2 5	
Pour 1 montant. . . .	»	»	»	»	»	»	86 9	
Pour 24 montants. . .	»	»	»	»	»	»	»	2.080
d. Montants sur culée.								
Ame.	1	1 00	500	10	39 0	39	39	
—	1	1 19	160	9	11 23	13 4	13 4	
A reporter.	. . .	. . .	. . . .	. . .	. . .	. . .	52 4	15.214

DÉSIGNATION DES PIÈCES	Nombre de pièces	Longueur	Largeur	Épaisseur	Poids par mèt. courant	Poids par pièce	POIDS partiels	POIDS totaux
		m.	mm.	mm.	k.	k.	k.	k.
Reports	. . .	. . .	. . . .	. . .	. . .	. . .	52 4	15.214
Ame.	1	1 98	160	9	11 23	22 3	22 3	
Cornières.	4	1 98	70 × 70	8	8 24	16 3	65 2	
Fourrures	2	1 81	150	9	10 53	19 1	38 2	
Goussets.	1	0 79	360	9	25 27	20 0	20 0	
Couvre-joints.	2	0 38	90	8	5 62	2 12	4 2	
—	4	0 30	170	10	13 26	3 98	15 9	
—	4	0 30	150	10	11 7	3 51	14 0	
Cornières.	6	0 15	90 × 90	9	12 0	1 8	10 8	
Fourrures	6	0 09	90	8	5 62	0 5	3 0	
—	3	0 21	75	9	5 26	1 1	3 3	
							249 3	
Rivets 3 0/0.	»	»	»	»	»	»	7 5	
Pour 1 montant . . .	»	»	»	»	»	»	256 8	
Pour 4 montants. . .	»	»	»	»	»	»	»	1.027
2° *Entretoises* :								
Ame.	14	3 60	500	9	35 1	126 2	1.767	
Cornières.	56	4 16	80 × 80	9	10 6	44 1	2.470	
Couvre-joints.	56	0 33	320	9	22 5	7 43	416	
Fourrures	12	0 17	75	8	4 7	0 8	10	
Cornières	52	0 57	80 × 80	8	9 48	5 4	281	
Fourrures	24	0 29	80	9	5 62	1 62	39	
							4.983	
Rivets 3 0/0	»	»	»	»	»	»	149	
								5.132
A reporter	. . .	. . .	. . . .	. . .	. . .	. . .	. .	21.373

DÉSIGNATION DES PIÈCES	Nombre de pièces	Longueur	Largeur	Épaisseur	Poids par mèt. courant	Poids par pièce	POIDS partiels	POIDS totaux
		m.	mm.	m.	k.	k.	k.	k.
Report.	. . .	. . .	. . . .	. . .	. . .	. . .	. . .	21.373
3° *Poutres bordure du trottoir :*								
Ames	26	1 57	280	7	15 29	24	624	
	4	0 41	380	7	20 75	8 5	34	
Corn. horizontales . .	26	1 57	60 × 60	7	6 17	9 7	252	
	4	0 38				2 35	9	
	4	0 32				1 97	8	
Corn. cintrées	26	1 52	60 × 60	7	6 17	9 4	244	
Corn. d'attache. . . .	56	0 35	60 × 60	7	6 17	2 15	120	
							1,291	
Rivets 3 0/0	»	»	»	»	»	»	39	
								1.330
4° *Cornières bordure de la chaussée :*								
Cornières	2	21 60	80 × 80	8	9 48	205	410	410
5° *Contreventement :*								
Cornières.	24	2 41	70 × 70	8	8 24	19 8	475	
	1	4 20				34 6	35	
	2	2 06				17 0	34	
Goussets.	4	0 38	300	8	18 72	7 1	28	
	8	0 59				11 0	88	
	4	0 48				9 0	36	
Goussets croisement .	6	0 52	400	8	24 96	13 0	78	
	1	0 52	300	8	18 72	9 7	10	
							784	
Rivets 3 0/0	»	»	»	»	»	»	23	
								807
A reporter	. . .	. . .	. . . .	. . .	. . .	. . .	. . .	23.920

DÉSIGNATION DES PIÈCES	Nombre de pièces	Longueur	Largeur	Épaisseur	Poids par mèt. courant	Poids par pièce	POIDS partiels	POIDS totaux
		m.	mm.	mm.	k.	k.	k.	k.
Report.	. . .	. . .	. . . .	. . .	. . .	. . .	. . .	23.920
6° *Tirants des entretoises extrêmes* :								
Fers plats	4	1 77	80	8	5 0	8 8	35	35
7° *Garde-corps* :								
Cornière lisse	26	1 59	50 × 50	6	4 4	7 0	182	
Cornière attache . . .	52	0 20	50 × 50	6	4 4	0 88	46	
Goussets.	52	0 15	110	6	5 15	0 77	40	
							268	
Rivets 3 0/0	»	»	»	»	»	»	8	
								270
8° *Raccords sur culées* :								
Tôles.	2	2 83	230	6	10 76	30 4	61	
Tôles.	4	0 58	390	6	18 25	10 6	42	
							103	
Rivets 3 0/0	»	»	»	»	»	»	3	
								106
Poids total des aciers.	»	»	»	»	»	»	»	24,337

B. Fonte.

DÉSIGNATION DES PIÈCES	Nombre de pièces	Longueur	Largeur	Épaisseur	Poids par mèt. courant	Poids par pièce	POIDS partiels	POIDS totaux
9° *Appuis* :								
Appuis fixes	2	»	»	»	»	195	390	»
Appuis mobiles. . . .	2	»	»	»	»	220	440	»
Poids de la fonte. . .	»	»	»	»	»	»	»	830

DÉSIGNATION DES PIÈCES	Nombre de pièces	Longueur	Largeur	Épaisseur	Poids par mèt. courant	Poids par pièce	POIDS partiels	POIDS totaux
C. Plomb sous appuis.								
		m.	mm.	mm.	k.	k.	k.	k.
10° *Feuilles de plomb.*	4	»	»	5	»	10 5	»	»
Poids du plomb . . .	»	»	»	»	»	»	»	42
Résumé.								
Aciers laminés	»	»	»	»	»	»	»	24.337
Fonte	»	»	»	»	»	»	»	830
Plomb	»	»	»	»	»	»	»	42
								25.209

CHAPITRE X

PONT MÉTALLIQUE DE 25 MÈTRES D'OUVERTURE, A DEUX VOIES

(Pl. 7)

Section I. — CALCUL D'UNE ENTRETOISE

(Portée de 6 m. 90)

§ 1. — CHARGE PERMANENTE

1° *Détermination de la charge permanente par mètre courant d'entretoise* [1]

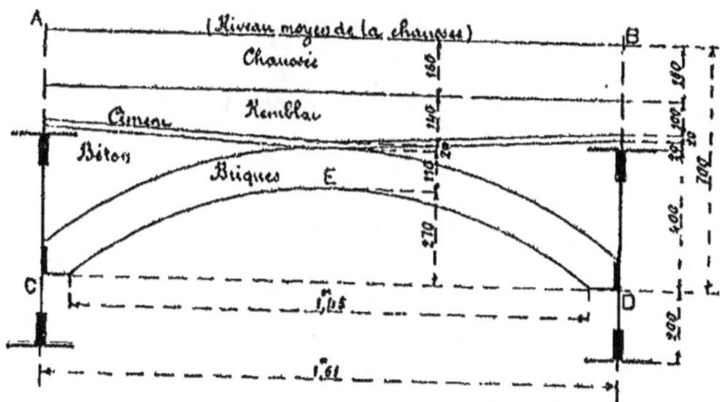

Fig. 74.

1. D'après la méthode de M. Henry, inspecteur général des ponts et chaussées (*Formules, barèmes et tableaux*, page 470).

Volume total ABCD : $1,61 \times 0,700 = 1$ m³ 127

A déduire le volume CED : $\frac{2}{3} \times 1,45 \times 0,270 = 0$ m³ 261

Reste pour le volume total de la charge permanente : 0 m³ 866

Ce volume se décompose comme il suit :

Voûte :	$1,78 \times 0,11 = 0,196$	0 m³ 679
Chape :	$1,61 \times 0,02 = 0,032$	
Remblai :	$1,61 \times \frac{0,14 + 0,10}{2} = 0,193$	
Chaussée :	$1,61 \times 0,160 = 0,258$	
Béton :	$0,866 - 0,679 =$	0 m³ 187
	Total :	0 m³ 866

La charge permanente peut dès lors s'évaluer ainsi :

Métal :		168 kg.
Voûte :	$0,196 \times 1.800 =$	353 kg.
Chape :	$0,032 \times 2.000 =$	64 kg.
Remblai :	$0,193 \times 1.400 =$	270 kg.
Chaussée :	$0,258 \times 2.100 =$	542 kg.
Béton :	$0,187 \times 2.100 =$	393 kg.
Total de la charge permanente par mètre courant d'entretoise :		1.790 kg.

2° *Moment fléchissant maximum dû à la charge permanente :*

$$M_1 = \frac{1.790 \times \overline{6,90}^2}{8} = 10.653 \text{ kgm.}$$

§ 2. — SURCHARGE ROULANTE

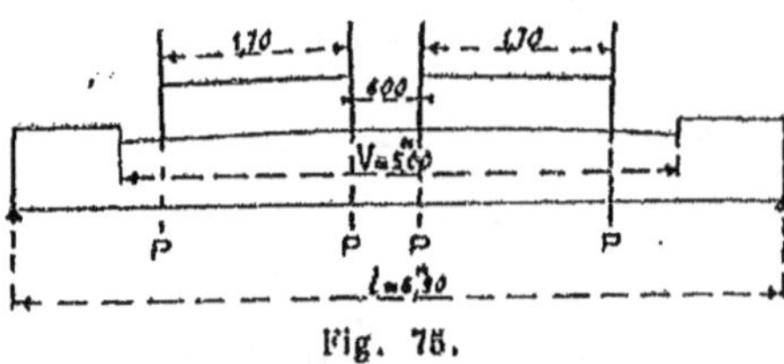

Fig. 75.

Le moment fléchissant maximum a pour expression :

$$M = P\left(l + \frac{0,09}{l} - 2,30\right)$$ [1]

soit :

$$M = 4,613P$$

d'où :

Avec les tombereaux de 6.000 kg. :

$$M_1 = 4,613 \times 3.000 = 13.839 \text{ kgm.}$$

Avec les charrettes de 11.000 kg. :

$$M_2 = 4,613 \times 5.500 = 25.372 \text{ kgm.}$$

§ 3. — SURCHARGE DU TROTTOIR

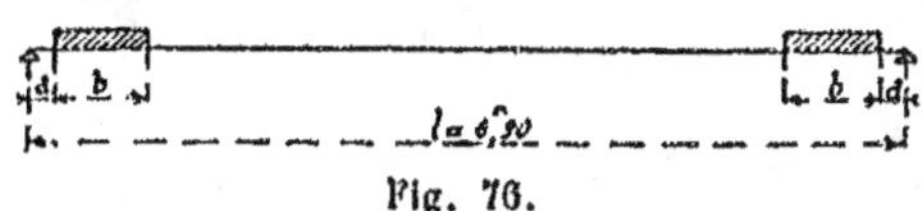

Fig. 76.

Le moment fléchissant maximum a pour expression [2] :

$$M = \frac{pb}{2}(2a + b)$$

$a = 0$ m. 200 étant la longueur de chaque tronçon non chargé ;

$b = 0$ m. 75, la largeur de chaque trottoir ;

p la surcharge par mètre courant d'entretoise, soit :

$$400 \times 1,61 = 644 \text{ kg.}$$

On trouve dès lors :

$$M_1 = \frac{644 \times 0,75}{2}(2 \times 0,200 + 0,75) = 277 \text{ kgm.}$$

§ 4. — CHARGE PERMANENTE ET SURCHARGE

Le moment fléchissant maximum total a pour valeur :

1. Henry, page 360.
2. Henry, page 23.

Avec les tombereaux de 6.000 kg. :

$$M_1 + M_2 + M_4 = 24.769 \text{ kgm}$$

Avec les charrettes de 11.000 kg. :

$$M_1 + M_2 + M_4 = 36.302 \text{ kgm.}$$

§ 5. — TRAVAIL DU MÉTAL

1° *Flexion.* — Valeur du moment d'inertie I de la section ci-contre, déduction faite des trous de rivets[1].

Ame :	0,000.144.0	} 0,000.578.9
Cornières :	0,000.434.9	
Semelles :	0,000.669.0	
I =	0,001.247.9	

d'où :

$$\frac{I}{V} = \frac{0,001.247.9}{0,320} = 0,003.900.$$

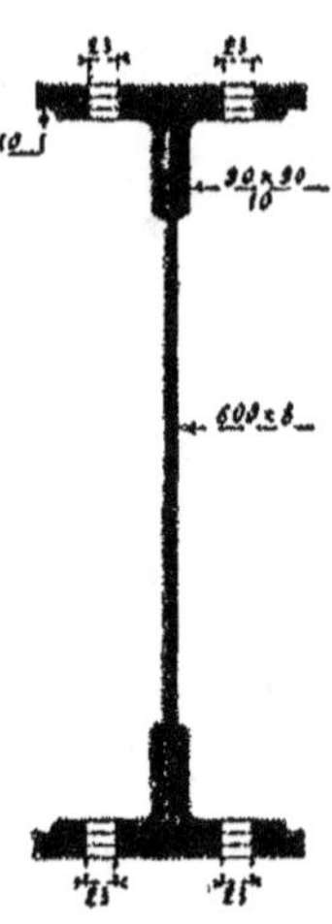

Fig. 77.

Le travail du métal par millimètre carré est dès lors :

Avec les tombereaux de 6.000 kg.:

$$\frac{24.769}{3.900} = 6 \text{ kg. } 35$$

(Limite réglementaire de 8 kg. 5).

Avec les charrettes de 11.000 kg. :

$$\frac{36.302}{3.900} = 9 \text{ kg. } 3$$

(Limite réglementaire de 8,5 + 1,0 = 9 kg. 5).

Distribution des semelles. — Avec une semelle :

Ame et cornières :	0,000.578.9
Semelles :	0,000.323.8
I =	0,000.902.7

d'où :

$$\frac{I}{V} = \frac{0,000.902.7}{0,310} = 0,002.912.$$

1. D'après les tableaux des moments d'inertie de la Compagnie des chemins de fer de l'Est.

Sans semelles :

$$I = 0{,}000.578.9 ;$$

d'où :

$$\frac{I}{V} = \frac{0{,}000.578.9}{0{,}30} = 0{,}001.920.$$

Le métal travaillant à 9 kg. 5 par millimètre carré, les moments résistants sont dès lors les suivants :

Avec 2 semelles :	$3.900 \times 9{,}5 = 37.050$ kgm.
Avec 1 semelle :	$2.912 \times 9{,}5 = 27.664$ kgm.
Sans semelle :	$1.929 \times 9{,}5 = 18.325$ kgm.

L'épure ci-après permet en conséquence de déterminer les longueurs des deux cours de semelles.

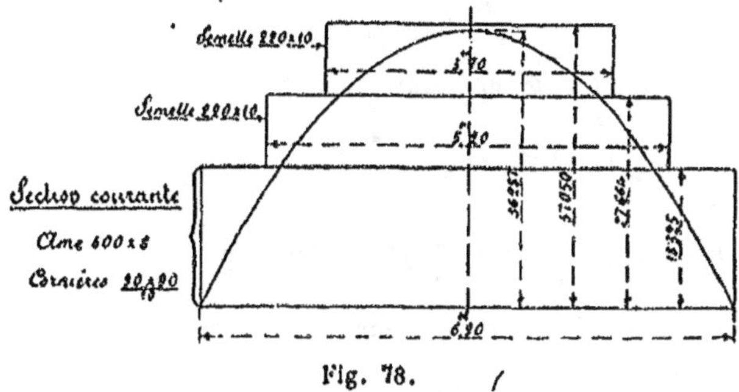

Fig. 78.

2° *Cisaillement longitudinal de l'âme.* — L'effort S de cisaillement longitudinal de l'âme par mètre courant est donné par la formule :

$$S = \frac{Tm}{I},$$

T étant l'effort tranchant maximum ;

m le moment statique, par rapport à la fibre neutre, de la partie de la section située du même côté de cette fibre neutre.

I le moment d'inertie de la section entière.

Effort tranchant maximum. — L'effort tranchant maximum dû à la charge permanente est égal à :

$$T_1 = \frac{1.790 \times 6{,}90}{2} = 6.175 \text{ kg.}$$

En ce qui concerne l'effort tranchant dû à la surcharge du trottoir, il a pour valeur :

$$T_2 = 400 \times 1,61 \times 0,75 = 483 \text{ kg.}$$

Quant à l'effort tranchant maximum dû à la surcharge roulante, il est déterminé par le passage des convois des chariots

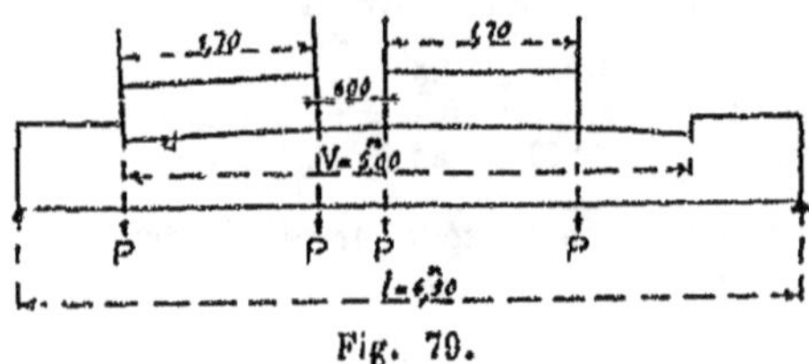

Fig. 79.

de 11.000 kg. Il est donné par l'expression[1] :

$$T = P\left(2,00 + \frac{2,00}{l}\right)$$

soit :

$$T_3 = 5.500\left(2,00 + \frac{2,00}{6,90}\right) = 12.595 \text{ kg.}$$

L'effort tranchant maximum total donc a pour valeur :

$$T_1 + T_2 + T_3 = 19.263 \text{ kg.}$$

Moment statique m. — Il s'établit ainsi qu'il suit :

Ame :	0,000.360.0	
Cornières :	0,000.931.6	0,002.295.6
Semelles :	0,001.364.0	
	0,002.655.6	
A déduire pour trous de rivets :	0,000.420.9	
m =	0,002.234.7	

On a dès lors :

$$S = \frac{19.263 \times 0,002.234.7}{0,001.247.9} = 34.497 \text{ kg.}$$

1. Henry, page 378.

d'où l'on déduit pour le travail de l'âme par millimètre carré :

$$\frac{34.407}{1.000 \times 8} = 4 \text{ kg. } 3$$

(Limite réglementaire de $9,5 \times \frac{4}{5} = 7$ kg. 6).

3° *Cisaillement vertical de l'âme.* — La section nette de l'âme est égale à :

$$(600 - 2 \times 23) 8 = 4.432 \text{ mm}^2.$$

Le travail du métal ressort en conséquence à :

$$\frac{19.263}{4.432} = 4 \text{ kg. } 35$$

(Limite réglementaire de 7 kg. 6).

4° *Résistance des rivets d'attache des cornières sur l'âme.* — L'effort S_R de cisaillement d'un rivet est donné par l'expression :

$$S_R = \frac{T.m_1.d}{I},$$

T étant l'effort tranchant maximum, soit 19.263 kg. ;

m_1 le moment statique des cornières et des semelles par rapport à la fibre neutre, soit :

$$0,002.295.6 - 0,000.420.9 = 0,001.874.7 ;$$

d l'écartement des rivets, soit 0 m. 150 ;

I le moment d'inertie de la section entière, soit 0,001.247.9.

On trouve dès lors :

$$S_R = \frac{19.263 \times 0,001.874.7 \times 0,150}{0,001.247.9} = 4.340 \text{ kg.}$$

La section d'un rivet de 23 mm. étant de 415 mm² et chaque rivet travaillant à double section, on en déduit, pour le travail des rivets par millimètre carré :

$$\frac{4.340}{2 \times 415} = 5 \text{ kg. } 21$$

(Limite réglementaire de 7 kg. 6).

5° *Résistance des rivets d'attache des entretoises sur les pou-*

tres. — Le nombre des rivets de 19 mm. travaillant à double section, est au minimum de 7.

La section d'un rivet de 19 mm. étant de 283 mm², le travail par millimètre carré est donc, au maximum, de :

$$\frac{19.263}{14 \times 283} = 4 \text{ kg. } 86$$

(Limite réglementaire de 7 kg. 6).

Section II. — CALCUL D'UNE POUTRE

(Portée de 25 m. 76)

I. — MEMBRURES

§ 1. — CHARGE PERMANENTE

La charge permanente par mètre courant de poutre peut s'évaluer ainsi qu'il suit :

Métal (non compris les entretoises) :	670 kg.
Voûtes, béton, chape, remblai et chaussée (voir calcul de l'entretoise, § 1) : $\frac{1.790 \times 3,45}{1,61}$ =	3.830 kg.
Total :	4.500 kg.

Moment fléchissant maximum dû à la charge permanente :

$$M_1 = \frac{4.500 \times \overline{25,76}^2}{8} = 373.262 \text{ kgm.}$$

§ 2. — SURCHARGE DU TROTTOIR

Montant de cette surcharge par mètre courant :

$$400 \times 0,75 = 300 \text{ kg.}$$

Moment fléchissant maximum dû à la surcharge du trottoir :

$$M_2 = \frac{300 \times \overline{25,76}^2}{8} = 24.884 \text{ kgm.}$$

§ 3. — SURCHARGE ROULANTE

$$b = 5 \text{ m. } 10\,;$$
$$b' = 2 \text{ m. } 80.$$

Le moment fléchissant de la poutre A peut s'obtenir en multipliant par le coefficient K ci-après le moment fléchissant

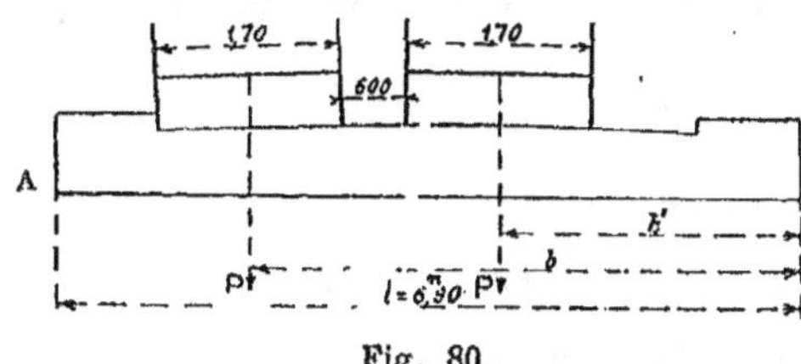

Fig. 80.

produit par un convoi de voitures dont les résultantes des charges passeraient dans l'axe de la poutre.

$$K = \frac{b + b'}{l} \text{ [1]}$$

soit :

$$K = 1{,}145.$$

Quant au moment fléchissant déterminé au milieu de la poutre par le convoi passant dans l'axe de cette poutre, il a pour valeur :

Avec les tombereaux de 6.000 kg. :

81.843 kgm. [2]

Avec les chariots de 16.000 kg. :

118.627 kgm. [3].

Il en résulte que le moment de la poutre, en son milieu, est égal à :

1. Henry, page 429.
2. Henry, page 336 (par interpolation).
3. Henry, page 339 (par interpolation).

Avec les tombereaux de 6.000 kg. :

$$M_3 = 81.843 \times 1,145 = 93.710 \text{ kgm.}$$

Avec les chariots de 16.000 kg. :

$$M_4 = 118.627 \times 1,145 = 135.828 \text{ kgm.}$$

§ 4. — CHARGE PERMANENTE ET SURCHARGE

Le moment fléchissant total, au milieu de la poutre, a pour valeur :

Avec les tombereaux de 6.000 kg. :

$$M_1 + M_2 + M_3 = 491.856 \text{ kgm.}$$

Avec les chariots de 16.000 kg. :

$$M_1 + M_2 + M_4 = 533.974 \text{ kgm.}$$

§ 5. — TRAVAIL DU MÉTAL

Valeur du moment d'inertie I de la section ci-après, déduction faite des trous de rivets[1] :

Ame :	0,019.000.0	0,033.313.8
Cornières :	0,014.313.8	
Semelles :	0,056.743.5	
I =	0,090.057.3	

d'où :

$$\frac{I}{V} = \frac{0,090.057.3}{1,535} = 0,058.669.$$

Le travail du métal par millimètre carré est dès lors :

Avec les tombereaux de 6.000 kg. :

$$\frac{491.856}{58.669} = 8 \text{ kg. } 4$$

(Limite réglementaire de 8 kg. 5).

1. D'après les tableaux des moments d'inertie de la Compagnie des chemins de fer de l'Est.

Avec les chariots de 16.000 kg. :

$$\frac{533.974}{58.669} = 9 \text{ kg. } 1$$

(Limite réglementaire de 8,5 + 1,0 = 9 kg. 5)

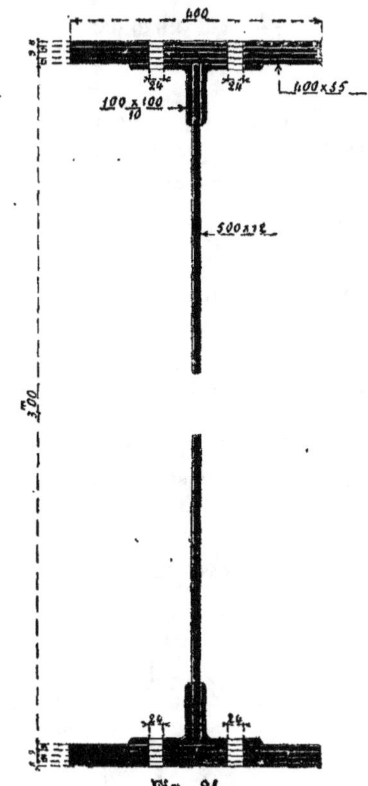

Fig. 81.

Distribution des semelles. — Avec trois semelles :

Ame et cornières :	0,033.313.8
Semelles :	0,043.542.4
	I = 0,076.856.2

d'où :

$$\frac{I}{V} = \frac{0,076.856.2}{1,527} = 0,050.332.$$

Avec deux semelles :

Ame et cornières :	0,033.313.8
Semelles :	0,028.855.5
I =	0,062.169.3

d'où :

$$\frac{I}{V} = \frac{0{,}062.169.3}{1{,}518} = 0{,}040.955.$$

Avec une semelle :

Ame et cornières :	0,033.313.8
Semelles :	0,014.341.5
I =	0,047.655.3

d'où :

$$\frac{I}{V} = \frac{0{,}047.655.3}{1{,}509} = 0{,}031.581.$$

Le métal travaillant à 8 kg. 5 par millimètre carré, les moments résistants sont dès lors les suivants :

Avec 4 semelles : $58.669 \times 8{,}5 = 498.686$ kgm.
Avec 3 semelles : $50.332 \times 8{,}5 = 427.822$ kgm.
Avec 2 semelles : $40.955 \times 8{,}5 = 348.117$ kgm.
Avec 1 semelle : $31.581 \times 8{,}5 = 268.438$ kgm.

L'épure ci-après permet, en conséquence, de déterminer les longueurs des quatre cours de semelles.

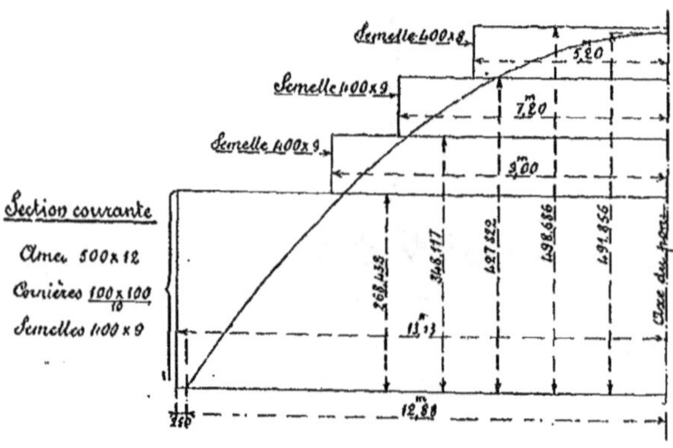

Fig. 82.

II. — BARRES DE TREILLIS

§ 1. — EFFORTS TRANCHANTS

L'effort tranchant sur appui dû à la charge permanente est égal à :

$$T_1 = \frac{4.500 \times 25,76}{2} = 57.960 \text{ kg.}$$

Efforts tranchants maxima dus à la surcharge du trottoir :

Sur appui :

$$T_2 = \frac{300 \times 25,76}{2} = 3.864 \text{ kg.}$$

Dans l'axe :

$$\frac{3.864}{4} = 966 \text{ kg.}$$

En ce qui concerne les efforts tranchants dus à la surcharge roulante, ils sont obtenus en multipliant par le coefficient $K = 1,145$ déterminé précédemment, les efforts tranchants produits par un convoi de voitures dont les résultantes des charges passeraient par l'axe de la poutre. Dans le cas des chariots de 6.000 kg., les valeurs des efforts tranchants, de dixième en dixième de la portée, sont donc les suivantes :

Appui : T_3 =	15.060 × 1,145 = 17.244 kg.
$\frac{1}{10}\,l$	12.432 × 1,145 = 14.235 kg.
$\frac{2}{10}\,l$	10.230 × 1,145 = 11.713 kg.
$\frac{3}{10}\,l$	8.096 × 1,145 = 9.270 kg.
$\frac{4}{10}\,l$	6.147 × 1,145 = 7.038 kg.
$\frac{5}{10}\,l$	4.676 × 1,145 = 5.354 kg.[1]

1. Henry, page 344 (par interpolation).

L'effort tranchant maximum total sur appui a pour valeur :

$$T_1 + T_2 + T_3 = 79.068 \text{ kg.}$$

Ces valeurs permettent de tracer les lignes représentatives des efforts tranchants dus à la charge permanente, à la surcharge du trottoir, à la surcharge roulante et à la charge totale. En décomposant les efforts tranchants ainsi obtenus suivant la direction des barres de treillis, on obtient les efforts dans les barres de chaque panneau.

Toutes ces constructions sont faites dans l'épure ci-après.

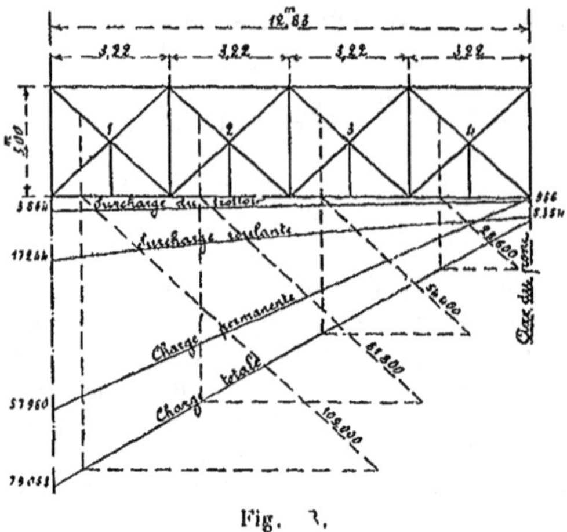

Fig. 3.

§ 2. — TRAVAIL DU MÉTAL

Le tableau suivant résume le calcul du travail des barres de treillis et de leurs rivets d'attache.

La limite réglementaire pour le travail des barres est de 6 kg. 0, et pour les rivets $6{,}0 \times \frac{4}{5} = 4$ kg. 8.

Numéros des panneaux	Effort par panneau F	Effort par barre $\frac{F}{2}$	Composition de la section	Section nette	Travail des barres	Rivets			
						Diamètre	Nombre nécessaire	Section	Travail
	k.	k.		m/m	k.	m/m		m/m²	k
1	109.000	54.500	22 22 — 1 âme 110×12 2 corn. 100×100×12 1 sem. 370×12	9216	5,9	22	30	11.403	4,78
2	81.800	40.900	22 22 — 2 corn. 100×100×11 1 sem. 370×10	6890	5,95	22	23	8.742	4,7
3	54.400	27.200	22 22 — 2 corn. 80×80×8 1 sem. 320×9	4564	5,95	22	15	5.701	4,75
4	28.600	14.300	22 — 2 corn. 80×80×10	2560	5,6	22	8	3,041	4,7

III. — MONTANTS SUR APPUIS

L'effort tranchant maximum total sur appuis a été trouvé égal à 79.068 kg.

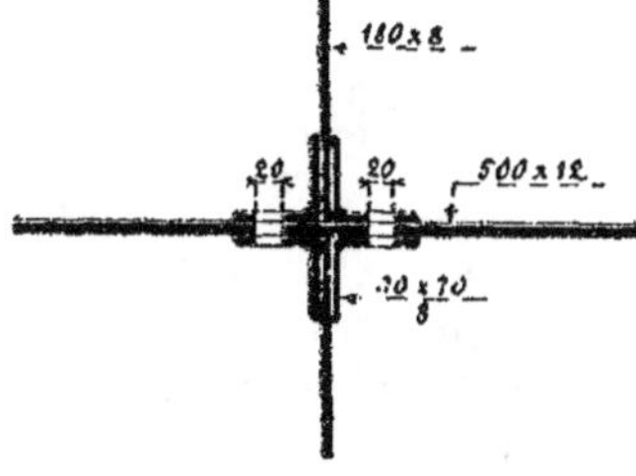

Fig. 84.

Le montant a la section figurée ci-dessus. Sa section nette est égale à :

2 âmes :	180 × 8 =	2.880
4 cornières :	70 × 70 × 8 =	4.224
1 âme :	500 × 12 =	6.000
		13.104
A déduire pour les trous de rivets :	2 × 20 × 28 =	1.120
	Section nette :	11.984 mm².

Le travail du montant par millimètre carré est donc :

$$\frac{79.068}{11.984} = 6 \text{ kg. } 6.$$

Section III. — CALCUL DES APPUIS

1° *Pression sur le sommier.* — L'effort tranchant maximum a été trouvé égal à 79.068 kg.

La surface d'appui sur la pierre du sommier est :

$$50 \times 64 = 3.200 \text{ cm}^2. ;$$

d'où une pression par centimètre carré de :

$$\frac{79.068}{3.200} = 24 \text{ kg. } 7.$$

2° *Rouleaux de dilatation.* — La formule de Résal, qui donne la longueur nécessaire des rouleaux en fonction de leur rayon est la suivante :

$$l = \frac{Q}{\frac{8}{3} r R \sqrt{\frac{R}{E}}}.$$

Dans cette formule :

Q est la réaction sur appuis, soit 79.068 kg. ;

r le rayon des rouleaux, soit 0 m. 05 ;

R le coefficient de travail admissible pour la fonte, soit 10 kg. par millimètre carré ;

E le coefficient d'élasticité de la fonte, soit 10^{10}.

Avec ces valeurs, on trouve :

$$l = 1 \text{ m. } 875.$$

Il y a quatre rouleaux de 0 m. 50 ; leur longueur totale, qui est de 1 m. 60, excède donc celle qui vient d'être trouvée.

Section IV. — CALCUL DE LA FLÈCHE

La formule qui donne la flèche prise par une poutre, sous l'influence des charges supposées uniformément réparties, est la suivante :

$$f = \frac{5Ml^2}{48EI}.$$

Dans cette formule :

l est la portée de la poutre, soit 25 m. 76 ;

M le moment fléchissant maximum au milieu de la portée ;

E le coefficient d'élasticité de l'acier, soit 20×10^9 ;

I le moment d'inertie moyen de la poutre en tenant compte de la longueur des semelles, soit :

$$I = \frac{0{,}090.057.3 \times 10{,}40 + 0{,}076.856.2 \times 4{,}00 + 0{,}062.109.3 \times 3{,}6 + 0{,}047.655.3 \times 8{,}26}{25{,}76}$$

$I = 0{,}072.262.$

Pour la charge permanente, on a :

$$M = 373.262 \text{ kgm.};$$

d'où :

$$f' = \frac{5 \times 373.262 \times \overline{25{,}76}^2}{48 \times 20 \times 10^9 \times 0{,}072.262} = 0 \text{ m. } 017.8;$$

Pour la surcharge :

$$M = 160.712 \text{ kgm.};$$

d'où :

$$f'' = \frac{5 \times 160.712 \times \overline{25{,}76}^2}{48 \times 20 \times 10^9 \times 0{,}072.262} = 0 \text{ m. } 007.6.$$

La flèche totale est donc en conséquence de :

$$f = f' + f'' = 0 \text{ m. } 025.4.$$

Les poutres ont une contreflèche de fabrication de :

0 m. 080.

Section V. — MÉTRÉ DU PONT DE 25 MÈTRES A DEUX VOIES

DÉSIGNATION DES PIÈCES	Nombre de pièces	Longueur	Largeur	Épaisseur	Poids par mèt. courant	Poids par pièce	POIDS partiels	POIDS totaux
A. Aciers.								
1° *Poutres principales.*								
a. MEMBRURES.		m.	mm.	mm.	k.	k.	k.	k.
Ames	2	23 90	500	12	46 80	1.121	2.242	
Goussets	4	1 15	800	12	74 88	86	344	
Cornières.	4	26 20	100×100	10	14 82	389	1.556	
Semelles	2	26 20	400	9	28 08	737	1.474	
	2	18 00				505	1.010	
	2	14 40				405	810	
	2	10 40	400	8	24 96	260	520	
Couvre-joints.	8	0 40	320	10	24 96	10	80	
							8.036	
Rivets (têtes) et couvre-joints 10 0/0	»	»	»	»	»	»	804	
Pour 1 poutre	»	»	»	»	»	»	8.840	
Pour 2 poutres	»	»	»	»	»	»	»	17.680
b. TREILLIS.								
Barres 1. Ames. . . .	4	4 14	110	12	10 30	42 0	170	
— Cornières. .	8	4 14	100×100	12	17 60	72 8	582	
— Semelles . .	4	4 14	370	12	34 63	143	572	
— Fourrures. .	4	0 200	370	12	34 63	6 9	28	
— Doublures. .	4	0 80	370	12	34 63	27 7	111	
A reporter	. . .	. . .	. . . .	. . .	. . .	. . .	1.463	17.680

DÉSIGNATION DES PIÈCES	Nombre de pièces	Longueur	Largeur	Epaisseur	Poids par mèt. courant	Poids par pièce	POIDS partiels	POIDS totaux
		m.	mm.	mm.	k.	k.	k.	k.
Reports	. . .	. . .	. . . .	. . .	. . .	. . .	1.463	17.680
Barres 2. Cornières. .	8	4 14	100×100	11	16 21	67	536	
— Semelles . .	4	4 14	370	10	28 86	119	476	
Barres 3. Cornières. .	8	4 14	80 × 80	8	9 48	39 3	314	
— Semelles . .	4	4 14	320	9	22 46	93	372	
Barres 4. Cornières. .	8	4 14	80 × 80	10	11 7	48 5	388	
							3.549	
Rivets 3 0/0	»	»	»	»	»	»	106	
Pour 1 poutre	»	»	»	»	»	»	3.655	
Pour 2 poutres. . . .	»	»	»	»	»	»	»	7.310
c. MONTANTS COURANTS.								
Ame.	1	2 08	180	8	11 23	23 4	23 4	
Cornières.	2	2 98	70 × 70	8	8 24	24 6	49 2	
Fourrures	2	0 40	150	10	11 70	4 7	9 4	
Couvre-joints.	2	0 38	110	8	6 86	2 6	5 2	
Corn. horizontales . .	2	0 17	90 × 90	9	12 00	2 04	4 1	
Fourrures	2	0 11	90	8	5 62	0 62	1 2	
	1	0 21	90	10	7 02	1 48	1 5	
							94 0	
Rivets 3 0/0	»	»	»	»	»	»	2 8	
Pour 1 montant. . . .	»	»	»	»	»	»	96 8	
Pour 14 montants. . .	»	»	»	»	»	»	»	1.355
d. MONTANTS INTERMÉDIAIRES.								
Cornières.	2	1 27	70 × 70	8	8 24	10 5	21 0	
Gousset	1	0 37	140	8	8 74	3 2	3 2	
A reporter	. . .	. . .	. . . . .	. . .	. . .	. . .	24 2	26.345

DÉSIGNATION DES PIÈCES	Nombre de pièces	Longueur	Largeur	Épaisseur	Poids par mèt. courant	Poids par pièce	POIDS partiels	POIDS totaux
		m.	mm.	mm.	k.	k.	k.	k.
Reports	. . .	. . .	. . . .	. . .	. . .	. . .	24 2	26.345
Fourrures	1	0 40	150	10	11 70	4 7	4 7	
	1	0 30	150	10		3 5	3 5	
Couvre-joints.	2	0 38	70	8	4 37	1 7	3 4	
Gousset de suspension	1	0 50	500	12	46 80	23 4	23 4	
							59 2	
Rivets 3 0/0	»	»	»	»	»	»	1 8	
Pour 1 montant . . .	»	»	»	»	»	»	61 0	
Pour 16 montants. . .	»	»	»	»	»	»	»	976
e. Montants sur culées.								
Ames	1	1 40	500	12	46 8	65 5	65 5	
	1	2 98	180	8	11 23	33 5	33 5	
	1	2 08	180	8	11 23	23 4	23 4	
Cornières.	4	2 98	70 × 70	8	8 24	24 6	98 4	
Fourrures	2	2 79	150	10	11 7	32 6	65 2	
Couvre-joints.	8	0 32	170	10	13 26	4 25	34 0	
	2	0 38	110	8	6 86	2 6	5 2	
Cornières horizontales.	6	0 17	90 × 90	9	12 0	2 04	12 2	
Fourrures	6	0 11	90	8	5 62	0 62	3 7	
	3	0 21	90	10	7 02	1 48	4 4	
							345 5	
Rivets 3 0/0	»	»	»	»	»	»	10 3	
Pour 1 montant . . .	»	»	»	»	»	»	355 8	
Pour 4 montants . . .	»	»	»	»	»	»	»	1.423
A reporter	. . .	. . .	. . . .	. . .	. . .	. . .	. . .	28.744

DÉSIGNATION DES PIÈCES	Nombre de pièces	Longueur	Largeur	Épaisseur	Poids par mèt. courant	Poids par pièce	POIDS partiels	POIDS totaux
		m.	mm.	mm.	k.	k.	k.	k.
Report.	. .	. . .	. . . .	. . .	. . .	. . .	. . .	28.744
2e *Entretoises* :								
Ames	17	6 16	600	8	37 44	231	3,927	
Goussets	34	0 92	350	8	21 84	20 1	683	
Cornières.	68	6 70	90 × 90	10	13 26	88 8	6,038	
Semelles	34	5 20	210	10	17 16	89 3	3,036	
	34	3 70				63 5	2.159	
Cornières des voûtes .	32	5 20	80 × 80	8	9 48	49 3	1.578	
Cornières des trottoirs.	64	0 59	80 × 80	8	9 48	5 6	358	
Couvre-joints.	68	0 41	300	8	18 72	7 67	521	
Fourrures	30	0 32	80	8	5 00	1 60	48	
	16	0 19	90	8	5 62	1 07	17	
							18,365	
Rivets 3 0/0	»	»	»	»	»	»	551	
								18.916
3e *Poutres bordure du trottoir* :								
Ames.	32	1 58	300	7	16 38	25 9	829	
	4	0 39	450	7	24 57	9 56	38	
Cornières horizontales.	32	1 43	60 × 60	7	6 17	8 8	282	
	8	0 39	60 × 60	7	6 17	2 4	19	
Cornières cintrées. . .	32	1 54	60 × 60	7	6 17	9 5	304	
Cornières d'attache . .	68	0 45	60 × 60	7	6 17	2 77	188	
							1.660	
Rivets 3 0/0	»	»	»	»	»	»	50	
								1.710
A reporter	. .	. . .	. . . .	. . .	. . .	. . .	. . .	49.370

DÉSIGNATION DES PIÈCES	Nombre de pièces	Longueur	Largeur	Épaisseur	Poids par mèt. courant	Poids par pièce	POIDS partiels	POIDS totaux
		m.	mm.	mm.	k.	k.	k.	k.
Report.	. . .	. . .	. . . .	. . .	. . .	. . .	. . .	49 370
4° *Cornières bordure de la chaussée :*								
Cornières.	2	26 56	80 × 80	8	9 48	252	504	504
5° *Contreventement :*								
Cornières.	32	3 10	60 × 60	8	7 00	23 8	762	
Goussets	4	0 30	320	8	19 97	7 2	29	
	14	0 52	320	8	19 97	10 4	146	
Goussets croisement .	16	0 30	340	8	21 22	7 62	122	
Fourrures	32	0 26	60	20	9 36	2 44	78	
							1.137	
Rivets 3 0/0	»	»	»	»	»	»	34	
								1.171
6° *Tirants des entretoises extrêmes :*								
Plats.	8	1 60	80	10	6 24	10 0	80	
Goussets	16	0 28	150	8	9 36	2 62	42	
							122	
Rivets 3 0/0	»	»	»	»	»	»	4	
								126
7° *Supports des garde-corps :*								
Cornières.	32	0 21	70 × 70	8	8 24	1 73	55	
Goussets	32	0 20	150	8	9 36	1 87	60	
Cornières.	64	0 19	70 × 70	8	8 24	1 56	100	
A reporter	. . .	. . .	. . . .	. . .	. . .	. . .	215	51.171

DÉSIGNATION DES PIÈCES	Nombre de pièces	Longueur	Largeur	Épaisseur	Poids par mèt. courant	Poids par pièce	POIDS partiels	Totaux
		m.	mm.	mm.	k.	k.	k.	k.
Reports	. . .	. . .	. . . .	. . .	. . .	. . .	215	51.171
Cornières d'attache .	32	0 20	60 × 60	7	6 17	1 23	39	
Tôles	32	0 20	150	6	7 02	1 40	45	
							299	
Rivets 3 0/0.	»	»	»	»	»	»	9	
								308
8° *Raccords sur culée* :								
Tôles	2	5 20	260	6	12 17	63 3	127	
	4	0 60	400	6	18 72	11 2	45	
Fourrures.	4	0 75	110	10	8 58	6 4	26	
							198	
Rivets 3 0/0.	»	»	»	»	»	»	6	
								204
Poids des aciers. . .								51.683

B. 9° Garde-corps en fer forgé.

Montants	48	»	»	»	»	11 25	540	»
Partie courante . . .	2	25 76	»	»	22 5	580	1.160	»
Rivets et boulons 5 %.	»	»	»	»	»	»	85	»
Poids des fers forgés.								1.785

C. Fonte.

10° *Appuis* :								
Appuis fixes.	2	»	»	»	»	288	576	»
Appuis mobiles . . .	2	»	»	»	»	342	684	»
Poids de la fonte . .								1.260

DÉSIGNATION DES PIÈCES	Nombre de pièces	Longueur	Largeur	Épaisseur	Poids par mèt. courant	Poids par pièce	POIDS partiels	POIDS totaux
D. Plomb sous les appuis.								
		m.	mm.	mm.	k.	k.	k.	k.
11° *Feuilles de plomb.*	4	»	»	5	»	17	»	»
Poids du plomb. . .								68
Résumé.								
Aciers laminés . . .	»	»	»	»	»	»	»	51.683
Fer forgé.	»	»	»	»	»	»	»	1.785
Fonte.	»	»	»	»	»	»	»	1.260
Plomb	»	»	»	»	»	»	»	68
Total								54.796

CHAPITRE XI

PONT MÉTALLIQUE DE 30 MÈTRES D'OUVERTURE, A UNE VOIE

(Pl. 8)

Section I. — CALCUL D'UNE ENTRETOISE DES LONGERONS

(Portée de 0 m. 95)

§ 1. — CHARGE PERMANENTE

1° *Détermination de la charge permanente.* — L'épaisseur moyenne de la chaussée est de 0 m. 265. Le poids de la chaussée par mètre carré est donc :

$$0,265 \times 2.100 = 556 \text{ kg.}$$

Le poids de la tôle emboutie est de 64 kg. par mètre carré.

Charge totale par mètre carré :

$$556 + 64 = 620 \text{ kg.}$$

Le poids propre de l'entretoise est de 30 kg. par mètre courant.

2° *Moment fléchissant maximum dû à la charge permanente.* — La partie de chaussée supportée par l'entretoise est hachurée sur le croquis ci-après. Le moment fléchissant maximum, au milieu de la poutre, a pour expression :

$$M = \frac{pal^2}{12}.$$

Dans cette formule :
$p = 620$ kg. est la charge par mètre carré ;
$a = 1$ m. 54 l'écartement des entretoises ;
$l = 0$ m. 95 leur portée.

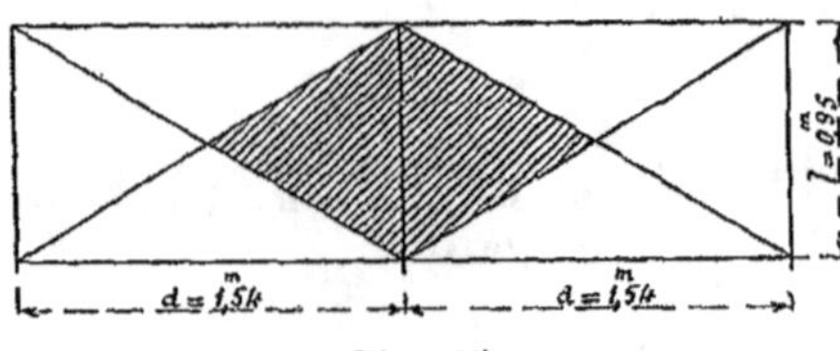

Fig. 85.

On trouve dès lors :

$$M' = \frac{620 \times 1{,}54 \times \overline{0{,}95}^2}{12} = 72 \text{ kgm.}$$

Moment dû au poids propre de l'entretoise :

$$M'' = \frac{30 \times \overline{0{,}95}^2}{8} = 3 \text{ kgm.}$$

Le moment fléchissant maximum total dû à la charge permanente a donc pour valeur :

$$M_1 = M' + M'' = 75 \text{ kgm.}$$

§ 2. — SURCHARGE ROULANTE

Le moment fléchissant maximum se produit pour le passage d'une roue de 5.500 kg. au milieu de la portée. Il a pour valeur :

$$M_2 = \frac{5.500 \times 0{,}95}{4} = 1.306 \text{ kgm.}$$

§ 3. — CHARGE PERMANENTE ET SURCHARGE

Le moment fléchissant maximum total a pour valeur :

$$M_1 + M_2 = 1.381 \text{ kgm.}$$

§ 4. — TRAVAIL DU MÉTAL

1° *Flexion.* — Valeur du moment d'inertie I de la section ci-contre, déduction faite des trous de rivets[1] :

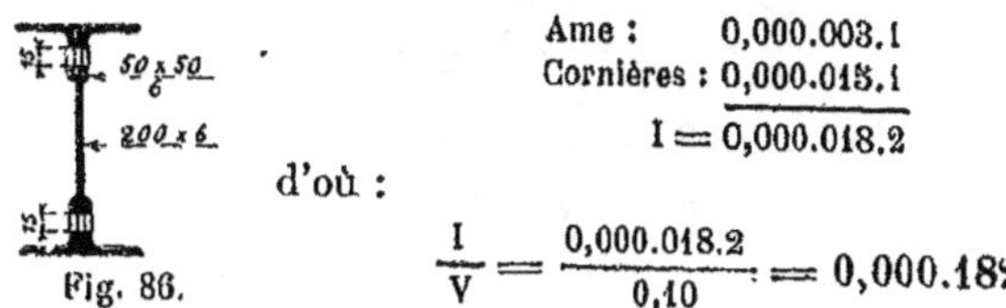

Fig. 86.

Ame :	0,000.003.1
Cornières :	0,000.015.1
I =	0,000.018.2

d'où :

$$\frac{I}{V} = \frac{0{,}000.018.2}{0{,}10} = 0{,}000.182.$$

Le travail du métal par millimètre carré est dès lors :

$$\frac{1.381}{182} = 7 \text{ kg. } 6$$

(Limite réglementaire de 8,5 + 1,0 = 9 kg. 5).

2° *Cisaillement longitudinal de l'âme.* — L'effort S de cisaillement longitudinal de l'âme, par mètre courant, est donné par la formule :

$$S = \frac{Tm}{I},$$

T étant l'effort tranchant maximum ;

m le moment statique, par rapport à la fibre neutre, de la partie de la section située du même côté de cette fibre neutre ;

I = 0,000.018.2 le moment d'inertie de la section entière.

Effort tranchant maximum. — L'effort tranchant maximum dû à la charge permanente est égal à :

$$T_1 = \frac{30 \times 0{,}95}{2} + 620 \times \frac{0{,}95 \times 1{,}54}{4} = 241 \text{ kg.}$$

En ce qui concerne l'effort tranchant maximum dû à la surcharge roulante, il est déterminé par le passage d'une roue de 5.500 kg. au droit de l'attache de l'entretoise. Il a donc pour valeur :

$$T_2 = 5.500 \text{ kg.}$$

1. D'après les tableaux des moments d'inertie de la Compagnie des chemins de fer de l'Est.

L'effort tranchant maximum a donc, en totalité, pour valeur :

$$T_1 + T_2 = 5.741 \text{ kg.}$$

Moment statique m. — Il s'établit ainsi qu'il suit :

Ame :	0,000.030.0
Cornières :	0,000.094.7
	0,000.124.7
A déduire pour trous de rivets :	0,000.019.4
$m =$	0,000.105.3

On a dès lors :

$$S = \frac{5.741 \times 0{,}000.105.3}{0{,}000.018.2} = 33.216 \text{ kg.}$$

d'où l'on déduit pour le travail de l'âme par millimètre carré :

$$\frac{33.216}{1.000 \times 6} = 5 \text{ kg. } 53$$

(Limite réglementaire de $9{,}5 \times \frac{4}{5} = 7$ kg. 6).

3° *Cisaillement vertical de l'âme.* — La section nette de l'âme est égale à :

$$(200 - 2 \times 15)\,6 = 1.020 \text{ mm}^2.$$

Le travail du métal ressort en conséquence à :

$$\frac{5.741}{1.020} = 5 \text{ kg. } 64$$

(Limite réglementaire de 7 kg. 6).

4° *Résistance des rivets d'attache des cornières sur l'âme.* — L'effort S_R de cisaillement d'un rivet est donné par l'expression :

$$S_R = \frac{T.m_1.d}{I},$$

T étant l'effort tranchant maximum, soit 5.741 kg. ;

m_1 le moment statique des cornières par rapport à la fibre moyenne, soit :

$$0{,}000.094.7 - 0{,}000.013.0 = 0{,}000.081.7;$$

d l'écartement des rivets, soit : 0 m. 100 ;

I le moment d'inertie de la section entière, soit: 0,000.018.2. On trouve dès lors :

$$S_R = \frac{5.741 \times 0,000.081.7 \times 0,100}{0,000.018.2} = 2,577 \text{ kg.}$$

La section d'un rivet de 15 mm. étant de 177 mm², et chaque rivet travaillant à double section, on en déduit pour le travail des rivets par millimètre carré :

$$\frac{2.577}{2 \times 177} = 7 \text{ kg. } 3$$

(Limite réglementaire de 7 kg. 6).

5° *Résistance des rivets d'attache des entretoises sur les poutres.* — Le nombre de rivets de 15 mm., travaillant à double section est au minimum de 3. Le travail par millimètre carré est donc au maximum de :

$$\frac{5.741}{6 \times 177} = 5 \text{ kg. } 4$$

(Limite réglementaire de 7 kg. 6).

Section II. — CALCUL D'UN LONGERON SOUS CHAUSSÉE

(Portée de 3 m. 08)

§ 1. — CHARGE PERMANENTE

La partie de chaussée supportée par un longeron est hachurée sur le croquis ci-après. Le moment fléchissant maximum, au milieu du longeron, a pour expression :

$$M = \frac{pal^2}{16},$$

p = 620 kg. étant la charge par mètre carré ;
a = 0 m. 95 l'écartement des longerons ;
l = 3 m. 08 la portée des longerons.

On trouve dès lors :

$$M' = \frac{620 \times 0{,}95 \times \overline{3{,}08}^2}{16} = 349 \text{ kgm.}$$

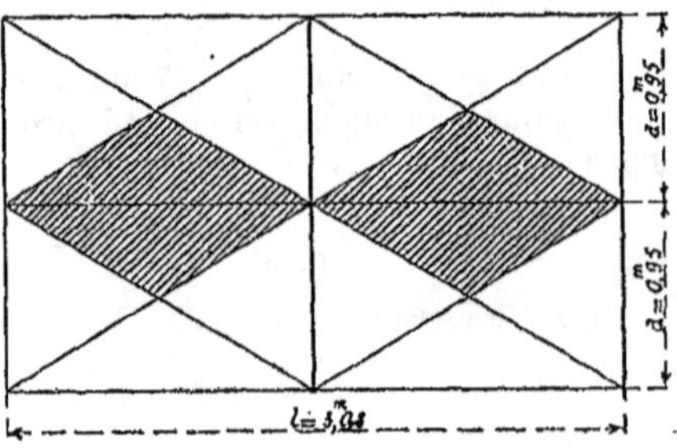

Fig. 87.

Le poids propre du longeron est de 60 kg. par mètre courant. Le moment fléchissant maximum dû au poids propre est donc :

$$M'' = \frac{60 \times \overline{3{,}08}^2}{8} = 71 \text{ kgm.}$$

La réaction due à la charge permanente des entretoises a pour valeur :

$$\frac{30 \times 0{,}95}{2} + \frac{620 \times 0{,}95 \times 1{,}54}{2} = 467 \text{ kg.}$$

Cette réaction agissant au milieu de la portée du longeron, le moment fléchissant maximum correspondant est égal à :

$$M''' = \frac{467 \times 3{,}08}{4} = 360 \text{ kgm.}$$

Le moment maximum total dû à la charge permanente a pour valeur :

$$M_1 = M' + M'' + M''' = 780 \text{ kgm.}$$

§ 2. — SURCHARGE ROULANTE

Le moment fléchissant maximum se produit pour le passage d'une roue de 5.500 kg. au milieu de la portée. Il a pour valeur :

$$M_2 = \frac{5.500 \times 3,08}{4} = 4.235 \text{ kgm.}$$

§ 3. — CHARGE PERMANENTE ET SURCHARGE

Le moment fléchissant maximum total a pour valeur :

$$M_1 + M_2 = 5.015 \text{ kgm.}$$

§ 4. — TRAVAIL DU MÉTAL

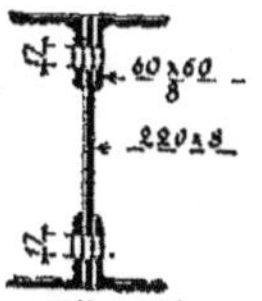

1° *Flexion.* — Valeur du moment d'inertie I de la section ci-contre, déduction faite des trous de rivets [1] :

Ame :	0,000.019.2
Cornières :	0,000.069.2
	0,000.088.4

Fig. 88.

d'où :

$$\frac{I}{V} = \frac{0,000.088.4}{0,165} = 0,000.536.$$

Le travail du métal par millimètre carré est dès lors :

$$\frac{5.015}{536} = 9 \text{ kg. } 35$$

(Limite réglementaire de 9 kg. 5).

2° *Cisaillement longitudinal de l'âme :*

$$S = \frac{Tm}{I}.$$

1. D'après les tableaux des moments d'inertie de la Compagnie des chemins de fer de l'Est.

Effort tranchant maximum. — L'effort tranchant maximum dû à la charge permanente est égal à :

$$T_1 = \frac{60 \times 3,08}{2} + 620 \times \frac{0,95 \times 1,54}{2} + \frac{467}{2} = 779 \text{ kg.}$$

Quant à l'effort tranchant maximum dû à la surcharge roulante, il est déterminé par le passage d'une roue de 5.500 kg. au droit de l'attache du longeron. Il a donc pour valeur :

$$T_2 = 5.500 \text{ kg.}$$

L'effort tranchant maximum total a donc pour valeur :

$$T_1 + T_2 = 6.279 \text{ kg.}$$

Moment statique m. — Il s'établit ainsi qu'il suit :

Ame :	0,000.108.9
Cornières :	0.000.263.4
	0,000.372.3
A déduire pour trous de rivets :	0,000.053.4
$m =$	0,000.318.9

On a dès lors :

$$S = \frac{6.279 \times 0,000.318.9}{0,000.088.4} = 22.651 \text{ kg.}$$

d'où l'on déduit pour le travail de l'âme, par millimètre carré :

$$\frac{22.651}{1.000 \times 8} = 2 \text{ kg. } 83$$

(Limite réglementaire de 7 kg. 6).

3° *Cisaillement vertical de l'âme.* — La section nette de l'âme est égale à :

$$(330 - 2 \times 17)8 = 2.368 \text{ mm}^2.$$

Le travail du métal ressort en conséquence à :

$$\frac{6.279}{2.368} = 2 \text{ kg. } 65$$

(Limite réglementaire de 7 kg. 6).

4° *Résistance des rivets d'attache des cornières sur l'âme :*

$$S_R = \frac{T.\, m_1.\, d}{I},$$

T étant l'effort tranchant maximum, soit 6.279 kg.;

m_1 le moment statique des cornières, par rapport à la fibre moyenne, soit :

$$0{,}000.263.4 - 0{,}000.035.6 = 0{,}000.227.8\ ;$$

d l'écartement des rivets, soit 0,150 ;

I le moment d'inertie de la section entière, soit 0,000.088.4.

On trouve dès lors :

$$S_R = \frac{6.279 \times 0{,}000.227.8 \times 0{,}150}{0{,}000.088.4} = 2.427 \text{ kg.}$$

La section d'un rivet de 17 mm. étant de 227 mm², et chaque rivet travaillant à double section, on en déduit pour le travail des rivets par millimètre carré :

$$\frac{2.427}{2 \times 227} = 5 \text{ kg. } 35$$

(Limite réglementaire de 7 kg. 6).

5° *Résistance des rivets d'attache des longerons sur les entretoises.* — Le nombre des rivets de 17 mm, travaillant à double section, est au minimum de 3. Le travail par millimètre carré est donc, au maximum, de :

$$\frac{6.279}{6 \times 227} = 4 \text{ kg. } 61$$

(Limite réglementaire de 7 kg. 6).

Section III. — CALCUL D'UN LONGERON BORDURE DE LA CHAUSSÉE

(Portée de 3 m. 08)

§ 1. — CHARGE PERMANENTE

La partie de la chaussée et du trottoir supportée par le longeron est hachurée sur le croquis ci-après. Le moment fléchissant dû à la charge de la chaussée est donné par l'expression :

$$M = \frac{pal^2}{32},$$

$p = 620$ kg. étant la charge par mètre carré ;
$a = 0$ m. 95 l'écartement des longerons sous chaussée ;
$l = 3$ m. 08 la portée du longeron.
On trouve dès lors :

$$M' = \frac{620 \times 0,95 \times \overline{3,08}^2}{32} = 175 \text{ kgm.}$$

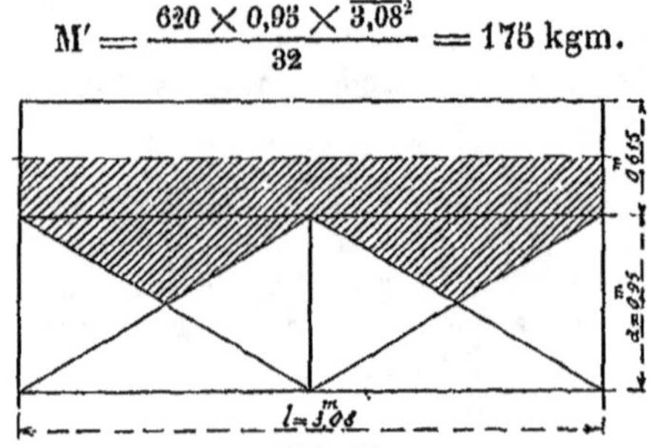

Fig. 89.

L'épaisseur moyenne du trottoir étant de 0 m. 10, le poids du trottoir, par mètre courant, est égal à :

$$0,615 \times 0,10 \times 2.100 = 129 \text{ kg.}$$

La partie de cette charge supportée par le longeron considéré est en conséquence de :

$$\frac{129}{2} = 64 \text{ kg.}$$

Le moment fléchissant maximum correspondant a pour valeur :

$$M'' = \frac{64 \times \overline{3,08}^2}{8} = 76 \text{ kgm.}$$

La réaction due à la charge permanente des entretoises est égale à la moitié de la réaction supportée par les longerons sous chaussée, soit à :

$$\frac{467}{2} = 233 \text{ kg.}$$

Le moment fléchissant maximum correspondant est donc égal à :

$$M''' = \frac{233 \times 3,08}{4} = 180 \text{ kgm.}$$

Le poids propre du longeron est de 70 kg. par mètre courant. Le moment fléchissant maximum dû au poids propre est donc :

$$M'''' = \frac{70 \times \overline{3,08}^2}{8} = 84 \text{ kgm.}$$

Le moment maximum total dû à la charge permanente a pour valeur :

$$M_1 = M' + M'' + M''' + M'''' = 515 \text{ kgm.}$$

§ 2. — SURCHARGE ROULANTE

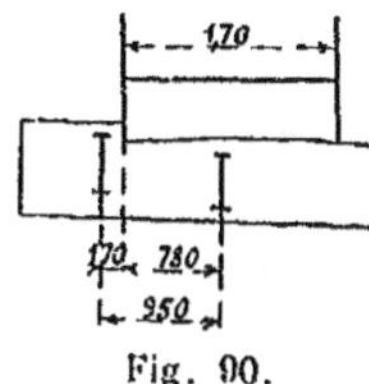

Fig. 90.

Le moment fléchissant maximum se produit pour le passage d'une roue de 5.500 kg. au milieu de la portée, dans la position figurée ci-contre. Il a pour valeur :

$$M_2 = \frac{5.500 \times 3,08}{4} \times \frac{0,78}{0,95} = 3.477 \text{ kgm.}$$

§ 3. — SURCHARGE DU TROTTOIR

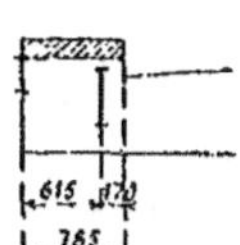

Fig. 91.

Montant de cette surcharge par mètre courant de longeron :

$$400 \left(0,17 + \frac{0,615}{2}\right) = 191 \text{ kg.}$$

Le moment fléchissant maximum est donc :

$$M_3 = \frac{191 \times \overline{3,08}^2}{8} = 226 \text{ kgm.}$$

§ 4. — CHARGE PERMANENTE ET SURCHARGE

Le moment fléchissant maximum total a pour valeur :

$$M_1 + M_2 + M_3 = 4.218 \text{ kgm.}$$

§ 5. — TRAVAIL DU MÉTAL

1° *Flexion.* — Valeur du moment d'inertie I de la section ci-contre, déduction faite des trous de rivets[1] :

Ame : 0,000.045.0
Cornières : 0,000.055.6

I = 0,000.100.6

d'où :

$$\frac{I}{V} = \frac{0{,}000.100.6}{0{,}225} = 0{,}000.447.$$

Le travail du métal par millimètre carré est dès lors :

$$\frac{4.218}{447} = 9 \text{ kg}, 4$$

(Limite réglementaire de 9 kg, 5).

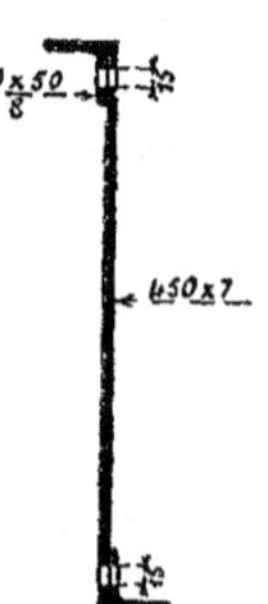

Fig. 92.

2° *Cisaillement longitudinal de l'âme :*

$$S = \frac{Tm}{I}.$$

Effort tranchant maximum. — L'effort tranchant maximum dû à la charge permanente est égal à :

$$T_1 = \frac{70 \times 3{,}08}{2} + 620 \times \frac{0{,}95 \times 1{,}54}{4} + \frac{64 \times 3{,}08}{2} + \frac{233}{2} = 550 \text{ kg}.$$

En ce qui concerne l'effort tranchant maximum dû à la surcharge roulante, il est déterminé par le passage d'une roue de 5.500 kg. au droit de l'attache du longeron, dans la position indiquée au § 2. Il a pour valeur :

$$T_2 = 5.500 \times \frac{0{,}78}{0{,}95} = 4.516 \text{ kg}.$$

Quant à l'effort tranchant dû à la surcharge du trottoir, il est égal à :

$$T_3 = \frac{191 \times 3.08}{2} = 295 \text{ kg}.$$

1. D'après les tableaux des moments d'inertie de la Compagnie des chemins de fer de l'Est.

L'effort tranchant maximum total a donc pour valeur:

$$T_1 + T_2 + T_3 = 5.361 \text{ kg}.$$

Moment statique m. — Il s'établit ainsi qu'il suit :

Ame :	0,000.177.2
Cornières :	0,000.154.2
	0,000.331.4
A déduire pour trous de rivets :	0,000.044.3
m =	0,000.287.1

On a dès lors :

$$S = \frac{5.361 \times 0{,}000.287.1}{0{,}000.100.6} = 15.300 \text{ kg.};$$

d'où l'on déduit pour le travail de l'âme par millimètre carré :

$$\frac{15.300}{1.000 \times 7} = 2 \text{ kg. } 2$$

(Limite réglementaire de 7 kg. 6).

3° *Cisaillement vertical de l'âme.* — La section nette de l'âme est égale à :

$$(450 - 2 \times 15)\, 7 = 2.940 \text{ mm}^2.$$

Le travail du métal ressort en conséquence à :

$$\frac{5.361}{2.940} = 1 \text{ kg. } 81$$

(Limite réglementaire de 7 kg. 6).

4° *Résistance des rivets d'attache des cornières sur l'âme :*

$$S_R = \frac{T.m_1.d}{I};$$

T est l'effort tranchant maximum, soit 5.361 kg. ;

m_1 le moment statique de la cornière par rapport à la fibre moyenne, soit :

$$0{,}000.154.2 - 0{,}000.023.6 = 0{,}000.130.6;$$

I le moment d'inertie de la section entière, soit 0,000.100.6;

d l'écartement des rivets, soit 0 m. 150.

On trouve dès lors :

$$S_R = \frac{5.361 \times 0,000.130.6 \times 0,150}{0,000.100.6} = 1.044 \text{ kg.}$$

La section d'un rivet de 15 mm. étant de 177 mm², on en déduit pour le travail des rivets par millimètre carré :

$$\frac{1.044}{177} = 5 \text{ kg. } 88.$$

(Limite réglementaire de 7 kg. 6).

Section IV. — LONGERONS BORDURE DU TROTTOIR

(Portée de 3 m. 08).

§ 1. — CHARGE PERMANENTE

La charge permanente par mètre courant de longeron peut s'évaluer ainsi qu'il suit :

Métal :		40 kg.
Trottoir :	$\frac{129}{2}$ =	64 kg.
	Total :	104 kg.

Le moment fléchissant maximum dû à la charge permanente est en conséquence :

$$M_1 = \frac{104 \times \overline{3,08}^2}{8} = 124 \text{ kgm.}$$

§ 2. — SURCHARGE DU TROTTOIR

Montant de cette surcharge par mètre courant de longeron :

$$400 \times \frac{0,615}{2} = 123 \text{ kg.}$$

Le moment fléchissant maximum est donc :

$$M_2 = \frac{123 \times \overline{3,08}^2}{8} = 146 \text{ kgm.}$$

§ 3. — CHARGE PERMANENTE ET SURCHARGE

Le moment maximum total a pour valeur :

$$M_1 + M_2 = 270 \text{ kgm.}$$

§ 4. — TRAVAIL DU MÉTAL

Flexion. — Valeur du moment d'inertie I de la section ci-contre, déduction faite des trous de rivets :

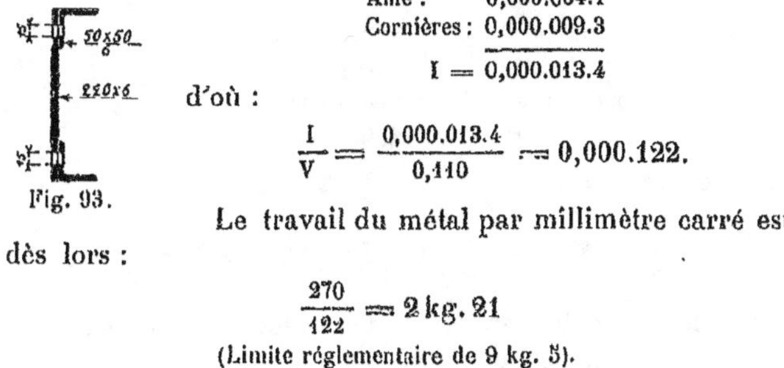

Fig. 93.

Ame :	0,000.004.1
Cornières :	0,000.009.3
I =	0,000.013.4

d'où :

$$\frac{I}{V} = \frac{0,000.013.4}{0,110} = 0,000.122.$$

Le travail du métal par millimètre carré est dès lors :

$$\frac{270}{122} = 2 \text{ kg. } 21$$

(Limite réglementaire de 9 kg. 5).

Section V. — CALCUL D'UNE ENTRETOISE

(Portée de 4 m. 40)

§ 1. — CHARGE PERMANENTE

La partie de la chaussée supportée directement par l'entretoise est hachurée sur le croquis ci-après. Le moment fléchissant maximum, au milieu de la portée, a pour expression :

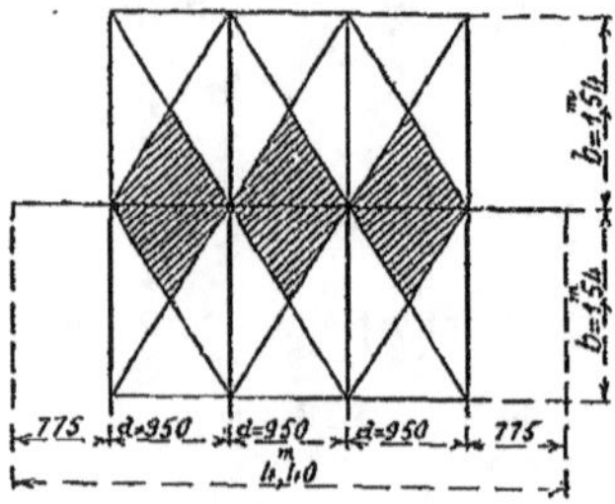

Fig. 94.

$$M = \frac{pab}{8}(3l - 4a)$$ [1].

Dans cette formule :

p = 620 kg. est la charge par mètre carré ;
a = 0 m. 95 l'écartement des longerons ;
b = 1 m. 54 l'écartement des entretoises ;
l = 4 m. 40 la portée de l'entretoise.

On trouve dès lors :

$$M' = \frac{620 \times 0{,}95 \times 1{,}54}{8}(3 \times 4{,}40 - 4 \times 0{,}95) = 1.066 \text{ kgm.}$$

Les réactions des longerons sur l'entretoise sont les suivantes (voir le calcul des longerons) :

Longerons sous chaussée :	779 × 2 = 1.558 kg.
Longerons bordure de la chaussée :	550 × 2 = 1.100 kg.

Le moment fléchissant maximum dû à ces réactions a pour valeur :

$$M'' = (1.100 + 1.558)\ 1{,}725 - 1.100 \times 0{,}95 = 3.540 \text{ kgm.}$$

1. Pour déterminer cette formule, on a supposé les trois parties qui composent la charge concentrées en leur centre de gravité. On obtient ainsi des moments légèrement supérieurs aux moments réels.

Le poids propre de l'entretoise étant de 100 kg. par mètre courant, le moment fléchissant maximum correspondant est égal à :

$$M''' = \frac{100 \times \overline{4,40}^2}{8} = 242 \text{ kgm.}$$

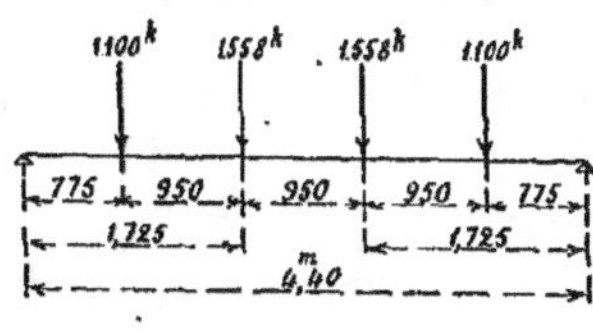

Fig. 95.

Le moment total dû à la charge permanente est donc :

$$M_1 = M' + M'' + M''' = 4.848 \text{ kgm.}$$

§ 2. — SURCHARGE ROULANTE

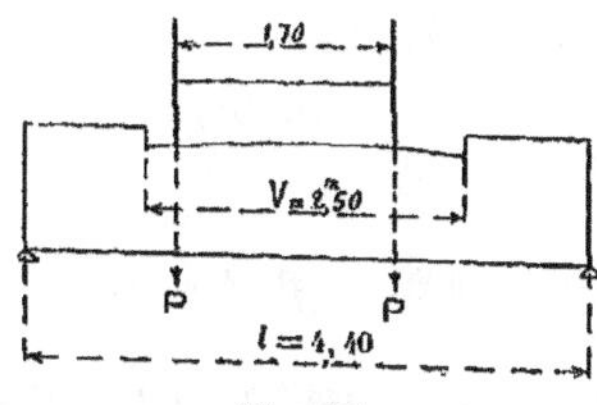

Fig. 96.

Le moment fléchissant maximum a pour expression[1] :

$$M = P\left(\frac{l}{2} + \frac{0,360}{l} - 0,85\right);$$

soit :

$$M = 1,432 \text{ P};$$

d'où :

Avec les tombereaux de 6.000 kg. :

$$M_2 = 1,432 \times 3.000 = 4.296 \text{ kgm.}$$

1. Henry, page 360.

Avec les charrettes de 11.000 kg. :

$$M_3 = 1{,}432 \times 5.500 = 7.876 \text{ kgm.}$$

§ 3. — SURCHARGE DU TROTTOIR

La réaction des longerons bordure de la chaussée est égale à :

$$191 \times 3{,}08 = 588 \text{ kg.}$$

Le moment fléchissant maximum correspondant est donc :

$$M_4 = 588 \times 0{,}775 = 456 \text{ kgm.}$$

§ 4. — CHARGE PERMANENTE ET SURCHARGE

Le moment fléchissant maximum total a pour valeur :

Avec les tombereaux de 6.000 kg. :

$$M_1 + M_2 + M_4 = 9.600 \text{ kgm.}$$

Avec les charrettes de 11.000 kg. :

$$M_1 + M_3 + M_4 = 13.180 \text{ kgm.}$$

§ 5. — TRAVAIL DU MÉTAL

1° *Flexion.* — Valeur du moment d'inertie I de la section ci-contre, déduction faite des trous de rivets[1] :

Ame :	0,000.068.6
Cornières :	0,000.280.9
I =	0,000 349.5

d'où :

$$\frac{I}{V} = \frac{0{,}000.349.5}{0{,}25} = 0{,}001.398.$$

Le travail du métal par millimètre carré est dès lors :

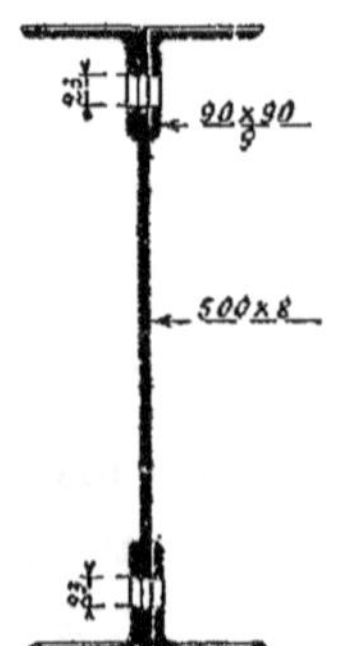

Fig. 97.

1. D'après les tableaux des moments d'inertie de la Compagnie des chemins de fer de l'Est.

Avec les tombereaux de 6.000 kg. :

$$\frac{9.600}{1,398} = 6\,\text{kg}.85$$

(Limite réglementaire de 8 kg. 5).

Avec les charrettes de 11.000 kg. :

$$\frac{13.180}{1.398} = 9\ \text{kg}.4.$$

(Limite réglementaire de 9 kg. 5).

2° *Cisaillement longitudinal de l'âme* :

$$S = \frac{Tm}{I}.$$

Effort tranchant maximum. — L'effort tranchant maximum dû à la charge permanente est égal à :

$$T_1 = \frac{100 \times 4,40}{2} + \frac{620 \times 0,95 \times 1,54 \times 3}{4} + 1.100 + 1.558 = 3.558\ \text{kg}.$$

Quant à l'effort tranchant dû à la surcharge du trottoir, il a pour valeur :

$$T_2 = 191 \times 3,08 = 588\ \text{kg}.$$

En ce qui concerne l'effort tranchant maximum dû à la surcharge roulante, il est déterminé par le passage des convois des charrettes de 11.000 kg. Il est donné par l'expression[1] :

$$T = P\left(1 + \frac{0,80}{l}\right);$$

soit :

$$T_3 = 5.500\left(1 + \frac{0,80}{4,40}\right) = 6.501\ \text{kg}.$$

L'effort tranchant maximum total a pour valeur :

$$T_1 + T_2 + T_3 = 10.647\ \text{kg}.$$

Moment statique m. — Il s'établit ainsi qu'il suit :

Ame :	0,000.250.0
Cornières :	0,000.689.5
	0,000.939.5
A déduire pour trous de rivets :	0,000.119.6
$m =$	0,000.819.9

1. Henry, page 374.

On a dès lors :

$$S = \frac{10.647 \times 0,000.819.9}{0,000.349.5} = 24.977 \text{ kg.}$$

d'où l'on déduit pour le travail de l'âme par millimètre carré :

$$\frac{24.977}{1.000 \times 8} = 3 \text{ kg. } 11$$

(Limite réglementaire de 7 kg. 6).

3° *Cisaillement vertical de l'âme.* — La section nette de l'âme est égale à :

$$(500 - 2 \times 23)\, 8 = 3.632 \text{ mm}^2.$$

Le travail du métal ressort en conséquence à :

$$\frac{10.647}{3.632} = 2 \text{ kg. } 92$$

(Limite réglementaire de 7 kg. 6).

4° *Résistance des rivets d'attache des cornières sur l'âme :*

$$S_R = \frac{T.m_1.d}{I},$$

T est l'effort tranchant maximum, soit 10.647 kg. ;

m_1 le moment statique des cornières par rapport à la fibre moyenne, soit :

$$0,000.689.5 - 0,000.082.8 = 0,000.606.7 ;$$

d l'écartement des rivets, soit 0 m. 150 ;

I le moment d'inertie de la section entière, soit 0,000.349.5.

On trouve dès lors :

$$S_R = \frac{10.647 \times 0,000.606.7 \times 0,150}{0,000.349.5} = 2.772 \text{ kg.}$$

La section d'un rivet de 23 mm. étant de 415 mm², et chaque rivet travaillant à double section, on en déduit pour le travail des rivets par millimètre carré :

$$\frac{2.772}{2 \times 415} = 3 \text{ kg. } 33$$

(Limite réglementaire de 7 kg. 6).

5° *Résistance des rivets d'attache des entretoises sur les poutres.* — Le nombre des rivets de 19 mm., travaillant à double section, est au minimum de 6.

La section d'un rivet de 19 mm. étant de 283 mm², le travail par millimètre carré est donc, au maximum, de :

$$\frac{10.647}{12 \times 283} = 3 \text{ kg}. 12$$

(Limite réglementaire de 7 kg. 6).

Section VI. — CALCUL D'UNE POUTRE

(Portée de 30 m. 80)

I. — MEMBRURES

§ 1. — CHARGE PERMANENTE

La charge permanente par mètre courant de poutre peut s'évaluer ainsi qu'il suit :

Poids propre de la poutre :		447 kg,
Chaussée, trottoirs et métal des longerons et entretoises :	$\frac{3.548}{3,08} + 101 =$	1.253 kg.
	Total :	1.700 kg.

Moment fléchissant maximum dû à la charge permanente :

$$M_1 = \frac{1.700 \times \overline{30,8}^2}{8} = 201.586 \text{ kgm}.$$

§ 2. — SURCHARGE UNIFORMÉMENT RÉPARTIE DE 400 kg. PAR MÈTRE CARRÉ DE CHAUSSÉE ET DE TROTTOIR

Montant de cette surcharge par mètre courant :

$$400 \left(0,75 + \frac{2,50}{2}\right) = 800 \text{ kg}.$$

Moment fléchissant maximum dû à la surcharge uniformément répartie :

$$M_2 = \frac{800 \times \overline{30,8}^2}{8} = 94.864 \text{ kgm.}$$

§ 3. — SURCHARGE DU TROTTOIR

Montant de cette surcharge par mètre courant :

$$400 \times 0,75 = 300 \text{ kg.}$$

Moment fléchissant maximum dû à la surcharge du trottoir :

$$M_3 = \frac{300 \times \overline{30,80}^2}{8} = 35.574 \text{ kgm.}$$

§ 4. — SURCHARGE ROULANTE

Le moment fléchissant maximum de la poutre A peut s'obtenir en multipliant par le coefficient K ci-après, le moment

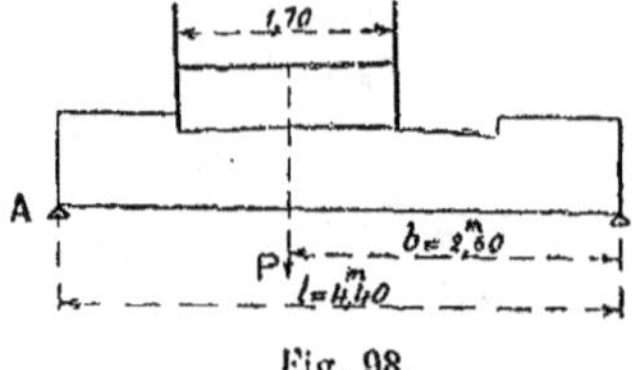

Fig. 98.

fléchissant produit par un convoi de voitures dont les résultantes des charges passeraient dans l'axe de la poutre[1] :

$$K = \frac{b}{l} ;$$

soit :

$$K = 0,591.$$

Quant au moment fléchissant déterminé au milieu de la

1. Henry, page 427.

poutre par le convoi passant dans l'axe de cette poutre, il a pour valeur :

Avec les tombereaux de 6.000 kg. :

111.320 kgm.[1].

Avec les chariots de 16.000 kg. :

162.240 kgm.[2].

Il en résulte que le moment de la poutre, en son milieu, est égal à :

Avec les tombereaux de 6.000 kg. :

$$M_4 = 111.320 \times 0,591 = 65.790 \text{ kgm.}$$

Avec les chariots de 16.000 kg. :

$$M_5 = 162.240 \times 0,591 = 95.884 \text{ kgm.}$$

§ 5. — CHARGE PERMANENTE ET SURCHARGE

Le moment fléchissant total, au milieu de la poutre, a pour valeur :

Avec les tombereaux de 6.000 kg. :

$$M_1 + M_3 + M_4 = 302.950 \text{ kgm.}$$

Avec les chariots de 16.000 kg. :

$$M_1 + M_3 + M_5 = 333.044 \text{ kgm.}$$

§ 6. — TRAVAIL DU MÉTAL

Valeur du moment d'inertie I de la section ci-après, déduction faite des trous de rivets[3] :

1. Henry, page 336 (par interpolation).
2. Henry, page 339 (par interpolation).
3. D'après les tableaux des moments d'inertie de la Compagnie des chemins de fer de l'Est.

Ame :	0,017.740.0	} 0,028.943.5
Cornières :	0,011.203.5	
Semelles :	0,026.051.7	
I =	0,054.995.2	

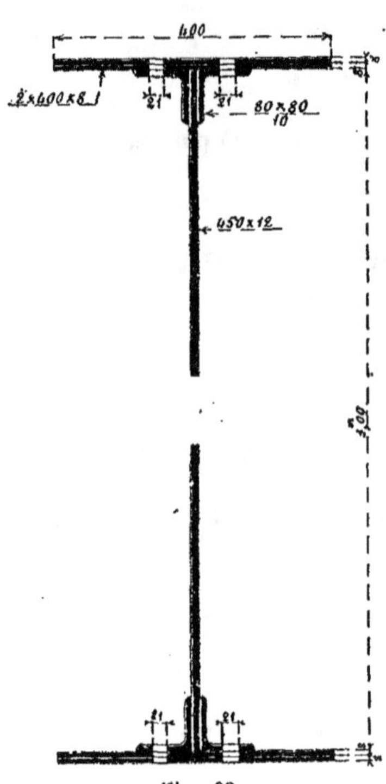

Fig. 99.

d'où :

$$\frac{I}{V} = \frac{0,054.995.2}{1,516} = 0,036.277.$$

Le travail du métal par millimètre carré est dès lors :
Avec les tombereaux de 6.000 kg. :

$$\frac{302.950}{36.277} = 8 \text{ kg. } 35$$

(Limite réglementaire de 8 kg. 5).

Avec les chariots de 16.000 kg. :

$$\frac{333.044}{36.277} = 9 \text{ kg. } 2$$

(Limite réglementaire de 9 kg. 5).

Distribution des semelles. — Avec une semelle :

Ame et cornières : 0,028.943.5
Semelle : 0,012.956.7
I = 0,041.900.2

d'où :

$$\frac{I}{V} = \frac{0,041.900.2}{1,508} = 0,027.785.$$

Le métal travaillant à 8 kg. 5 par millimètre carré, les moments résistants sont dès lors les suivants :

Avec 2 semelles : 36.277 × 8,5 = 308.354 kgm.
Avec 1 semelle : 27.785 × 8,5 = 235.172 kgm.

L'épure ci-après permet, en conséquence, de déterminer les longueurs des deux cours de semelles.

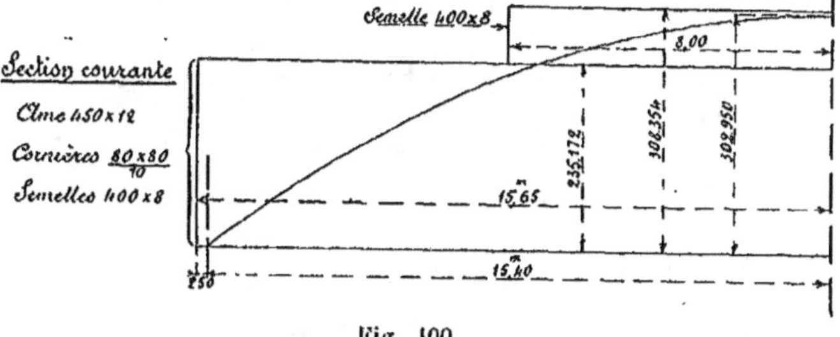

Fig. 100.

II. — BARRES DE TREILLIS

§ 1. — EFFORTS TRANCHANTS

L'effort tranchant sur appui dû à la charge permanente est égal à :

$$T_1 = \frac{1.700 \times 30.80}{2} = 26.180 \text{ kg.}$$

Efforts tranchants maxima dus à la surcharge du trottoir. — Sur appui :

$$T_2 = \frac{300 \times 30,80}{2} = 4.620 \text{ kg.}$$

Dans l'axe :

$$\frac{4.620}{4} = 1.155 \text{ kg.}$$

En ce qui concerne les efforts tranchants dus à la surcharge roulante, ils sont obtenus en multipliant par le coefficient K = 0,591, déterminé précédemment, les efforts tranchants produits par un convoi de voitures dont les résultantes des charges passeraient dans l'axe de la poutre. Dans le cas des tombereaux de 6.000 kg. [1], les valeurs des efforts tranchants, de dixième en dixième de la portée, sont donc les suivantes [2] :

Appui : T_3 =	17.339 × 0,591 =	10.247 kg.
$\frac{1}{10} l$	14.413 × 0,591 =	8.518 kg.
$\frac{2}{10} l$	11.571 × 0,591 =	6.838 kg.
$\frac{3}{10} l$	9.229 × 0,591 =	5.454 kg.
$\frac{4}{10} l$	7.077 × 0,591 =	4 182 kg.
$\frac{5}{10} l$	5.115 × 0,591 =	3.023 kg.

L'effort tranchant maximum total sur appui a pour valeur :

$$T_1 + T_2 + T_3 = 41.047 \text{ kg.}$$

Ces valeurs permettent de tracer les lignes représentatives des efforts tranchants dus à la charge permanente, à la surcharge du trottoir, à la surcharge roulante et à la charge totale. En décomposant les efforts tranchants ainsi obtenus suivant la direction des barres de treillis, on obtient les efforts dans les barres de chaque panneau.

1. Les chariots de 16 000 kg. donnent dans les barres de treillis des efforts tels que le coefficient de travail qui en résulte ne dépasse pas de 1 kg. la limite réglementaire de 6 kg. pour les tombereaux de 6.000 kg.

2. Henry, page 344 (par interpolation).

Toutes ces constructions sont faites dans l'épure ci-dessous.

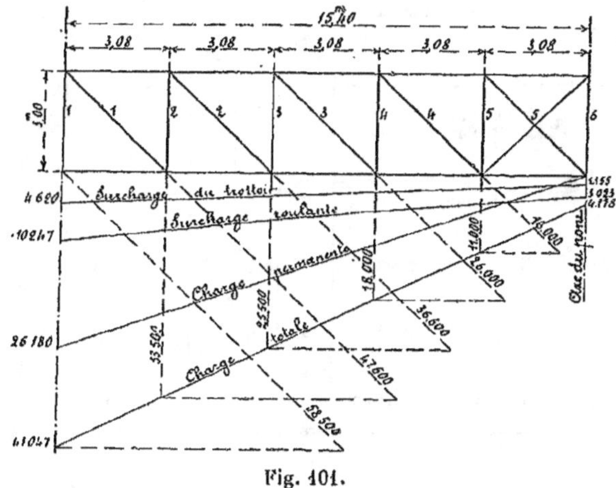

Fig. 101.

Dans le panneau 5 et le symétrique, les barres de treillis sont en croix ; c'est en effet dans ces deux panneaux que les efforts tranchants peuvent changer de signe.

§ 2. — TRAVAIL DU METAL

Le tableau suivant résume le calcul du travail des barres de treillis et de leurs rivets d'attache.

Il donne les efforts par barre, la composition de la section des barres de treillis, leur section déduction faite des trous de rivets, le nombre et le diamètre de leurs rivets d'attache, la section totale de ces rivets pour chaque barre, ainsi que le travail des barres et de leurs rivets.

La limite réglementaire pour le travail des barres est de 6 kg., et pour les rivets :

$$6{,}0 \times \frac{4}{5} = 4 \text{ kg. } 8.$$

Numéros des barres	Effort par barre	Composition de la section	Section nette	Travail des barres	Rivets			
					Diamètre	Nombre de sections nécessaire	Section totale	Travail
			mm²	k.	m/m		mm²	k.
1	58.500	22 22 1 plat 310×12 2 plats 310×13	10108	5,8	22	33	12.543	4,66
2	47.000	22 22 1 plat 310×12 2 plats 310×9	7.980	5,97	22	27	10.263	4,64
3	36.600	22 22 3 plats 220×12	6.336	5,78	22	21	7.982	4,60
4	26.000	22 22 1 plat 180×12 2 plats 180×10	4.352	5,96	22	15	5.701	4,55
5	16,000	20 2 corn. 90×90×9	2.682	5,95	22	9	3.421	4,68

III. — MONTANTS

§ 1. — DÉTERMINATION DES EFFORTS ET TRAVAIL DU MÉTAL

Les montants transmettent les efforts tranchants à la membrure supérieure. Ces efforts tranchants sont mesurés sur l'épure (page 282).

Le tableau suivant, analogue à celui des barres de treillis, résume le calcul du travail des montants et de leurs rivets d'attache.

Les limites réglementaires pour le travail des montants et de leurs rivets sont les mêmes que pour les barres de treillis.

Numéros des montants	Effort par montant	Composition de la section	Section nette	Travail des montants	Rivets			
					Diamètre	Nombre de sections nécessaire	Section totale	Travail
1	41.047	1 âme 500×12 4 corn. 70×70×8 2 âmes 180×8	m/m 11984	k. 3,44	m/m 20	»	mm² »	k, »
2	33.500	2 âmes 190×8 4 corn. 70×70×8	6.300	5,31	»	23	7.226	4,63
3	25.500	id.	id.	4,05	»	17	5,341	4,77
4	18.000	id.	id.	2,85	»	12	3.770	4,77
5	11.000	id.	id.	1,75	»	8	2,513	4,37
6	4.178	id.	id.	0,66	»	3	943	4,42

§ 2. — RÉSISTANCE AU FLAMBAGE

1° *Flambage dans le plan de la poutre.* — Dans le plan de la poutre, les montants peuvent être considérés comme encastrés à leurs deux extrémités.

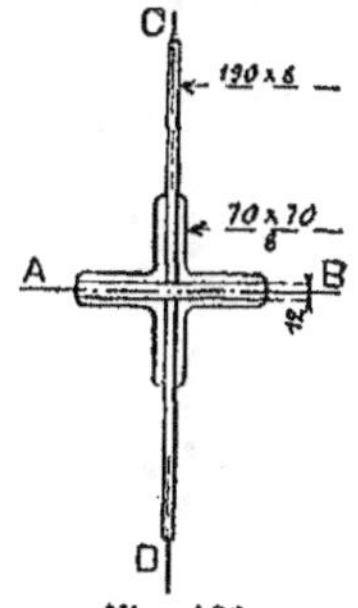

Fig. 102.

La formule d'Euler, qui donne la charge de rupture pour une pièce encastrée à ses deux extrémités, est la suivante :

$$P = 4\pi^2 \frac{EI}{l^2}.$$

Dans cette formule :

E est le coefficient d'élasticité de l'acier, soit 20×10^9 ;

I le moment d'inertie de la section par rapport à l'axe CD, perpendiculaire au plan de la poutre, soit 0,000.004.474 ;

l la longueur libre du montant, soit 2 m. 10, entre les âmes des poutres principales.

On trouve dès lors :

$$P = 4 \times \overline{3,1416}^2 \times \frac{20 \times 10^9 \times 0,000.004.474}{\overline{2,10}^2} = 802.682 \text{ kg.}$$

L'effort maximum se produit dans le montant 2 ; il est égal à :

33.500 kg.

Le coefficient de sécurité est, en conséquence, égal à :

$$\frac{802.682}{33.500} = 24.$$

2° *Flambage dans le plan perpendiculaire au plan de la poutre.* — Dans ce plan, le montant est considéré comme libre à ses deux extrémités.

La formule qui donne la charge de rupture est la suivante :

$$P = \pi^2 \frac{EI}{l^2}.$$

Dans cette formule :

E est le coefficient d'élasticité de l'acier, soit 20×10^9 ;

I le moment d'inertie de la section par rapport à l'axe AB, parallèle au plan de la poutre, soit 0,000.045.045 ;

l la longueur libre du montant, soit 2 m. 55, d'axe en axe des âmes des poutres principales.

On trouve dès lors :

$$P = \overline{3,1416}^2 \times \frac{20 \times 10^9 \times 0,000.045.045}{\overline{2,55}^2} = 1.370.227 \text{ kg.}$$

L'effort maximum étant de 33.500 kg., le coefficient de sécurité est égal à :

$$\frac{1.370.227}{33.500} = 41.$$

Section VII. — CALCUL DU CONTREVENTEMENT

§ 1. — SURFACE OFFERTE AU VENT

La surface offerte au vent par mètre courant pour la première poutre frappée par le vent, peut s'évaluer ainsi qu'il suit :

Surface pleine de la partie inférieure :	0 m² 930	
Membrure supérieure :	0 m² 460	0 m² 620
Treillis et montants :	0 m² 160	
	1 m² 550	

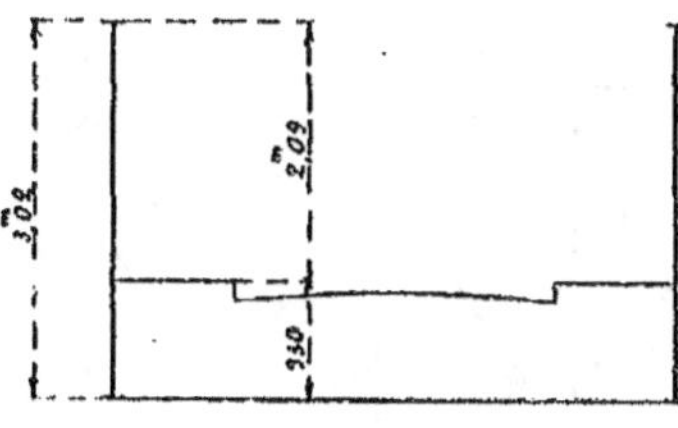

Fig. 103.

La surface par mètre courant à compter pour la seconde poutre, en se conformant au règlement du ministre des Travaux publics, est égale à :

$$\frac{0,62\,(2,09-0,62)}{2,09} = 0 \text{ m}^2\ 44\ [1].$$

La surface totale offerte au vent est donc :

$$1,55 + 0,44 = 1 \text{ m}^2\ 99.$$

§ 2. — EFFORTS TRANCHANTS

Pour une pression du vent de 270 kg. par mètre carré, l'effort par mètre courant de pont est égal à :

$$270 \times 1,99 = 537 \text{ kg.}$$

L'effort tranchant sur appui est donc :

$$\frac{537 \times 30,80}{2} = 8.270 \text{ kg.}$$

§ 3. — TRAVAIL DU MÉTAL

Connaissant l'effort tranchant maximum sur appui, on peut

1. On suppose que, pour la partie inférieure de 0 m. 930, le vent n'exerce pas de pression sur la seconde poutre.

facilement tracer la ligne représentative des efforts tranchants dus au vent. C'est ce qui est fait sur l'épure ci-après. Sur cette épure, les efforts tranchants sont également décomposés suivant la direction des barres.

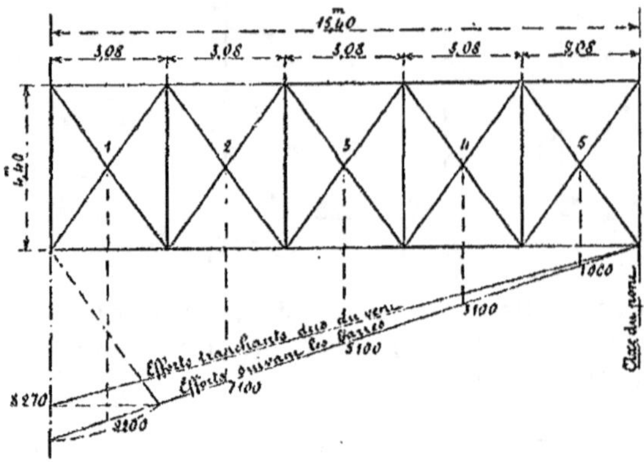

Fig. 104.

L'effort maximum se produit dans le panneau 1 ; il est égal à :

$$9.200 \text{ kg.},$$

soit pour une barre :

$$\frac{9.200}{2} = 4.600 \text{ kg.}$$

Les barres de contreventement sont toutes formées par une cornière de $60 \times 60 \times 8$, dont la section nette est égale à :

$$752 \text{ mm}^2.$$

Leur coefficient de travail maximum est donc :

$$\frac{4.600}{752} = 6 \text{ kg. } 1.$$

(Limite réglementaire de $6{,}0 + 1{,}0 = 7$ kg. 0).

Les barres sont attachées par quatre rivets de 18 mm. dont la section totale est :

$$254 \times 4 = 1.016 \text{ mm}^2.$$

Le coefficient de travail maximum des rivets ressort donc à :

$$\frac{4.600}{1.016} = 4 \text{ kg. } 53$$

(Limite réglementaire de $7{,}0 \times \frac{4}{5} = 5$ kg. 6).

Section VIII. — CALCUL DE LA FLÈCHE

La formule qui donne la flèche prise par la poutre sous l'influence d'une charge uniformément répartie est la suivante :

$$f = \frac{5Ml^2}{48EI}.$$

Dans cette formule :

l est la portée de la poutre, soit 30 m. 80 ;

M le moment fléchissant maximum, soit 201.586 kgm. pour la charge permanente et 94.864 kgm. pour la surcharge uniformément répartie de 400 kg. par mètre carré de chaussée et de trottoir ;

E le coefficient d'élasticité de l'acier, soit 20×10^9 ;

I le moment d'inertie de la poutre. On prend comme moment d'inertie le moment d'inertie moyen en tenant compte des longueurs de semelles. Il est égal à :

$$\frac{0{,}054.995.2 \times 16{,}0 + 0{,}041.900.2 \times 14{,}80}{30{,}80} = 0{,}048.703.$$

On trouve dès lors pour la charge permanente :

$$f' = \frac{5 \times 201.586 \times \overline{30{,}80}^2}{48 \times 20 \times 10^9 \times 0{,}048.703} = 0 \text{ m. } 020.4 \text{ ;}$$

et pour la surcharge uniformément répartie :

$$f'' = \frac{5 \times 94.864 \times \overline{30{,}80}^2}{48 \times 20 \times 10^9 \times 0{,}048.703} = 0 \text{ m. } 009{,}6.$$

La flèche totale prise par la poutre a donc pour valeur :

$$f = f' + f'' = 0 \text{ m. } 030.$$

Les poutres ont une contreflèche de fabrication de 0 m. 090.

Section IX. — CALCUL DES APPUIS

1° *Pression sur les sommiers.* — L'effort tranchant maximum a été trouvé égal à :

41.047 kg.

La surface d'appui sur la pierre du sommier est :

$$50 \times 40 = 2.000 \text{ cm}^2;$$

d'où une pression par centimètre carré de :

$$\frac{41.047}{2.000} = 20 \text{ kg. } 5.$$

2° *Rouleaux de dilatation.* — La formule de Résal qui donne la longueur nécessaire des rouleaux, en fonction de leur rayon, est la suivante :

$$l = \frac{Q}{\frac{8}{3} rR \sqrt{\frac{R}{E}}}.$$

Dans cette formule :

Q est la réaction sur appuis, soit 41.047 kg. ;

r le rayon des rouleaux, soit 0 m. 04 ;

R le coefficient de travail admissible pour la fonte, soit 10 kg. par millimètre carré ;

E le coefficient d'élasticité de la fonte, soit 10^{10}.

Avec ces valeurs, on trouve :

$$l = 1 \text{ m. } 20.$$

Il y a quatre rouleaux de 0 m. 40 de longueur ; leur longueur totale, qui est de 1 m. 60, excède donc celle qui vient d'être trouvée.

Section X. — MÉTRÉ DU PONT DE 30 MÈTRES A UNE VOIE

DÉSIGNATION DES PIÈCES	Nombre de pièces	Longueur	Largeur	Épaisseur	Poids par mèt. courant	Poids par pièce	POIDS partiels	POIDS Totaux
			A. Aciers.					
1° *Poutres principales*								
a. MEMBRURES.		m.	mm.	mm.	k.	k.	k.	k.
Ames	2	31 30	450	12	42 12	1.318	2.636	
Cornières	4	31 30	80 × 80	10	11 70	366	1.464	
Semelles	2	31 30	400	8	24 96	781	1.562	
	2	16 00	400	8	24 96	399	798	
							6.460	
Rivets (têtes) et couvre-joints 10 0/0.	»	»	»	»	»	»	646	
Pour une poutre.	»	»	»	»	»	»	7.106	
Pour 2 poutres	»	»	»	»	»	»	»	14.212
b. TREILLIS.								
Barres 1. Plats.	1	3 04	310	12	29 02	88 2	88	
— —	2	4 06	310	13	31 43	127 6	255	
— Doublures	4	0 74	310	8	19 34	14 3	57	
Barres 2. Plats.	1	3 04	310	12	29 02	88 2	88	
— —	2	4 06	310	9	21 76	88 2	176	
— Doublures	4	0 74	310	8	19 34	14 3	57	
Barres 3. Plats.	1	3 04	220	12	20 59	62 5	62	
— —	2	4 06	220	12	20 59	83 6	167	
— Doublures	4	0 74	220	8	13 73	10 2	41	
A reporter	.	...	....	...	...	...	991	14.212

DÉSIGNATION DES PIÈCES	Nombre de pièces	Longueur	Largeur	Épaisseur	Poids par mèt. courant	Poids par pièce	POIDS partiels	POIDS totaux
		m.	mm.	mm.	k.	k.	k.	k.
Reports	. . .	. . .	. . . .	. . .	. . .	. . .	991	14.212
Barres 4. Plats	1	3 04	180	12	16 84	51 2	51	
— — . . .	2	4 06	180	10	14 04	57	114	
— *Doublures* .	4	0 74	180	8	11 23	8 3	33	
Barres 5. Cornières. .	4	4 06	90 × 90	9	12 00	48 7	195	
							1.384	
Rivets 3 0/0	»	»	»	»	»	»	41	
Pour une *demi-poutre*.	»	»	»	»	»	»	1.425	
Pour 2 poutres. . . .	»	»	»	»	»	»	»	5.700
c. Montants courants.								
Ames	1	2 98	190	8	11 86	35 4	35 4	
	1	2 14	190	8	11 86	25 4	25 4	
Cornières.	4	2 83	70 × 70	8	8 24	23 4	93 6	
Fourrures	1	2 10	150	12	14 04	29 5	29 5	
Cornières horizontales.	6	0 18	70 × 70	8	8 24	1 48	8 9	
Fourrures	3	0 45	110	10	8 58	1 28	3 8	
Couvre-joints.	2	0 38	120	8	7 49	2 85	5 7	
							202 3	
Rivets 3 0/0	»	»	»	»	»	»	6 1	
Pour 1 montant . . .	»	»	»	»	»	»	208 4	
Pour 18 montants . .	»	»	»	»	»	»	»	3.751
d. Montants sur culées.								
Ames	1	2 98	180	8	11 23	33 5	33 5	
	1	2 14	180	8	11 23	24 0	24 0	
	1	2 10	500	12	46 80	98 4	98 4	
A reporter.	. . .	. . .	. . . .	. . .	. . .	. . .	155 9	23.663

DÉSIGNATION DES PIÈCES	Nombre de pièces	Longueur	Largeur	Épaisseur	Poids par mèt. courant	Poids par pièce	POIDS partiels	POIDS totaux
		m.	mm.	mm.	k.	k.	k.	k.
Reports	. . .	. . . .	. . . . .	. . .	. . .	. . .	155 9	23.663
Cornières.	4	2 98	70 × 70	8	8 24	24 6	98 4	
Fourrures	2	2 21	150	10	11 70	25 8	51 6	
Cornières horizontales	6	0 17	70 × 70	8	8 24	1 4	8 4	
Fourrures	6	0 11	70	8	4 37	0 48	2 9	
	3	0 17	110	10	8 58	1 46	4 4	
Couvre-joints.	4	0 50	300	10	23 4	11 7	46 8	
	2	0 38	120	8	7 49	2 85	5 7	
							374 1	
Rivets 3 0/0	»	»	»	»	»	»	11 2	
Pour 1 montant . . .	»	»	»	»	»	»	385 3	
Pour 4 montants . . .	»	»	»	»	»	»	»	1.541
2° *Entretoises des longerons :*								
Ame.	1	0 93	200	6	9 36	8 70	8 7	
Cornières.	4	0 82	50 × 50	6	4 40	3 60	14 4	
							23 1	
Rivets 3 0/0	»	»	»	»	»	»	0 7	
Pour 1 entretoise. . .	»	»	»	»	»	»	23 8	
Pour 30 entretoises. .	»	»	»	»	»	»	»	714
3° *Longerons sous chaussée :*								
Ame.	1	3 05	330	8	20 59	62 8	62 8	
Cornières	4	2 89	60 × 60	8	7 00	20 2	80 8	
A reporter.	. . .	. . .	. . . .	. . .	. . .	. . .	143 6	25.918

DÉSIGNATION DES PIÈCES	Nombre de pièces	Longueur	Largeur	Épaisseur	Poids par m. l. courant	Poids par pièce	Poids partiels	Poids totaux
		m.	mm.	mm.	k.	k.	k.	k.
Reports	. . .	. . .	. . . .	. . .	. . .	. . .	143 6	25.918
Cornières d'attache. .	4	0 48	60 × 60	6	5 33	2 55	10 2	
Fourrures	2	0 31	130	9	9 13	2 83	5 7	
Corn. d'attache entret.	4	0 31	50 × 50	6	4 40	1 36	5 4	
Fourrures	2	0 20	110	8	6 86	1 37	2 7	
							167 6	
Rivets 3 0/0	»	»	»	»	»	»	5 0	
Pour 1 longeron . . .	»	»	»	»	»	»	172 6	
Pour 20 longerons . .	»	»	»	»	»	»	»	3.452
4° *Longerons bordure de la chaussée :*								
Ame	1	3 05	450	7	24 57	74 8	74 8	
Cornières	1	2 93	50 × 50	8	5 74	16 8	16 8	
	1	3 07	50 × 50	8	5 74	17 6	17 6	
	1	2 89	60 × 60	8	7 00	20 2	20 2	
Cornières d'attache. .	4	0 48	60 × 60	6	5 33	2 55	10 2	
Fourrures	2	0 31	130	9	9 13	2 83	5 7	
Corn. d'attache entret.	2	0 18	50 × 50	6	4 40	0 79	1 6	
Fourrures	1	0 10	110	8	6 86	0 69	0 7	
							147 6	
Rivets 3 0/0	»	»	»	»	»	»	4 4	
Pour 1 longeron . . .	»	»	»	»	»	»	152 0	
Pour 20 longerons . .	»	»	»	»	»	»	»	3.040
5° *Corbeaux d'attache des longerons bordure de la chaussée :*								
Gousset	1	0 30	170	8	10 61	3 18	3 18	
Cornière	2	0 24	80 × 80	8	9 48	2 27	4 54	
A reporter	. . .	. . .	. . . .	. . .	. . .	. . .	7 72	32.410

DÉSIGNATION DES PIÈCES	Nombre de pièces	Longueur	Largeur	Épaisseur	Poids par mèt. courant	Poids par pièce	POIDS partiels	POIDS totaux
		m.	mm.	mm.	k.	k.	k.	k.
Reports	. . .	. . .	. . . .	. . .	. . .	. . .	7 72	32.410
Cornière.	2	0 22	60 × 60	6	5 33	1 17	2 34	
Fourrure	1	0 18	130	8	8 11	1 46	1 46	
							11 52	
Rivets 3 0/0.	»	»	»	»	»	»	0 34	
Pour 1 corbeau . . .	»	»	»	»	»	»	11 86	
Pour 22 corbeaux . .	»	»	»	»	»	»	»	261
6° *Longerons bordure du trottoir* :								
Ame	1	3 05	220	6	10 30	31 4	31 4	
Cornières	2	3 05	50 × 50	6	4 40	13 4	26 8	
	1	3 05	60 × 60	8	7 00	21 3	21 3	
Cornières d'attache .	2	0 22	50 × 50	6	4 40	0 97	1 9	
							81 4	
Rivets 3 0/0.	»	»	»	»	»	»	2 4	
Pour 1 longeron. . .	»	»	»	»	»	»	83 8	
Pour 20 longerons. .	»	»	»	»	»	»	»	1.676
7° *Entretoises* :								
Ame	1	3 04	500	8	31 2	113	113	
Cornières	4	4 20	90 × 90	9	12 00	50 4	202	
Goussets	2	0 84	360	8	22 44	18 8	38	
Couvre-joints	4	0 31	280	8	17 47	5 4	22	
							375	
Rivets 3 0/0.	»	»	»	»	»	»	11	
Pour 1 entretoise . .	»	»	»	»	»	»	386	
Pour 11 entretoises .	»	»	»	»	»	»	»	4.246
A reporter	. . .	. . .	. . . .	. . .	. . .	. . .	. . .	38.593

DÉSIGNATION DES PIÈCES	Nombre de pièces	Longueur	Largeur	Épaisseur	Poids par mèt. courant	Poids par pièce	POIDS par-tiels	POIDS totaux
		m.	mm.	mm.	k.	k.	k.	k.
Report.	. . .	. . .	. . . .	. . .	. . .	. . .	. . .	38.593
3° *Tôles embouties de la chaussée* :								
Tôles.	60	1 54	950	8	59 28	91 3	5.478	
Rivets 3 0/0	»	»	»	»	»	»	164	5.642
9° *Trottoirs* :								
Tôles	2	31 60	610	6	28 55	902	1.804	
Cornières	120	0 59	60 × 60	6	5 33	3 15	378	
	40	0 49	60 × 60	6	5 33	2 61	104	
Fourrures	60	0 49	120	8	7 49	3 67	220	
							2.506	
Rivets 3 0/0	»	»	»	»	»	»	75	2.581
10° *Contreventement* :								
Cornières	20	4 88	60 × 60	8	7 00	34 2	684	
Goussets.	4	0 44	390	8	24 34	10 7	43	
	18	0 70	390	8	24 34	17 0	306	
							1.033	
Rivets 3 0/0	»	»	»	»	»	»	31	1.064
11° *Raccords sur culée*								
Tôle	1	2 85	390	8	24 34	69 4	69 4	
Ames	2	0 39	240	7	13 10	5 1	10 2	
	2	0 39	220	6	10 30	4 0	8 0	
Cornières	4	0 39	50 × 50	6	4 40	1 72	6 9	
	2	0 39	60 × 60	8	7 00	2 73	5 5	
	2	0 39	50 × 50	8	5 74	2 24	4 5	
A reporter.	. . .	. . .	. . . .	. . .	. . .	. . .	104 5	47.880

DÉSIGNATION DES PIÈCES	Nombre de pièces	Longueur	Largeur	Épaisseur	Poids par mèt. courant	Poids par pièce	POIDS partiels	POIDS totaux
		m.	mm.	mm.	k.	k.	k.	k.
Reports	. . .	. . .	. . . .	. . .	. . .	. . .	104 5	47.880
Cornières d'attache. .	2	0 22	50 × 50	6	4 40	0 97	1 9	
							106 4	
Rivets 3 0/0	»	»	»	»	»	»	3 2	
Pour 1 culée.	»	»	»	»	»	»	109 6	
Pour 2 culées	»	»	»	»	»	»	»	219
Poids total des aciers.	»	»	»	»	»	»	»	48.099
B. Fer forgé.								
12° *Garde-corps* :								
Montants.	60		»	»	»	11 25	675	
Partie courante. . . .	2	30 80	»	»	22 5	693	1.386	
							2.061	
Rivets et boulons 5 0/0.	»		»	»	»	»	103	
Poids du fer forgé . .	»	»	»	»	»	»	»	2.164
C. Fonte.								
13° *Appuis* :								
Appuis fixes	2	»	»	»	»	195	390	
Appuis mobiles. . . .	2	»	»	»	»	230	460	
Poids de la fonte. . .	»	»	»	»	»	»	»	850
D. Plomb sous appuis.								
14° *Feuilles de plomb.*	4	»	»	5	10			
Poids du plomb. . . .	»	»	»	»	»		40	

DÉSIGNATION DES PIÈCES	Nombre de pièces	Longueur	Largeur	Épaisseur	Poids par mèt. courant	Poids par pièce	POIDS partiels	POIDS totaux
Résumé.								
Aciers laminés. . . .	»	»	»	»	»	»	»	k. 48.099
Fer forgé	»	»	»	»	»	»	»	2.164
Fonte	»	»	»	»	»	»	»	850
Plomb	»	»	»	»	»	»	»	40
Poids total.	»	»	»	»	»	»	»	51.153

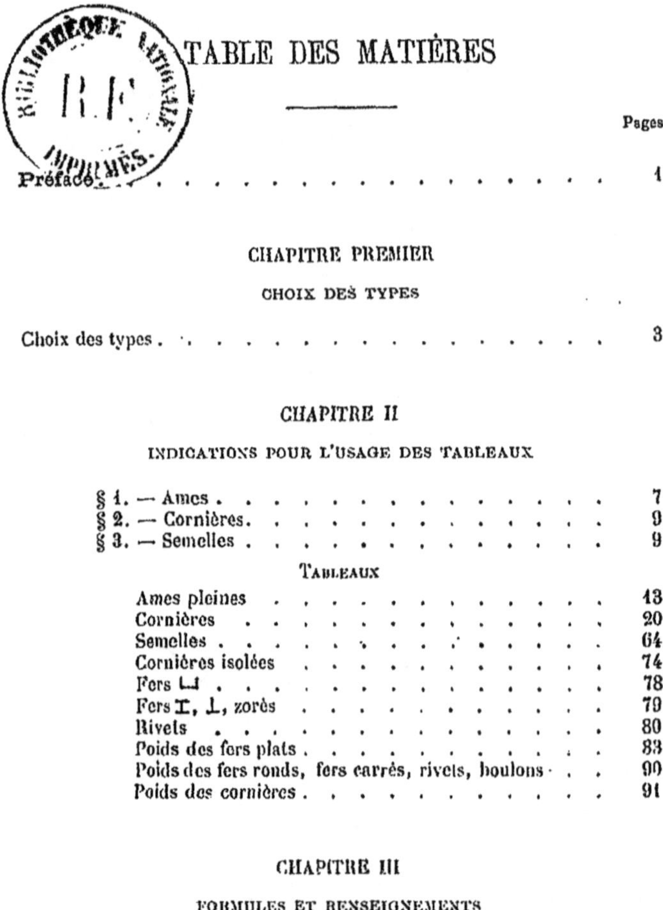

TABLE DES MATIÈRES

CHAPITRE IV

PONT MÉTALLIQUE DE 4 MÈTRES D'OUVERTURE, A UNE VOIE CHARRETIÈRE (Pl. 1)

CHAPITRE V

PONT MÉTALLIQUE DE 4 MÈTRES D'OUVERTURE, A DEUX VOIES (Pl. 2)

CHAPITRE VI

PONT MÉTALLIQUE DE 8 MÈTRES D'OUVERTURE, À DEUX VOIES (PL. 3)

CHAPITRE VII

PONT MÉTALLIQUE DE 10 MÈTRES D'OUVERTURE, A UNE VOIE (Pl. 4)

CHAPITRE VIII

PONT MÉTALLIQUE DE 15 MÈTRES D'OUVERTURE, A DEUX VOIES (Pl. 5)

CHAPITRE IX

PONT MÉTALLIQUE DE 20 MÈTRES D'OUVERTURE, A UNE VOIE (Pl. 6)

CHAPITRE X

PONT MÉTALLIQUE DE 25 MÈTRES D'OUVERTURE, À DEUX VOIES (Pl. 7)

CHAPITRE XI

PONT MÉTALLIQUE DE 30 MÈTRES D'OUVERTURE À UNE VOIE (Pl. 8)

ERRATUM

Page 111, *lire* § 5, *au lieu de* § 4.

LAVAL. — IMPRIMERIE PARISIENNE, L. BARNÉOUD & Cie.

ENCYCLOPÉDIE DES TRAVAUX PUBLICS *(suite)*

OUVRAGES DE PROFESSEURS A L'ÉCOLE NATIONALE SUPÉRIEURE DES MINES

M. AGUILLON. *Législation des mines, française et étrangère*. 40 fr. On vend séparément :
— La *Législation en France, dans les colonies et protectorats*, 2e édition (très augmentée), 1 très fort volume (1.011 pages) . . . . 25 fr.
— Les *Législations étrangères*. . . . . 15 fr.
M. PELLETAN. *Lever des plans et nivellement souterrains* (Voir ci-dessus : *Durand-Claye*).
M. CHESNEAU. *Lois générales de la Chimie*. 1 vol. avec 37 figures. . . . . . . 7 fr. 50
MM. VICAIRE et MAISON. *Cours de Chemins de fer de l'École des Mines*; 382 p., 493 fig. 20 fr.

OUVRAGE D'UN PROFESSEUR A L'ÉCOLE NATIONALE FORESTIÈRE

M. THIÉRY. *Restauration des montagnes*. avec une *Introduction* par M. LECHALAS père. Vol. de 442 pages, avec 173 figures. . . . . 15 fr.

OUVRAGES DE DIVERS AUTEURS

M. EMILE BOURRY, ingénieur des Arts et Manufactures, *Traité des Industries céramiques*, 1 vol. Voir *Encyclopédie industrielle*. Cet ouvrage, devenu classique en France, a été traduit en anglais. . . . . 20 fr.
M. CHARPENTIER DE COSSIGNY, ingénieur civil des mines, lauréat de la Société des agriculteurs de France. *Hydraulique agricole*. 2e édit., 1 vol., avec 160 figures . . 15 fr.
M. DEGRAND, inspecteur général honoraire des ponts et chaussées. *Ponts en maçonnerie* (Voir ci-dessus : *J. Résal*).
M. DONIOL, inspecteur général des ponts et chaussées en retraite. *Réglementation des chemins de fer d'intérêt local, des tramways et des automobiles* 1 vol. avec figures. 10 fr.
— *Complément à l'ouvrage ci-dessus* . . . . 3 fr.
M. le Dr DUCHESNE, ancien président de la Société de médecine pratique. *Hygiène générale et Hygiène industrielle*, ouvrage rédigé conformément au programme du *Cours d'hygiène industrielle* de l'École centrale. 1 vol. de 740 pages, avec figures . . 15 fr.
M. HENRY (Ernest), inspecteur général des ponts et chaussées. *Théorie et pratique du mouvement des terres, d'après le procédé Bruckner*. 1 vol., 2 fr. 50.— *Ponts métalliques à travées indépendantes : formules, barèmes et tableaux*. 1 vol. de 639 pages, avec 267 figures, 20 fr.— *Traité pratique des chemins vicinaux*, volume de près de 800 pages (1). 20 fr.
M. Maurice KOECHLIN, ingénieur. *Applications de la statique graphique*. 1 vol., avec 311 figures et 1 atlas de 34 planches, seconde édition, revue et très augmentée. . 30 fr.
M. LALLEMAND, ingénieur en chef des mines. *Nivellement de précision* (Voir ci-dessus *Durand-Claye*).
M. LAVOINNE. *La Seine maritime et son estuaire*, 1 vol., avec 49 figures. . . . 10 fr.
M. LECHALAS père, inspecteur général des ponts et chaussées. *Hydraulique fluviale*. 1 vol., avec 78 figures. 17 fr. 50. — *Des conditions générales d'établissement des ouvrages dans les vallées* (Voir ci-dessus : *J. Résal et Degrand*; c'est l'introduction à leur *Traité des Ponts en maçonnerie*).
M. LECHALAS fils, ingénieur en chef des ponts et chaussées. *Manuel de droit administratif*. Tome I, 20 fr.; tome II, 1re partie, 10 fr. ; tome II, 2e partie . . . . . . 10 fr.
M. LÉVY-LAMBERT, ingénieur civil, inspecteur de l'exploitation à la Compagnie du Nord. *Chemins de fer à crémaillère*. 1 vol., avec 79 figures. 15 fr. — *Chemins de fer funiculaires, Transports aériens*. 1 vol., avec 150 figures . . . . 15 fr.
M. LEYGUE, ancien ingénieur auxiliaire des travaux de l'État, agent-voyer en chef de la province d'Oran. *Chemins de fer. Notions générales et économiques*. 1 vol. de 617 pages, avec figures . . . . 15 fr.
M. E. PONTZEN, ingénieur civil (l'un des auteurs de *Les chemins de fer en Amérique*) : *Procédés généraux de construction : Terrassements, tunnels, dragages et dérochements*. 1 vol. de 572 pages, avec 234 figures (médaille d'or à l'Exposition de 1900). . 25 fr.
M. TARBÉ DE SAINT-HARDOUIN, inspecteur général des ponts et chaussées, ancien directeur de l'École de ce corps. *Notices biographiques sur les ingénieurs des ponts et chaussées*. un vol. . . . . 5 fr.

(1) Le second de ces ouvrages rend très faciles et d'une rapidité inespérée les calculs relatifs aux ponts métalliques à travées indépendantes. — Le troisième est un guide d'une utilité journalière pour les agents-voyers de tout grade ; l'auteur est président de la commission des chemins vicinaux au Ministère de l'Intérieur.

Chaque ouvrage se vend séparément (et aussi chaque volume des ouvrages qui en comprennent plusieurs). Il n'y a pas de numérotage général des volumes formant la collection.

Les ouvrages entrant dans les *Encyclopédies des Travaux publics et Industrielle* sont en vente chez Ch. Béranger et chez Gauthier-Villars.

www.ingramcontent.com/pod-product-compliance
Lightning Source LLC
LaVergne TN
LVHW020058060726
842526LV00004B/928

* 9 7 8 2 0 1 9 9 8 1 5 3 2 *